国家科学技术学术著作出版基金资助出版

时域高阶边界元方法
在水波问题中的应用

宁德志　张崇伟　著

U0263824

科学出版社

北京

内 容 简 介

海洋和海岸工程普遍面临复杂的波浪环境,时域高阶边界元方法在水波问题的研究中已得到成功应用。本书系统深入介绍了时域高阶边界元方法的基本原理和实现方法及其在多个非线性水波问题中的研究实例。全书共 8 章,主要内容包括水波问题的数学模型、高阶边界元数值方法、聚焦波的数值模拟、潜体上的波浪演化和诱发的高阶谐波、波浪作用下多浮体间窄缝内的水体共振、非线性液舱晃荡和波物作用问题等。

本书可供船舶、海洋和海岸工程领域中从事海上结构设计、分析、施工等工作的研究人员和工程设计人员使用,也可供高等院校和科研院所中船舶与海洋工程以及港口、海岸及近海工程等相关专业的高年级本科生和研究生学习参考。

图书在版编目(CIP)数据

时域高阶边界元方法在水波问题中的应用 / 宁德志,张崇伟著. —北京:科学出版社,2024.3
ISBN 978-7-03-077121-6

Ⅰ. ①时…　Ⅱ. ①宁…　②张…　Ⅲ. ①时域-高阶-边界元法-应用-水波-研究　Ⅳ. ①TV139.2

中国国家版本馆 CIP 数据核字(2023)第 218996 号

责任编辑:张　庆　张培静 / 责任校对:邹慧卿
责任印制:徐晓晨 / 封面设计:无极书装

科 学 出 版 社 出版
北京东黄城根北街 16 号
邮政编码:100717
http://www.sciencep.com
北京厚诚则铭印刷科技有限公司印刷
科学出版社发行　各地新华书店经销
*
2024 年 3 月第 一 版　开本:720×1000　1/16
2024 年 3 月第一次印刷　印张:16
字数:320 000
定价:178.00 元
(如有印装质量问题,我社负责调换)

前　　言

我国辽阔的海域蕴藏着丰富的海洋资源，合理开发、利用和保护海洋资源是海洋和海岸工程领域的主要任务。实际海洋环境复杂多变，人们在设计海洋平台和海岸构筑物的时候，必须充分考虑其在长期服役过程中的安全性。海洋和海岸工程结构的安全性主要取决于其所受的环境荷载，特别是波浪力。波浪引起的水体运动常常危及海上结构的安全性，波浪砰击和大幅爬高会使海上结构遭受巨大的水动力荷载，波浪作用也可诱发海洋平台的大幅运动响应，进而引起结构毁坏或倾覆等事故。因此，在设计阶段，快速、准确地预报波浪与结构之间的相互作用非常重要。

结合上述发展趋势，本书作者及其团队围绕完全非线性时域高阶边界元方法在水动力学问题中的应用进行了广泛探索和研究，本书是对相关理论和研究进展的详细介绍。

全书共 8 章。第 1 章介绍基础知识，包括数值模拟在水波问题研究上的优点以及国内外学者基于边界元方法的相关研究。第 2 章介绍数学模型，包括流体力学基础理论、数值消波方法和必要的数学预备公式。第 3 章介绍高阶边界元数值方法，介绍边界积分方程和方法，给出了基于二维和三维边界积分方程的离散方法。第 4 章介绍基于高阶边界元方法对非线性聚焦波的数值模拟，研究内容包括风、流对聚焦波数值模拟结果的影响以及聚焦波作用在不同结构上的数值结果。第 5 章研究波浪在潜体上的演化以及产生的高阶谐波问题，考虑了波流作用下潜堤、浸没圆柱和水平薄板对高阶谐波的影响。第 6 章研究波浪作用下多浮体间窄缝内的水体共振问题，涉及规则波和孤立波两种入射波类型。第 7 章主要介绍利用高阶边界元方法对非线性液舱晃荡问题的研究。第 8 章主要探讨直立圆柱和柱群的波浪绕射以及结构所受的非线性波浪力。

本书是作者在多年科研和教学工作基础上撰写而成的。感谢大连理工大学滕斌教授和哈尔滨工程大学段文洋教授对本书提出的宝贵意见。感谢作者研究生团队为本书所做的贡献，他们是陈丽芬、宋伟华、林红星、石进、卓晓玲、杜军、李庆昕、朱祎、李翔、苏朋、孙小童等。

在成书过程中，尽管作者根据历年教学和科研实践的经验对本书的结构和内容等做了认真的考虑和权衡，但限于学识，加上本领域理论和方法的快速发展，书中难免存在不妥之处，恳请读者批评指正。

作　者

2022 年 6 月于大连理工大学

目　　录

前言

第1章　绪论 ……………………………………………………………… 1

　1.1　概述 ………………………………………………………………… 1

　1.2　水波相关问题研究综述 …………………………………………… 2

　　1.2.1　理论分析 ……………………………………………………… 3

　　1.2.2　实验研究 ……………………………………………………… 3

　　1.2.3　数值模拟 ……………………………………………………… 4

　参考文献 ………………………………………………………………… 5

第2章　水波问题的数学模型 …………………………………………… 8

　2.1　控制方程 …………………………………………………………… 8

　2.2　自由表面边界条件 ………………………………………………… 10

　2.3　物面边界条件 ……………………………………………………… 13

　2.4　造波边界条件 ……………………………………………………… 14

　2.5　数值消波方法 ……………………………………………………… 16

　2.6　水动力计算 ………………………………………………………… 19

　参考文献 ………………………………………………………………… 19

第3章　高阶边界元数值方法 …………………………………………… 21

　3.1　边界积分方程概述 ………………………………………………… 21

　3.2　边界元方法概述 …………………………………………………… 22

　3.3　边界元方法的数值过程 …………………………………………… 23

　　3.3.1　二维边界积分方程的离散 …………………………………… 23

　　3.3.2　三维边界积分方程的离散 …………………………………… 25

　　3.3.3　固角系数的计算 ……………………………………………… 28

　　3.3.4　数值积分的计算 ……………………………………………… 30

　　3.3.5　时间步进方法 ………………………………………………… 34

　参考文献 ………………………………………………………………… 38

第4章　聚焦波的数值模拟 ……………………………………………… 39

　4.1　聚焦波生成过程的数值模拟 ……………………………………… 39

　　4.1.1　波浪水槽的数值模型验证 …………………………………… 43

　　4.1.2　入射波波幅对聚焦波峰值的影响 …………………………… 44

4.2 风对聚焦波生成的影响 ·······50
  4.2.1 风浪水槽的数值模型验证 ·······50
  4.2.2 风速对聚焦波峰值的影响 ·······52
  4.2.3 风速对聚焦波聚焦位置的影响 ·······54
  4.2.4 聚焦波波形的传播变化 ·······55
  4.2.5 聚焦波传播过程中的能量变化 ·······56
4.3 水流对聚焦波生成的影响 ·······59
  4.3.1 波流水槽的数值模型验证 ·······60
  4.3.2 水流对聚焦波峰值的影响 ·······62
  4.3.3 水流对聚焦波聚焦位置和聚焦时间的影响 ·······63
  4.3.4 聚焦波传播过程中的能量变化 ·······64
4.4 风、流混合作用对聚焦波特性的影响 ·······65
  4.4.1 不同波幅条件下，风、流对聚焦波峰值的影响 ·······65
  4.4.2 聚焦波时间历程的对比 ·······66
  4.4.3 聚焦波波面时间历程的对比 ·······68
4.5 聚焦波对结构的作用 ·······70
  4.5.1 数值模型验证 ·······70
  4.5.2 不同频宽条件下聚焦波传播特性 ·······71
  4.5.3 直墙位置的影响 ·······77
  4.5.4 固定箱体摆放位置的影响 ·······80
  4.5.5 箱体吃水的影响 ·······83
参考文献 ·······86
第5章 潜体上的波浪演化和诱发的高阶谐波 ·······88
5.1 波浪成分分析方法 ·······88
  5.1.1 两点法 ·······88
  5.1.2 四点法 ·······90
5.2 均匀水流中潜堤地形上单色波的传播变形 ·······92
  5.2.1 数值模型验证 ·······92
  5.2.2 谱密度函数沿程及随潜堤断面形式的变化 ·······94
  5.2.3 潜堤及水流的存在对谐波的影响 ·······101
  5.2.4 堤后高阶谐波的分离研究 ·······103
5.3 均匀水流条件下双色波过潜堤地形的情况 ·······108
5.4 浸没单圆柱影响下的波浪传播特性 ·······111
  5.4.1 数值模型验证 ·······111
  5.4.2 淹没深度对高阶谐波的影响 ·······113

　　　5.4.3　圆柱尺寸对高阶谐波的影响 ···················· 115

　　　5.4.4　水深对高阶谐波的影响 ························ 116

　5.5　浸没多圆柱影响下的波浪传播特性 ················· 117

　　　5.5.1　数值模型验证 ····························· 117

　　　5.5.2　圆柱间距对高阶谐波的影响 ··················· 119

　　　5.5.3　入射波波幅对高阶谐波的影响 ················· 120

　　　5.5.4　圆柱尺寸对高阶谐波的影响 ··················· 121

　5.6　波浪与浸没水平板的相互作用 ··················· 122

　5.7　波流与单潜体的相互作用 ······················ 126

　　　5.7.1　波流与水平圆柱的相互作用研究 ··············· 126

　　　5.7.2　波流与水平薄板的相互作用研究 ··············· 130

　参考文献 ······································· 135

第6章　波浪作用下多浮体间窄缝内的水体共振 ··········· 137

　6.1　规则波与双浮箱的相互作用 ····················· 137

　　　6.1.1　数值模型验证 ····························· 137

　　　6.1.2　规则波与相同吃水双浮箱的相互作用 ··········· 144

　　　6.1.3　规则波与不同吃水双浮箱的相互作用 ··········· 152

　6.2　规则波与多浮箱的相互作用 ····················· 160

　　　6.2.1　共振频率和共振波高 ······················· 160

　　　6.2.2　波浪力 ································· 163

　6.3　孤立波与相同吃水双浮箱的相互作用 ··············· 166

　　　6.3.1　数值模型验证 ····························· 167

　　　6.3.2　孤立波与带有窄缝的两固定箱体相互作用 ········· 169

　　　6.3.3　双孤立波与带有窄缝的两固定箱体相互作用 ······· 173

　参考文献 ······································· 177

第7章　非线性液舱晃荡 ···························· 179

　7.1　数学模型 ································· 179

　7.2　固定液舱的自由晃荡 ························· 181

　　　7.2.1　数值模型验证 ····························· 182

　　　7.2.2　不同初始波面情况计算及分析 ················· 185

　7.3　纵荡和垂荡激励下的强迫晃荡 ··················· 190

　　　7.3.1　数值模型验证 ····························· 190

　　　7.3.2　纵荡运动情况 ····························· 193

　　　7.3.3　垂荡运动情况 ····························· 198

　　　7.3.4　纵荡和垂荡复合运动情况 ···················· 202

7.4 纵摇激励下的强迫晃荡 ……………………………………………… 205
　　7.4.1 数值模型验证 ………………………………………………… 205
　　7.4.2 运动频率对液体晃荡的影响 ………………………………… 208
　　7.4.3 转动中心对液体晃荡的影响 ………………………………… 210
7.5 纵荡、横荡和垂荡复合运动容器中的液体晃荡 ………………… 212
　　7.5.1 数值模型验证 ………………………………………………… 213
　　7.5.2 纵荡、横荡和垂荡复合运动情况 …………………………… 213
7.6 液舱存在隔板的情况 …………………………………………… 219
　　7.6.1 数值模型验证 ………………………………………………… 219
　　7.6.2 水平隔板对液体晃荡的影响 ………………………………… 221
　　7.6.3 垂直隔板对液体晃荡的影响 ………………………………… 223
参考文献 ……………………………………………………………… 230
第 8 章　波物作用问题 ……………………………………………… 232
8.1 直立圆柱的波浪绕射 …………………………………………… 232
8.2 直立柱群的波浪绕射 …………………………………………… 236
8.3 潜体运动的瞬时和稳态兴波 …………………………………… 239
参考文献 ……………………………………………………………… 243
索引 …………………………………………………………………… 245

第1章 绪 论

1.1 概 述

波浪水动力学是海洋和海岸工程领域的研究热点，该研究领域旨在揭示波浪非线性变形、演化及其与结构、近岸地形等因素相互作用等的力学机理，为工程设计提供有效的指导。当前的研究方法涵盖理论分析、实验研究和数值模拟三个方面。理论分析是指根据流体运动的普遍规律，如质量守恒、动量守恒、能量守恒等，利用数学分析的手段，研究流体的运动，解释已知的现象，预测可能发生的结果。实验研究包括物理模型实验和原型实验两个方面。物理模型实验就是以适当的比尺，将结构缩制成模型，在水池中测试各种性能。原型实验也是极重要的手段，由它获得的第一手资料对于弄清荷载的特性及其统计分布的规律等方面都会起到重要作用。数值模拟则以计算机作为模拟手段，运用一定的计算技术寻求各种复杂水动力学问题的离散化数值解。

数值模拟是特殊意义下的实验，在研究工作上具有很大优势。数值模拟具有更大的自由度和灵活性，可以实现物理实验不可能或很难进行的实验，因而经济效益明显。20 世纪 70 年代以后，随着电子计算机的普遍应用，流体力学理论和方法不断充实和发展，形成了计算流体力学（computational fluid dynamics, CFD）这一学科分支。数值模拟方法越来越多地被应用到复杂水波问题的研究中。各种数值方法，如有限差分法、有限元法、有限体积法和边界单元法等，都在水波问题求解中得到了不同程度的应用和发展，利用数值计算方法解决各种实际问题已经具备了较为成熟的条件。

在实际海上，相对于波长和波幅，多数海洋平台（如近海重力式平台、深海半潜式平台等）可被视为"大尺度"海洋结构。波浪与大尺度结构相互作用时，流体的黏性作用对结构整体所受波浪力的影响较小，常常可以忽略不计，由此认为该类流场中的流体是不可压缩且无黏的。此外，大量前期研究显示，基于无旋流体运动假设所求解的波浪力可以满足诸多实际工程需求，特别是对于初始静止的水体所发生的自由表面波动问题（涡旋不生不灭定理）。由此可以在势流理论的框架下研究涉及海洋结构与波浪相互作用的大量水动力问题。

势流理论假定流体无黏、不可压缩且运动无旋，引入速度势这一标量函数来描述流场内水体运动，相关边值问题可采用边界元方法进行求解。与基于域离散的数值方法相比，采用边界元方法求解势流问题具有如下优点：①只需要对流域边界进行离散和插值，将域内问题转化为低一维的边值问题，减少了所引入未知量的个数，大大地降低了计算存储量和计算量，使问题更加简化；②位于边界的奇异解会使所构造的线性代数方程组系数矩阵具有对角占优的特点，减少了线性代数方程组的病态概率，进而可减少计算误差的过快累积；③数值离散误差只发生在边界，域内任意位置处的函数及其导数值均可直接利用解析公式来求得，既保证了计算精度，又避免了因不得不处理域内中间变量而耗费计算资源。

基于边界元方法可在频域或时域内对水波相关问题进行数值模拟。频域方法多假定波浪场中的物理量随时间呈周期性变化，可将物理量表示为不随时间项变化的定常项和时间项的乘积，最终使待求问题转化为对定常项的求解。频域方法发展较早，其中线性频域方法已经相当成熟，且在工程上已有广泛应用。频域方法用于求解非线性水波问题时，通常结合摄动展开等技术，将非线性问题分解成一系列线性定解问题，由此形成二阶、三阶和更高阶非线性理论。然而，频域方法通常只适用于求解周期性波物作用问题，难以用于分析瞬变或强非线性问题。

与频域方法相比，时域方法的应用范围更广。根据所求解问题的非线性程度，时域方法可以分为线性、二阶和完全非线性时域方法。线性时域方法将自由表面边界条件在未扰动的静水面上进行线性化近似，并使物面边界条件在物面平均位置上满足。二阶时域方法通过结合泰勒级数展开和摄动展开方法，分别建立并求解一阶和二阶边值问题。自由表面边界条件和物面边界条件也分别在静水面和平均物体表面上满足，且计算域不随时间改变，因此对计算量和存储量要求较小。二阶时域方法仅适用于波幅和物体运动尺度相较于波长或物体特征尺度均很小的工况。完全非线性时域方法要求非线性边界条件在自由表面和物面的瞬时位置满足，在数值计算中需要实时更新自由表面和物面的位置信息，且在各个时刻重新剖分边界网格并建立新的线性方程组，由此对计算机存储空间和计算效率要求较高。尽管如此，完全非线性时域方法已经成为解决复杂波浪与结构相互作用问题的有效方法，可对波浪运动、波浪作用力以及结构运动响应进行准确预报。

1.2 水波相关问题研究综述

目前，国内外围绕水波相关问题，特别是在波浪与结构相互作用方向，已经开展了许多研究工作，许多理论和方法正日趋成熟，部分研究成果也在一些工程问题中得到应用和实践。下面将从理论分析、实验研究和数值模拟三个方面介绍相关的主要研究工作。

1.2.1 理论分析

理论分析方法通过合理设置假设条件来建立可解析求解的边值问题，可对波浪作用荷载及物体运动响应进行预报。该类方法早期被广泛地应用于小振幅（波幅与波长的比值为小量）或线性水波问题。斯托克斯利用级数展开法求解了小振幅波问题。Havelock（1940）给出了无限水深环境中直立圆柱波浪绕射问题的解析解。MacCamy 等（1954）得到了有限水深条件下直立圆柱的波浪绕射解析解。Black 等（1971）计算了二维浮式方箱水动力问题的解析解。Garret（1971）通过分域匹配方法得到了截断圆柱绕射问题的解析解。Yeung（1981）给出了三维截断圆柱辐射问题的解析解。Kagemoto 等（1986）求解了多个截断直立圆柱绕射和辐射问题。Wang（1986）推导了无限水深中淹没圆球的解析解。Wu 等（1989, 1987）将淹没圆球绕射和辐射问题的解析解推广到椭球等球状体。Linton（1991）对有限水深中淹没圆球所受的漂移力进行了解析研究。Rahman（2001）在 Linton（1991）的研究基础上对有限水深中淹没圆球的绕射问题进行了解析计算。Lopes 等（2002）推导出有限水深中淹没圆球辐射问题的解析解表达式。

能用理论分析方法来求解问题是很理想的，毕竟理论结果运用起来非常直接和方便，但理论方法的局限性也很明显。这类方法多有较严格的近似假设，需对边界条件进行线性化等简化处理，且只适用于包含规则几何形状物体（如圆柱或圆球等）的少数场景。对于海洋和海岸工程领域的大多数实际问题，特别是涉及复杂非线性波浪工况时，理论预报常常不可靠，即便引入弱非线性项修正因子，也并不能确保所设计结构的安全。

1.2.2 实验研究

以真实环境和实际工况为原型，根据相似准则在实验室波浪水槽（池）进行缩尺模型实验，通过测量分析水波和物体的运动规律、物体所受的力和力矩以及流场的细节信息等，来弥补理论分析方法的不足，或验证数值模拟结果的可靠性。李玉成等（1996）通过实验手段研究了波浪作用于小尺度方柱时的力学特性。董国海等（1998）对波浪崩破时作用在垂直方柱的正向作用力开展了实验研究。李本霞等（2002）研究了斜向波作用下直堤上的波浪力纵向分布。邹志利等（2003）开展实验分析了浮式防波堤上的非线性波浪力。周益人等（2003）对波浪作用下平板上的受力分布进行了实验研究。Kang 等（1998）考虑了相向波浪对直立圆柱的作用。Vengatesan 等（2000）对垂直截断方柱的水动力系数进行了实验分析。

　　围绕水波问题开展实验研究，常常依赖良好的实验条件，对设备和仪器的精度要求较高，研究工作的时间和经济成本高昂。另外，很多复杂的波浪条件难以在实验室中再现，一些精细的物理过程也缺少可靠的测量手段。

1.2.3　数值模拟

　　20世纪中叶以来，计算机技术迅速发展，现代数值模拟方法也得到广泛重视。利用数值模拟方法来研究复杂条件下的波物作用问题，可以大幅节省研究成本，并可以捕捉模型实验中难以测量的物理量细节，弥补实验研究方法的不足。与理论分析方法相同，数值模拟方法可在频域和时域中实现。

　　基于频域理论的数值模拟方法发展较早，在工程上已有广泛的应用。与理论分析方法相比，数值模拟方法更易于求解频域中的二阶或更高弱非线性水波问题。Molin（1979）提出了有限水深中单色入射波的二阶波浪力表达式，给出了单个或多个圆柱上二阶波浪力的间接计算方法。Taylor 等（1987）提出了一种半解析解方法，来计算单色入射波作用于固定直立圆柱上的二阶波浪力。Taylor 等（1992）给出了双色波作用下任意结构上二阶波浪作用力的求解方法。Malenica 等（1995）依据二阶半解析理论，建立了直立圆柱上三阶波浪绕射力的计算方法。滕斌等（2000）提出了轴对称物体上三阶波浪绕射力的求解方法，采用外推法计算自由表面边界条件中的三阶强迫项。与理论分析方法类似，基于频域理论的数值模拟方法也多适用于稳态问题，难以处理瞬变或存在强非线性波物作用的水波问题。

　　时域中的数值模拟方法原则上可以处理完全非线性和物体大幅运动的问题。Finkelstein（1957）最早提出了基于三维拉普拉斯方程基本解的时域求解方法。此后，许多研究人员围绕基于时域格林函数的积分方程开展了大量研究。随着计算机性能的提高，在时域中的数值模拟也获得广泛应用。Adachi 等（1979）、Yeung（1982）以及 Zhang 等（1993）采用时域数值模拟方法求解了线性水波问题，与频域计算结果吻合良好。Isaacson 等（1991）提出了在时域中求解二阶波物作用问题的数值模拟方法，利用泰勒级数展开和摄动展开技术获得线性和二阶初边值问题，并进行边界元求解。在该方法中，自由表面边界条件在静水面位置满足，物面边界条件在平均物体表面上满足，由此确定的计算域不随时间变化，减少了计算量和存储量。Buchmann 等（1998）、Isaacson 等（1993）、Cheung 等（1996）以及 Bai 等（2001）也将该方法用于二阶或更高阶水波辐射和绕射问题的分析中，然而该弱非线性方法仍然局限于波幅和物体运动尺度较物体特征尺度或波长小很多的情况。对于涉及更大波幅或浮体运动的水波问题，需要考虑基于时域完全非线性模型的数值模拟方法。

　　基于完全非线性模型的数值模拟方法最早是由 Longuet-Higgins 等（1976）提出，其主要思路是采用边界元等方法求解欧拉格式的流体场方程，并利用拉格朗日格式的自由表面边界条件跟踪水面运动，即混合欧拉-拉格朗日（mixed Euler-Lagrange）方法。国内外许多学者利用数值模拟方法对完全非线性水波问题进行了广泛研究。杨驰等（1991）以及 Yang 等（1992）采用常单元边界元方法模拟了非线性波浪绕射问题。Lee 等（1994）、刘桦等（2000）以及 Grilli 等（2002）采用高阶边界元方法建立了完全非线性数值波浪水槽。Beck（1994）、Kim 等（1998）、Celebi（2001）以及李宗翰等（2003）采用间接去奇异边界元方法对完全非线性水波问题进行了数值模拟。Boo 等（1994）、Kim 等（1997）以及 Boo（2002）利用不连续边界元方法模拟了完全非线不规则波问题。Wu 等（1994，1998）、Hu 等（2002）以及 Wang 等（2005）结合有限元法实现了完全非线性水波问题的数值模拟。邹志利等（1996）、任冰等（1999）、Wan（1999）等采用流体体积（volume of fluid，VOF）方法模拟了二维非线性波浪。完全非线性模型要求自由表面边界条件和物面边界条件分别在自由表面和物面的瞬时位置满足，需要在每一时刻更新自由水面和物面的位置并重新剖分计算网格，与求解线性和二阶时域问题的数值方法相比，需要更多的计算机资源和存储空间。

　　整体上，水波相关问题的时域数值模拟方法已经较为成熟，可以用于解决复杂波物作用问题，对规则波和不规则波环境、线性和非线性约束条件、稳态和瞬态浮体响应等因素都有较为可行的解决方案。

参 考 文 献

董国海，李玉成，1998. 波浪崩破时对垂直方桩的正向作用力的实验研究[J]. 水动力学研究与进展(A 辑)，13(4): 388-396.

李本霞，俞聿修，胡金鹏，等，2002. 斜向波作用下直堤波浪力的纵向分布[J]. 港工技术(4): 1-4.

李玉成，何明，1996. 作用于小尺度方柱上的正向波浪力[J]. 海洋学报(中文版)，18(3): 107-120.

李宗翰，林言弥，2003. 含入射波时任意三维浮体之全非线性流场模拟[J]. 水动力学研究与进展(A 辑)，18(2): 156-162.

刘桦，吴卫，王本龙，等，2000. 完全非线性孤立波的直墙反射[J]. 海洋工程，18(1): 1-6.

任冰，王永学，1999. 非线性波浪对结构物的冲击作用[J]. 大连理工大学学报，39(4): 562-566.

滕斌，李玉成，董国海，2000. 轴对称物体上的三阶波浪力[J]. 海洋学报(中文版)，22(2): 105-112.

杨驰，刘应中，1991. 非线性波浪绕射问题的数值计算[J]. 水动力学研究与进展(A 辑)，6(2): 10-16.

周益人，陈国平，黄海龙，等，2003. 透空式水平板波浪上托力分布[J]. 海洋工程，21(4): 41-47.

邹志利，邱大洪，王永学，1996. VOF 方法模拟波浪槽中二维非线性波[J]. 水动力学研究与进展(A 辑)，11(1): 93-103.

邹志利，王大国，李广伟，等，2003. 浮式防波堤非线性波浪力实验研究[J]. 海洋工程，21(4): 61-69.

Adachi H, Ohmatsu S, 1979. On the influence of irregular frequencies in the integral equation solutions of the time-dependent free surface problems[J]. Journal of the Society of Naval Architects of Japan(146): 119-127.

Bai W, Teng B, 2001. Second-order wave diffraction around 3-D bodies by a time-domain method[J]. China Ocean Engineering, 15(1): 73-84.

Beck R F, 1994. Time-domain computations for floating bodies[J]. Applied Ocean Research, 16(5): 267-282.

Black J L, Mei C C, Bray M C G, 1971. Radiation and scattering of water waves by rigid bodies[J]. Journal of Fluid Mechanics, 46(1): 151-164.

Boo S Y, Kim C H, Kim M H, 1994. A numerical wave tank for nonlinear irregular waves by 3-D higher order boundary element method[J]. International Journal of Offshore and Polar Engineering, 4(4): 265-272.

Boo S Y, 2002. Linear and nonlinear irregular waves and forces in a numerical wave tank[J]. Ocean Engineering, 29(5): 475-493.

Buchmann B, Skourup J, Cheung K F, 1998. Run-up on a structure due to second-order waves and a current in a numerical wave tank[J]. Applied Ocean Research, 20(5): 297-308.

Celebi M S, 2001. Nonlinear transient wave-body interactions in steady uniform currents[J]. Computer Methods in Applied Mechanics and Engineering, 190(39): 5149-5172.

Cheung K F, Isaacson M, Lee J W, 1996. Wave diffraction around three-dimensional bodies in a current[J]. Journal of Offshore Mechanics and Arctic Engineering, 118(4): 247-252.

Finkelstein A B, 1957. The initial value problem for transient water waves[J]. Communications on Pure and Applied Mathematics, 10(4): 511-522.

Garret C J R, 1971. Wave forces on a circular dock[J]. Journal of Fluid Mechanics, 46(1): 129-139.

Grilli S T, Vogelmann S, Watts P, 2002. Development of a 3D numerical wave tank for modeling tsunami generation by underwater landslides[J]. Engineering Analysis with Boundary Elements, 26(4): 301-313.

Havelock T H, 1940. The pressure of water waves upon a fixed obstacle[J]. Proceedings of the Royal Society of London, Series A, 175(963): 409-421.

Hu P X, Wu G X, Ma Q W, 2002. Numerical simulation of nonlinear wave radiation by a moving vertical cylinder[J]. Ocean Engineering, 29(14): 1733-1750.

Isaacson M, Cheung K F, 1991. Second order wave diffraction around two-dimensional bodies by time-domain method[J]. Applied Ocean Research, 13(4): 175-186.

Isaacson M, Ng J Y T, 1993. Time domain second-order wave radiation in two dimensions[J]. Journal of Ship Research, 37(1): 25-33.

Kagemoto H, Yue D K P, 1986. Interactions among multiple three-dimensional bodies in water waves: an exact algebraic method[J]. Deep Sea Research Part B Oceanographic Literature Review, 33(12): 993.

Kang Y K, Tomita T, 1998. Characteristics of wave forces on vertical cylinder due to two-crossing waves[J]. International Journal of Offshore and Polar Engineering, 8(1): 74-79.

Kim D J, Kim M H, 1997. Wave-current interactions with a large three-dimensional body by THOBEM[J]. Journal of Ship Research, 41(4): 273-285.

Kim M H, Celebi M S, Kim D J, 1998. Fully nonlinear interactions of waves with a three-dimensional body in uniform currents[J]. Applied Ocean Research, 20(5): 309-321.

Lee C C, Liu Y H, Kim C H, 1994. Simulation of nonlinear waves and forces due to transient and steady motion of submerged sphere[J]. International Journal of Offshore and Polar Engineering, 4(3): 174-182.

Linton C M, 1991. Radiation and diffraction of water waves by a submerged sphere in finite depth[J]. Ocean Engineering, 18(1-2): 61-74.

Longuet-Higgins M S, Cokelet E D, 1976. The deformation of steep surface wave on water. I. A numerical method of computation[J]. Proceedings of the Royal Society of London, 350(1660): 1-26.

Lopes D B S, Sarmento A J N A, 2002. Hydrodynamics coefficients of a submerged pulsating sphere in finite depth[J]. Ocean Engineering, 29(11): 1391-1398.

MacCamy R C, Fuchs R A, 1954. Wave forces on piles: a diffraction theory[R]. No. 69, US Beach Erosion Board.

Malenica S, Molin B, 1995. Third-harmonic wave diffraction by a vertical cylinder[J]. Journal of Fluid Mechanics, 302: 203-229.

Molin B, 1979. Second-order diffraction loads on three dimensional bodies[J]. Applied Ocean Research, 1(4): 197-202.

Rahman M, 2001. Simulation of diffraction of ocean waves by a submerged sphere in finite depth[J]. Applied Ocean Research, 23(6): 305-318.

Taylor R E, Hung S M, 1987. Second order diffraction forces on a vertical cylinder in regular waves[J]. Applied Ocean Research, 9(1): 19-30.

Taylor R E, Chau F P, 1992. Wave diffraction theory: some developments in linear and nonlinear theory[J]. Journal of Offshore Mechanics and Arctic Engineering, 114(3): 185-194.

Tulin M P, 2003. Future directions in the study of nonconservative water wave systems[J]. Journal of Offshore Mechanics and Arctic Engineering, 125(1): 3-8.

Vengatesan V, Varyani K S, Barltrop N, 2000. An experimental investigation of hydrodynamic coefficients for a vertical truncated rectangular cylinder due to regular and random waves[J]. Ocean Engineering, 27(3): 291-313.

Wan D C, 1999. Numerical simulation of nonlinear waves overtopping an obstruction[J]. Journal of Hydrodynamics, 11(4): 103-108.

Wang C Z, Khoo B C, 2005. Finite element analysis of two-dimensional nonlinear sloshing problems in random excitations[J]. Ocean Engineering, 32(2): 107-133.

Wang S, 1986. Motions of a spherical submarine in waves[J]. Ocean Engineering, 13(3): 249-271.

Wu G X, Taylor R E, 1987. The exciting force on a submerged spheroid in regular waves[J]. Journal of Fluid Mechanics, 182: 411-426.

Wu G X, Taylor R E, 1989. On the radiation and diffraction of surface waves by submerged spheroids[J]. Journal Ship Research, 33(2): 84-92.

Wu G X, Taylor R E, 1994. Finite element analysis of two-dimensional non-linear transient water waves[J]. Applied Ocean Research, 16(6): 363-372.

Wu G X, Ma Q W, Taylor R E, 1998. Numerical simulation of sloshing waves in a 3D tank based on a finite element method[J]. Applied Ocean Research, 20(6): 337-355.

Yang C, Ertekin R C, 1992. Numerical simulation of nonlinear wave diffraction by a vertical cylinder[J]. Journal of Offshore Mechanical and Arctic Engineering, 114(1): 36-44.

Yeung R W, 1981. Added mass and damping of a vertical cylinder in finite depth-waters[J]. Applied Ocean Research, 3(3): 119-133.

Yeung R W, 1982. The transient heaving motion of floating cylinders[J]. Journal of Engineering Mathematics, 16(2): 97-119.

Zhang L, Dai Y S, 1993. Time-domain solutions for hydrodynamics forces and moments acting on a 3-D moving body in waves[J]. Journal of Hydrodynamics, 5(2): 110-113.

第2章 水波问题的数学模型

2.1 控 制 方 程

对于开阔海域中的波物作用问题，流域尺寸相对于结构而言是无限大的。受计算能力限制，在数值计算中，人们通常将所关心的流域截断，并通过合理设置开敞边界条件，使基于有限流域获得的计算结果能在最大限度上接近实际情形。图 2.1 是一个截断流域示意图，其中 Ω 代表整个计算域，S_f 为自由水面，物面和水底边界为 S_b，截断流域的上游边界为 S_{in}，下游边界为 S_{out}，侧面边界为 S_{side}。定义右手直角坐标系 $O\text{-}xyz$，原点 O 设于静水面，Oz 轴的指向为垂直向上，$\boldsymbol{x}=(x, y, z)$ 为空间一点的坐标，$\boldsymbol{i}$、$\boldsymbol{j}$、$\boldsymbol{k}$ 为各坐标轴方向的单位向量。

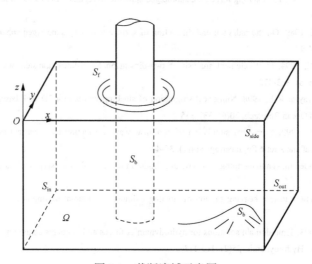

图 2.1　截断流域示意图

流域内流体的动力特性遵循三个最基本的守恒定律，即质量守恒、动量守恒和能量守恒。本书所关注的波浪水动力问题主要涉及质量守恒和动量守恒两个方面。对这些守恒定律的数学描述就是流体运动的基本控制方程。假设水体是无黏、不可压缩的理想流体且流动是无旋的，可以引入速度势的概念来简化控制方程的表示形式，形成基于势流理论的数学模型。在势流理论中，流场中各

位置的流体速度 $v = [u,v,w]$ 由速度势函数的梯度来表示，即 $v = \nabla\phi$，其中 $\nabla = [\partial/\partial x,\ \partial/\partial y,\ \partial/\partial z]$。

根据质量守恒定律，可以推导出不可压缩流体的连续性方程，满足流场内速度的散度处处为 0，进而可以得到关于速度势的拉普拉斯方程

$$\nabla^2\phi = 0 \tag{2.1}$$

此处，拉普拉斯方程就是本书所研究水波问题的控制方程。在势流理论框架下求解水波问题的数学本质就是找到给定条件下拉普拉斯方程的解。与黏性流模型相比，势流模型仅需求解一个关于速度势的二阶椭圆方程，求解过程更简单。根据动量守恒定律，在运动无旋条件下（即 $\nabla\times\nabla\phi = 0$），流体的动量方程可以写为

$$\nabla\frac{\partial\varphi}{\partial t} + \frac{1}{2}\nabla(\nabla\varphi\cdot\nabla\varphi) + \frac{1}{\rho}\nabla p + \nabla U_g = 0 \tag{2.2}$$

式中，ρ 为流体密度；p 为流体压力；t 为时间；U_g 表示重力势能（满足 $\nabla U_g = g\boldsymbol{k}$，$g$ 为重力加速度）。通过空间积分可得伯努利方程：

$$\frac{\partial\varphi}{\partial t} + \frac{1}{2}\nabla\varphi\cdot\nabla\varphi + \frac{p}{\rho} + U_g = C(t) \tag{2.3}$$

式中，$C(t)$ 为时间 t 的函数。注意，$C(t)$ 与空间坐标无关，可将其吸收进速度势 φ，令式（2.3）右端为零，而不影响流域速度场的分布。对于势流问题，通过求解式（2.1）的拉普拉斯方程可得流场速度势分布，由速度势的空间梯度可确定流场速度分布，再由式（2.3）的伯努利方程可求得流场压力分布，通过求解压力在物体表面的积分来得到流体对物体的作用力。

满足拉普拉斯方程的解有无穷多个，要保证解的唯一性（也就是要得到某具体问题的确定解），首先必须给定速度势所要满足的边界条件，即速度势或速度势的空间导数在流体计算域边界面上满足的条件。流体计算域的边界可以是物体表面（如航行于水中的船体表面），可以是互不渗透的两种流体的交界面（如海面），也可以是无穷远边界面等。边界条件在流场所有边界上都要设定，即便在无界流场中也应包括无限远处开敞边界上的辐射条件，否则，遗漏了某些边界就不能保证解的唯一性。对于不定常流动，还应给出问题的初始条件，即在初始时刻速度势或速度势时间导数在流体计算域及其边界上满足的条件。

边界条件和初始条件统称为定解条件。只有给出了合适的定解条件后，拉普拉斯方程的解才可能唯一确定。给出定解条件准确的数学表述与求解控制方程本身同等重要。下面给出波浪与海洋结构相互作用问题中经常使用的几类定解条件。

2.2　自由表面边界条件

自由表面是重力场中水和空气的交界面，是由流体质点组成的流体面。对于拉普拉斯方程，在边界位置已知的情况下，同一边界上只需给定一个边界条件即可。然而，包含自由表面边界类型时，由于自由表面的位置本身以及自由表面上的物理量（速度势或速度势空间导数）均需确定，因此需要设置两个边界条件，一个与确定边界的位置相关，另一个作为给定边界上待求解物理量的约束条件。该种边界条件被称为双重边界条件。对于包含运动边界或自由表面边界的边值问题，都需给出双重边界条件。

流域的自由表面边界条件包括运动学和动力学边界条件两类。运动学边界条件用于描述和追踪自由表面边界的运动，其数学原理是认为自由表面几何形状变化的法向速度与自由表面上对应位置处流体质点的法向速度相同。由此，在运动过程中，描述自由表面形状的几何面始终包含流体质点，自由表面上的流体质点可以沿着自由表面的几何面切向滑移，但不可脱离该几何面。动力学边界条件的数学原理是：以自由表面的几何面为边界，几何面任意位置处一侧流体的压力与另一侧空气的压力始终保持平衡，即自由表面上流体的压力处处与大气压相同。本书不考虑自由表面的表面张力。

基于不同观点，自由表面边界条件可以有不同的表达形式。主要观点包括欧拉观点、拉格朗日观点、半拉格朗日（或半欧拉）观点和改进半拉格朗日观点。

第一种是基于欧拉观点的表达式。该观点立足空间固定点来考察各个固定点上的物理量及其变化。设想在流场内某位置处设置一个固定的观察点，不同时刻会有不同的流体微团流经该观察点，在各个时刻，正流经该观察点的流体微团所携带的物理量就是该时刻在该空间点上的物理量。实时记录该观察点上测得的物理量（注意：不同时刻测得的物理量为不同流体微团的信息），所测得物理量随时间的变化率即为空间固定点的物理量对时间的变化率。在流场内密布更多固定观察点，通过收集各个固定点上检测到的速度、密度和压力等物理量，可以得到各个时刻流场中的速度、密度和压力的空间分布，即速度场、密度场和压力场。由此，欧拉观点实际是一种场方法，可以借助场论的数学知识来求解流场方程。

在欧拉观点下，将自由表面几何形状表示为函数 $F(x,y,z,t) \equiv 0$，可将自由表面的起伏显式表示为 $z = \eta(x,y,t)$，即有 $F = z - \eta(x,y,t)$。由于自由表面流体质点始终在自由表面上，这些流体质点"携带"的自由表面形状函数的值始终不变，因此自由表面形状函数的物质导数始终为 0，即

$$\frac{\mathrm{D}}{\mathrm{D}t}[z-\eta(x,y,t)]=w-\frac{\partial\eta}{\partial t}-u\frac{\partial\eta}{\partial x}-v\frac{\partial\eta}{\partial y}=0 \tag{2.4}$$

式中，$\dfrac{\mathrm{D}}{\mathrm{D}t}=\dfrac{\partial}{\partial t}+\nabla\phi\cdot\nabla$ 为物质导数，u、v、w 分别是流体质点在 x、y 和 z 三个方向的速度分量。根据速度势的定义可以得到自由表面运动学边界条件：

$$\frac{\partial\eta}{\partial t}=\frac{\partial\phi}{\partial z}-\frac{\partial\phi}{\partial x}\frac{\partial\eta}{\partial x}-\frac{\partial\phi}{\partial y}\frac{\partial\eta}{\partial y},\ \ 在\eta(x,y,t)上满足 \tag{2.5}$$

对于自由表面动力学边界条件，可以根据自由表面上流体压力与大气压（取大气压的值为 $p_0=0$）相等，通过应用伯努利方程直接得到

$$\frac{\partial\phi}{\partial t}=-\frac{1}{2}\nabla\phi\cdot\nabla\phi-g\eta,\ \ 在\eta(x,y,t)上满足 \tag{2.6}$$

　　尽管拉普拉斯方程本身是线性的，但由于两个自由表面边界条件是非线性的，这使有自由表面存在时的势流问题本质上成了一个非线性问题。欧拉观点下的自由表面边界条件要在未知的瞬时自由表面位置处满足，这给实际计算带来了困难。实际应用该条件时，可通过引入小参数进行摄动展开，使问题简单化，并根据泰勒级数展开原理，使线性自由表面条件在 $z=0$ 平面上满足，由此，当波陡 $[\partial\eta/\partial x,\partial\eta/\partial y]$ 或者 $[u,v]$ 很小时，可以忽略其乘积或各自平方带来的高阶小量项，将自由表面条件线性化为

$$\frac{\partial\phi}{\partial t}=-g\eta\ 和\ \frac{\partial\phi}{\partial z}=\frac{\partial\eta}{\partial t} \tag{2.7}$$

尽管拉普拉斯方程不含时间项，但上述边界条件通常与时间有关。

　　在不定常问题中，除了边界条件以外，还需要给定初始条件，才能得到确定的流场运动。初始条件规定了流场中各点的初始位置和速度。在自由表面边界条件中，出现了速度势对时间的二阶偏导数，因此需要给出两个初始条件，通常可以设置为已知初始时刻流域的速度势和速度势关于时间的一阶偏导数。

　　第二种是基于拉格朗日观点的表达式。将观察点固结于自由表面的流体质点上，并通过跟踪自由表面上运动的流体质点来获得瞬时自由表面的位置和速度势分布。该观点下的自由表面边界条件为

$$\frac{\mathrm{D}\boldsymbol{X}}{\mathrm{D}t}=\nabla\phi \tag{2.8}$$

$$\frac{\mathrm{D}\phi}{\mathrm{D}t}=-\frac{P_a}{\rho}+\frac{1}{2}\nabla\phi\cdot\nabla\phi-gz \tag{2.9}$$

式中，$\boldsymbol{X}$ 为瞬时自由表面上各流体质点的位置向量。由于在各个时间步求解拉普拉

斯方程的过程可以看作是在欧拉观点下进行的，因此基于拉格朗日观点的表达式又被称为混合欧拉-拉格朗日方法。

第三种是基于半拉格朗日观点的表达式。应用基于拉格朗日观点的自由表面边界条件时，如果放任自由表面上流体质点的运动，可能引发一些数值问题。例如，如果某些位置出现流体质点的堆积现象，会导致计算因边界网格的大幅扭曲变形而崩溃。为了避免该问题，Beck（1994）提出了一种特殊形式的自由表面边界条件来保证计算网格的质量，被称为半拉格朗日观点下的自由表面边界条件。该观点下的自由表面边界条件表示为

$$\frac{\partial \eta}{\partial t} = \frac{\partial \phi}{\partial z} - \frac{\partial \phi}{\partial x}\frac{\partial \eta}{\partial x} - \frac{\partial \phi}{\partial y}\frac{\partial \eta}{\partial y} \tag{2.10}$$

$$\frac{\delta \phi}{\delta t} = -\frac{1}{2}\nabla \phi \cdot \nabla \phi - g\eta + \frac{\partial \eta}{\partial t}\frac{\partial \phi}{\partial z} \tag{2.11}$$

式中，$\delta/\delta t = \partial/\partial t + V_\mathrm{p}\cdot\nabla$，$V_\mathrm{p}$ 为自由表面上观察点的运动速度。该处理方法实际上就是让观察点漂浮于自由表面上仅做垂向自由运动。基于半拉格朗日观点的自由表面边界条件只能处理波浪沿直壁运动的情况，对于波浪沿非直壁爬升的一般性情况则无能为力，如图 2.2 所示。

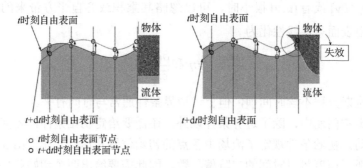

图 2.2　半拉格朗日自由表面条件失效示意图

Zhang（2015）提出了一种基于改进半拉格朗日观点的自由表面条件表达式，用于波浪沿非直壁爬升的一般化情况。其基本思想如图 2.3 所示，为自由表面上各个浮动的观察点设置运动轨道，其中，水线处的观察点轨道紧贴物体表面，远离水线的轨道则沿垂直方向。对于物体运动的情况，可在物体质心上绑定运动坐标系，在运动坐标系下定义浮体周边的自由表面条件和观察点运动轨道，使各瞬间轨道相对于物体保持不变，然后依托各个轨道建立局部坐标系 $O'\text{-}x'y'z'$，使 O' 位于轨道与自由表面的交点，$O'z'$ 沿轨道的切线方向。在局部坐标系下，自由表面边界条件可表示为如下形式：

$$\frac{\partial \eta'}{\partial t} = \left(\boldsymbol{v}_c + \boldsymbol{\omega} \times \boldsymbol{r} - \nabla \varphi \right) \cdot \left(\frac{\partial \eta'}{\partial x'} \boldsymbol{i}' + \frac{\partial \eta'}{\partial y'} \boldsymbol{j}' - \boldsymbol{k}' \right) \tag{2.12}$$

$$\frac{\delta \varphi}{\delta t} = \frac{\partial \eta'}{\partial t} \frac{\partial \varphi}{\partial z'} + \left(\boldsymbol{v}_c + \boldsymbol{\omega} \times \boldsymbol{r} \right) \cdot \nabla \varphi - \frac{1}{2} \nabla \varphi \cdot \nabla \varphi - gz \tag{2.13}$$

式中，$\delta / \delta t$ 表示轨道上节点所携带物理量的时间变化率；$\boldsymbol{i}'$、$\boldsymbol{j}'$、$\boldsymbol{k}'$ 为局部坐标系的三个单位向量；$\boldsymbol{v}$ 和 $\boldsymbol{\omega}$ 分别为动坐标系的平移速度和旋转角速度；$\boldsymbol{r}$ 为质心指向自由表面上一点的向量。式中除 z 以外，各物理量均为局部坐标系下的值。上述自由表面条件的详细推导参见 Zhang（2015，2016）的文章。在所有观察点的轨道都垂直的情况下，该观点与半拉格朗日观点是相同的。应用改进半拉格朗日观点下的自由表面边界条件，可通过网格节点沿各自轨道的自由滑动来表示自由表面变形。改进半拉格朗日观点可以像半拉格朗日观点那样保证计算网格质量和避免对计算网格的额外人工干预，也消除了"直壁"限制。

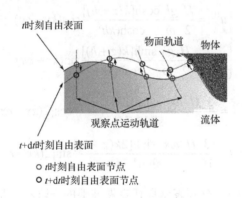

图 2.3　改进半拉格朗日自由表面条件原理示意图

2.3　物面边界条件

理想流体中没有剪切应力的作用，对于流体无法穿透的物体表面（包括水底），流体质点可以沿着物面滑动但不能穿透物面，因此紧贴物面的流体质点和其所在位置处的物面应具有相同的法向速度，即有

$$\frac{\partial \phi}{\partial n} = \boldsymbol{v} \cdot \boldsymbol{n} \tag{2.14}$$

式中，$\boldsymbol{v}$ 是物面一点的运动速度；$\boldsymbol{n}$ 是该点处物面的单位法向量。对于水底等固定不动的物面边界，取 $\boldsymbol{v} = \boldsymbol{0}$。

2.4　造波边界条件

图 2.1 所示的有限计算域实际就是一个数值波浪水池。数值波浪水池的造波方法（即波浪产生方法）是保证波浪模拟准确性的关键。下面介绍本书采用的几种造波方法。

第一种是入射条件设置法。在入射边界处直接给定水质点沿垂向断面速度分布的理论值，选用线性或二阶斯托克斯波来描述入射边界条件：

$$\begin{cases} u = \dfrac{\partial \phi}{\partial x} = u^{(1)} + u^{(2)} \\ w = \dfrac{\partial \phi}{\partial z} = w^{(1)} + w^{(2)} \end{cases} \tag{2.15}$$

$$\begin{cases} u^{(1)} = \dfrac{H}{2} \dfrac{gk}{\omega} \dfrac{\cosh[k(z+h)]}{\cosh(kh)} \cos(kx - \omega t) \\ w^{(1)} = \dfrac{H}{2} \dfrac{gk}{\omega} \dfrac{\sinh[k(z+h)]}{\cosh(kh)} \sin(kx - \omega t) \end{cases} \tag{2.16}$$

$$\begin{cases} u^{(2)} = \dfrac{3}{16} \dfrac{H^2 \omega k \cdot \cosh[2k(z+h)]}{\sinh^4(kh)} \cos[2(kx - \omega t)] \\ w^{(2)} = \dfrac{3}{16} \dfrac{H^2 \omega k \cdot \sinh[2k(z+h)]}{\sinh^4(kh)} \sin[2(kx - \omega t)] \end{cases} \tag{2.17}$$

式中，上标（1）和（2）分别表示斯托克斯波浪的一阶和二阶分量；H 为波高；h 为水深；ω 为圆频率；k 为波数。另记 c 为波速，存在如下色散关系：

$$c = \frac{\omega}{k} = \left[\frac{g}{k} \tanh(kh) \right]^{1/2}, \quad \omega^2 = gk \tanh(kh) \tag{2.18}$$

为避免突然启动造波给流场带来瞬态扰动，可采用过渡函数 $f_M(t)$ 对造波初始阶段进行平滑，

$$f_M(t) = \begin{cases} \dfrac{1}{2} \left[1 - \cos\left(\dfrac{\pi t}{T_M} \right) \right], & t < T_M \\ 1, & t \geqslant T_M \end{cases} \tag{2.19}$$

式中，T_M 为过渡时间，取值一般为波浪周期的整数倍。应该注意的是，对波浪与结构相互作用问题进行长时间模拟时，从物体处反射的波浪传播至造波板或入射边界会发生二次反射。为避免二次反射的波浪干扰计算域流场，可将阻尼区布置

在入射边界附近来耗散从结构反射的波浪。该阻尼区仅吸收从结构反射回来的波浪，而对原入射波没有影响。应用该阻尼区（见 2.5 节），可在运动学和动力学自由表面边界条件下分别增加 $-v(x)(\eta-\eta^*)$ 项和 $-v(x)(\phi-\phi^*)$ 项，式中 ϕ^* 和 η^* 分别是流场中没有结构时的速度势和波面高度，其参考值可以在没有物体而其他条件相同的情况下计算得到。如果入射波不是强非线性波，为保证计算效率，可以采用适当的解析解（如二阶斯托克斯波）来代替。本书通过二阶斯托克斯波来得到 ϕ^* 和 η^*。入射边界前的阻尼区与计算域末端布置的阻尼区形式是一样的，只是由于要消除的是从结构反射回来的波浪，故其阻尼强度的增长方向是指向入射边界的。

第二种是造波板模拟法。像在物理水池里一样，在数值波浪水池中也可以通过模拟造波板运动来产生波浪。在波浪入射边界处设置造波板，模拟常见的推板造波板，可将物面上边界条件设为

$$\partial\phi/\partial n = u(t) \tag{2.20}$$

式中，$u(t)$ 为造波板水平运动速度。如要生成规则波，可将造波板的速度设为

$$u(t)=\frac{\eta_0(t)c_s}{h+\eta_0(t)} \tag{2.21}$$

$$\eta_0(t)=a\sin(\omega t) \tag{2.22}$$

$$c_s=\sqrt{g(h+a)} \tag{2.23}$$

式中，a 和 ω 分别为波浪的幅值和频率。注意，在该造波条件下，每个时刻造波板边界的位置都在变化。

第三种是域内源造波法。通过在域内设置造波源来产生波浪。采用该方法时，需在拉普拉斯方程中加入造波源项，使控制方程变为泊松方程：

$$\nabla^2\phi = q^*(x_s,z,t) \tag{2.24}$$

$$q^*(x,z,t)=\begin{cases}2v(x,z,t), & x=x_s\\0, & x\neq x_s\end{cases} \tag{2.25}$$

式中，$q^*(x_s,z,t)$ 为造波源强度；x_s 为造波源的 x 坐标；v 为流体质点的水平速度，可根据二阶斯托克斯波的解析解来设定，

$$v(x,z,t)=Agk\frac{\cosh[k(z+h)]}{\cosh(kh)}\sin(kx-\omega t)$$
$$+\frac{3}{4}A^2\omega k\frac{\cosh[2k(z+h)]}{\sinh^4(kh)}\cos[2(kx-\omega t)] \tag{2.26}$$

2.5　数值消波方法

如前文所述，在模拟开敞水域问题时需要截断流域，引入"开敞边界"或"人工边界"，将无界区域分割成为两部分，形成有界的计算区域和剩余的无界区域。这样，新引入的人工边界便成为计算区域的一个边界。如果能在人工边界上找到原问题的解所满足的边界条件，可将原来的无界问题简化为有界计算区域上的问题进行求解。早期人们直接将原问题的解在无穷远处满足的条件移植到人工边界上，但这是一个粗糙的近似边界条件，如果希望达到一定精度，必须保证所选择的计算区域足够大，而这会导致计算量和内存需求量的增加。因此，如何在给定的人工边界上找到原问题的解，确定准确的人工边界条件或构造出高精度的近似人工边界条件，是求解无界域上偏微分方程数值解的核心问题。下面介绍模拟水波问题中常用的几种消波方法。

第一种是索末菲方法。Orlanski（1976）把理论研究领域广泛应用的索末菲边界条件扩展到非定常波浪的模拟中，发展了"索末菲-奥兰斯基（Sommerfeld-Orlanski）条件"。在人工边界上，边界条件可以表示成如下形式：

$$\frac{\partial Q}{\partial t} + c\frac{\partial Q}{\partial x} = 0 \tag{2.27}$$

式中，Q 是任意流动变量或是波高；c 是波速。应用有限差分法，式（2.27）可以变为

$$Q_B^{n+1} = Q_B^{n-1} + (1-2a)(Q_B^n - Q_B^n) \tag{2.28}$$

式中，上标 $n+1$ 和 $n-1$ 代表后一时间步和前一时间步；下标 B 是出流处的边界点；$a = c\Delta t/\Delta x$ 定义为柯朗（Courant）常数，时间步长 Δt 的选择通常满足 $0 < a < 0.5$。该方法可以把波浪的相速度视为一个非固定的值，通过对邻近空间网格点上物理量进行数值差分，获得波浪的传播速度，然后用蛙跳差分方法表示索末菲条件求得 c，从而决定边界上网格点的物理量。本质上 c 是人工边界处波浪的局部速度。该边界条件并不取决于整个流域的变量，而是一种局部的数值方法，该方法仅对单一频率的外传波浪有效，同时需要精确估计局部波浪的相速度（这对于全非线性波浪而言是很困难的）。对于不规则波问题，计算域出流边界处的相速度很难准确求得，因此该方法对随机水波问题的适用性较差。

第二种是阻尼区方法。阻尼区方法又被称为数值阻尼、数值海滩、海绵层、人工阻尼方法等，是应用范围最广的一类消波方法。这一方法的设计思想源自物理波浪水池的消波岸，在远端自由表面上（或水底至自由表面整个区域）设置一个消波区来耗散波浪能量，使传播到人工边界的波浪不会被反射到计算域内。在

势流理论中的操作方法是：在自由表面条件中引入阻尼项，使水波通过阻尼区时能量被耗散掉，以达到消波的目的。早在 20 世纪 60 年代，Bushby 等（1967）就已经将黏性阻尼应用到数学模型中，但是在边界处黏性太大产生了一定的反射。随后许多学者对阻尼区方法进行了改进，通过保证自由表面上无阻尼区和有阻尼区之间的光滑过渡，来防止人工边界处的波浪反射。与索末菲方法相比，阻尼区方法在消除不规则波浪方面显得更为有效。阻尼区的形式多种多样，通常包含两个重要的参数，即阻尼强度和阻尼区长度。阻尼项可以单独加在运动学或动力学自由表面边界条件中，也可以同时引入到两个自由表面条件中。本书在自由表面运动学和动力学边界条件中均加入了阻尼项，并将自由表面改写为如下形式：

$$\frac{\partial \phi}{\partial t} = -g\eta - \frac{1}{2}(\nabla \phi)^2 - v(x)\phi \tag{2.29}$$

$$\frac{\partial \eta}{\partial t} = \frac{\partial \phi}{\partial z} - \frac{\partial \phi}{\partial x}\frac{\partial \eta}{\partial x} - \frac{\partial \phi}{\partial y}\frac{\partial \eta}{\partial y} - v(x)\eta \tag{2.30}$$

$$v(x) = \begin{cases} \alpha\omega\left(\dfrac{x-x_0}{\beta L}\right)^2, & x_0 \leqslant x \leqslant x_0 + \beta L \\ 0, & x < x_0 \end{cases} \tag{2.31}$$

式中，ω 为波圆频率；L 为波长；x_0 为阻尼区的起始位置；α 和 β 为系数。阻尼区的消波效果取决于阻尼区长度与波长的比值，对于浅水波情况，通常需要一个更长的阻尼区来消除人工边界处的波浪反射。

　　第三种是主动式消波法。Clement（1996）等也尝试过模拟实际物理水槽中的一些主动式消波装置，利用波动信号的反馈原理，通过消波边界的运动将造波边界传来的波动抵消掉。Clement（1996）也将阻尼区方法和主动式消波法结合起来使用，来消除时域数值波浪水池中的非线性波浪。他指出该混合方法的阻尼区部分对消除高频波浪有效，而主动式消波部分对消除低频波浪更有优势，当两种方法结合起来使用时，可以有效扩大可模拟的不规则波浪的频率范围。

　　第四种是内外域匹配法。采用一个形状简单的人工边界，将流域划分为外部流域和内部流域。外部流域的形状相对简单，可以较容易地构造满足远方辐射条件的解析解；对于内部复杂形状流域，可采用数值方法进行求解。最后通过在人工边界上匹配内外域的速度势和速度势法向导数来实现全流域问题的数值求解。段文洋（1995）在模拟浮体大幅运动问题时，提出了一种内外域匹配法。在内域边界上使用基于 Rankine 源的边界元方法对非线性问题进行求解，同时在人工边界上布置满足线性自由表面条件和无穷远处辐射条件的时域格林函数，通过在人工边界上匹配速度势和速度势法向导数来实现对全流域求解。

　　第五种是多次透射公式方法。多次透射公式（multi-transmitting formula，MTF）

方法最早由 Liao（1996）提出，用于模拟地震波在计算域的外传。受其观点启发，Zhang 等（2012）将 MTF 方法应用到数值波浪水池中。在数值水池问题中，人工边界上当前时刻的速度势可由流域内某些点处的之前若干时刻的速度势所决定。具体实施方法是首先在靠近人工边界的流域内根据所选 MTF 的阶数建立若干"透射层"（transmitting layers），透射层的个数与 MTF 的阶数相同。各透射层均平行于人工边界，且到人工边界的距离为

$$x_j = -jc_a\Delta t \tag{2.32}$$

式中，x_j 表示第 j 个透射层到人工边界的水平距离；负号表示从人工边界指向流域内部；Δt 为时域数值模拟所选的时间步长；c_a 为人为给定的"人工波速"，通常设为真实波浪表观速度的近似值。然后，在各个透射层上分布一系列位置点，这些位置点的垂向坐标与人工边界上节点的垂向坐标相同。对于人工边界上的各个节点，各透射层上都有唯一的位置点与之对应。因此透射层上的位置点也可以看作是人工边界上的节点向流域内部方向的偏移。透射层及其上的位置点布置示意图如图 2.4 所示。

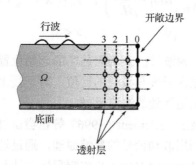

图 2.4　透射层及其上的位置点布置示意图

　　人工边界上的各节点用下标 0 表示，各透射层上与之对应的位置点可依次用下标 1、2、3 等表示。用 $\phi_j^p = \phi(p\Delta t, -jc_a\Delta t)$ 表示在时刻 $t = p\Delta t$，第 j 层透射层（如果 $j = 0$，则表示人工边界）上的速度势。根据 MTF 理论，下一时刻人工边界上某节点的速度势可以利用之前某些时刻该节点在各透射层上对应位置点处的速度势来预测，即

$$\phi_0^{p+1} = \sum_{j=1}^{N} (-1)^{j+1} C_j^N \phi_j^{p+1-j} \tag{2.33}$$

式中，N 为 MTF 的阶数；C_j^N 为 N 个对象每次取 j 个时的组合数。在实际应用中 N 通常取不超过 j 的正整数。

2.6　水动力计算

作用在物体上的波浪力 F 和力矩 M 可以通过在物体湿表面上做压力积分而得到，

$$F = -\rho \iint_{S_b} \left(\phi_t + \frac{1}{2} |\nabla \varphi|^2 + gz \right) n \mathrm{d}S \tag{2.34}$$

$$M = -\rho \iint_{S_b} \left(\phi_t + \frac{1}{2} |\nabla \varphi|^2 + gz \right) (r \times n) \mathrm{d}S \tag{2.35}$$

速度势的时间偏导数 ϕ_t 可以通过向后差分的方式求得，也可以通过求解新的边值问题得到。速度势的时间偏导数也满足拉普拉斯方程及如下的自由水面边界条件和固壁边界条件：

$$\nabla^2 \varphi_t = 0 \tag{2.36}$$

$$\varphi_t = -gz - \frac{1}{2} |\nabla \varphi|^2 \tag{2.37}$$

$$\frac{\partial \varphi_t}{\partial n} = 0 \tag{2.38}$$

在运动固体边界上，其边界条件可以写成如下形式（Wu et al.，1998）：

$$\frac{\partial \phi_t}{\partial n} = (\dot{v}_c + \dot{\omega} \times r) \cdot n - v_c \frac{\partial \nabla \phi}{\partial n} + \omega \cdot \frac{\partial}{\partial n} [r \times (v_c - \nabla \phi)] \tag{2.39}$$

式中，v_c 表示物体的线速度；ω 表示物体旋转的角速度。求得速度势 ϕ 和速度势的时间偏导数 ϕ_t 后，就可以求得作用在物体上的波浪力和力矩。

参 考 文 献

段文洋, 1995, 船舶大幅运动非线性水动力研究[D]. 哈尔滨: 哈尔滨工程大学.

Beck R F, 1994. Time-domain computations for floating bodies[J]. Applied Ocean Research, 16(5): 267-282.

Bushby F H, Timpson M S, 1967. A 10-level atmospheric model and frontal rain[J]. Quarterly Journal of the Royal Meteorological Society, 93(395): 1-17.

Clement A, 1996. Coupling of two absorbing boundary conditions for 2D time-domain simulations of free surface gravity waves[J]. Journal of Computational Physics, 126(1): 139-151.

Liao Z P, 1996. Extrapolation non-reflecting boundary conditions[J]. Wave Motion, 24(2): 117-138.

Longuet-Higgins M S, Cokelet E D, 1976. The deformation of steep surface wave on water. I. A numerical method of computation[J]. Proceedings of the Royal Society of London, 350(1660): 1-26.

Orlanski I, 1976. A simple boundary condition for unbounded hyperbolic flows[J]. Journal of Computational Physics, 21(3): 251-269.

Wu G X, Ma Q W, Taylor R E, 1998. Numerical simulation of sloshing waves in a 3D tank based on a finite element method[J]. Applied Ocean Research, 20(6): 337-355.

Zhang C W, Duan W Y, 2012. Numerical study on a hybrid water wave radiation condition by a 3D boundary element method[J]. Wave Motion, 49(5): 525-543.

Zhang C W, 2015. Application of an improved semi-Lagrangian procedure to fully-nonlinear simulation of sloshing in non-wall-sided tanks[J]. Applied Ocean Research, 51: 74-92.

Zhang C W, 2016. Numerical study of nonlinear sloshing and its coupling with vessel motions[D]. London: University College London.

第3章　高阶边界元数值方法

拉普拉斯方程是线性椭圆方程，对于规则计算域和简单边界条件的情况，常常可以找到该方程的解析解。而对于具有不规则计算域和非线性边界条件的水波问题，不得不采用数值方法来求解。常用的数值求解方法包括有限差分法、有限体积法、有限元法和边界积分方程法等。前三种方法需在整个流场对方程进行离散，被称为场离散方法。边界积分方程法则通过数学变换将场方程转化为边界上的积分方程，然后对边界积分方程进行离散求解。边界积分方程法的使用可以追溯到 19 世纪 50 年代，最先在空气动力学和弹性力学等领域出现。随后势流理论和积分方程理论逐渐发展成熟，边界积分方程法也迅速获得生命力。特别是对于涉及自由表面的动边界问题，边界积分方程法仅需处理流域边界网格，与有限元等场离散方法相比，需要处理的空间维数少一维，使数据输入的准备工作大为简化，网格划分和动态调整也更为方便，最后所形成代数方程组的规模也小很多。本章将对高阶边界元数值方法的原理和实现过程进行详细介绍。

3.1　边界积分方程概述

本节以三维情况为例，对速度势边值问题的边界积分方程进行说明。在流体域 Ω 内对速度势拉普拉斯方程应用格林第二定理，可以得到下述边界积分方程：

$$\alpha(\boldsymbol{x}_0)\phi(\boldsymbol{x}_0) = \iint_S \left[\phi \frac{\partial G(\boldsymbol{x}, \boldsymbol{x}_0)}{\partial n} - G(\boldsymbol{x}, \boldsymbol{x}_0) \frac{\partial \phi}{\partial n} \right] \mathrm{d}S \tag{3.1}$$

式中，$\boldsymbol{x}_0 = (x_0, y_0, z_0)$ 为配置点（或场点）；$\boldsymbol{x} = (x, y, z)$ 为流域边界上点（或源点）；S 为流域的全部边界；$G(\boldsymbol{x}, \boldsymbol{x}_0)$ 为格林函数；α 为固角系数。对于简单规则边界，固角系数很容易求得，而对于一些复杂边界（如变化的自由水面）可通过数值方法求得。格林函数的表达式为

$$G(\boldsymbol{x}, \boldsymbol{x}_0) = -\frac{1}{4\pi |\boldsymbol{x} - \boldsymbol{x}_0|} \tag{3.2}$$

格林函数及其法向导数的表达式分别与势流空间内源和偶极子的表达式相同，由此可知式（3.1）的物理意义：流体域内满足拉普拉斯方程的函数，可以通过在边界上布置分布源和分布偶极子（偶极子方向与法线方向相同）来描述，而

分布源和分布偶极子的系数则分别为边界上该函数的法向导数值和函数值。简而言之，流体域内满足拉普拉斯方程的函数在域内任意位置处的值都可以由边界上的函数及其法向导数来表示。

如果将流域边界 S 分类为第一类边界（如自由表面，速度势为已知量）S_f 和第二类边界（如物面和水底等，速度势法向导数为已知量）S_n，式（3.1）可以改写成

$$\alpha(\boldsymbol{x}_0)\phi(\boldsymbol{x}_0) - \iint_{S_n} \phi\frac{\partial G}{\partial n}\mathrm{d}S + \iint_{S_f} G\frac{\partial \phi}{\partial n}\mathrm{d}S = -\iint_{S_n} G\frac{\partial \phi}{\partial n}\mathrm{d}S + \iint_{S_f} \phi\frac{\partial G}{\partial n}\mathrm{d}S \quad (3.3)$$

在二维情况时，格林函数的表达式则为

$$G(\boldsymbol{x},\boldsymbol{x}_p) = \ln r = \ln\left[\sqrt{(x-x_p)^2 + (y-y_p)^2}\right] \quad (3.4)$$

式中，$\boldsymbol{x}_p = (x_p, y_p)$ 为配置点（或场点）；$\boldsymbol{x} = (x,y)$ 为流域边界上点（或源点）。

3.2　边界元方法概述

边界元方法本质上是求边界积分方程数值解的计算方法。将边界积分方程离散化来求数值解的边界元方法有多种类型，如配点法、伽辽金（Galerkin）法、最小二乘法、区域配置法、小波边界元法、边界节点法等，本书采用的就是配点法。边界元方法的基本思想是先把流域边界划分为若干"单元"，每个单元的场变量分布由该单元上几个节点处的场变量值插值得到，从而将边界积分方程离散成一个线性代数方程组，由此求得问题的数值解。边界"单元"的建立包括对边界几何形状的描述和对边界函数插值逼近的描述两部分。边界积分方程是边值问题的精确描述，而边界元方法是边界积分方程的数值求解方法。边界元方法的误差来源主要是场形函数的形式和数值计算的质量。

关于边界几何形状的近似描述：以二维问题为例，在曲线边界上选定一些插值点，称为几何结点，用这些几何结点坐标的多项式插值函数来表示这段曲线，就得到了这个曲线段形状的近似表达式。具体做法是，将边界曲线分为 N 个彼此不重叠的小曲线段，每个曲线段仅在端点处与相邻曲线段相连，每个小曲线段用直线或高次曲线近似，所有曲线段组成的一个多边形（直边或曲边的）就是对问题域边界的几何近似。

关于边界函数的插值逼近：边界函数是边界上定义的函数（如流场中的速度势和速度势法向导数等），边界函数的近似问题就是函数在单元上分段插值逼近的问题。通常将边界函数近似表示为若干节点函数值的拉格朗日多项式插值。选择一个形状函数作为一个单元的插值基函数，如果形状函数为 m 次多项式，就称该

边界单元为 m 次边界元，此时该单元上有 $k = m+1$ 个插值节点。特别注意，插值基函数的"节点"与确定单元几何形状的"结点"的位置不一定相同；边界单元几何形状表达式中所采用的插值基函数与边界函数的插值基函数也不一定相同。事实上，在边界元技术中，为便于处理边角点或不连续边界值的情况，或为了单元加密的方便，也有一些研究采用了"间断单元"，即不把单元端点取为边界函数的插值节点，使单元间无公共节点（尽管几何单元连续）。当描述单元几何形状的插值函数与逼近边界函数所采用的插值函数相同时，称该单元为"等参元"。几何形状的插值函数至少是线性的以保证各单元端点是相互连接的，而通常说的"常数元"或"高阶元"是对边界函数的插值阶数而言的。下面详细阐述求解二维和三维边界积分方程的数值过程。

3.3　边界元方法的数值过程

3.3.1　二维边界积分方程的离散

1. 边界积分路径的离散

将边界积分路径 S 离散为一系列首尾相连的小曲线段，采用边界单元 S_i 来近似每个曲线段的形状（单元形状可以是直线段、抛物线段或其他曲线段），由此将边界积分路径近似为 $\sum\limits_{i=1}^{N} S_i$。本书将边界曲线 S 划分为 N 个单元，每个单元上包含 $K(K=3)$ 个节点，节点分布在单元的两端和中点。如果 S 是闭合的，则容易求得边界上的节点总数为 $N_{\text{nod}} = 2N$；如果 S 不是闭合的，则节点总数为 $N_{\text{nod}} = 2N+1$。以各单元的中点为原点，定义局部参数坐标系 $O\text{-}\xi$，单元两端的节点坐标分别为 $\xi = -1$ 和 $\xi = 1$，如图 3.1 所示。单元上任意一点的坐标可以表示为如下二次曲线的形式：

$$x(\xi) = \sum_{k=1}^{K} N_k(\xi) x_k, \quad y(\xi) = \sum_{k=1}^{K} N_k(\xi) y_k \tag{3.5}$$

式中，$N_k(\xi)$ 为局部坐标 ξ 对应的形状函数，

$$N_1(\xi) = -\frac{1}{2}\xi(1-\xi), \quad N_2(\xi) = (1+\xi)(1-\xi), \quad N_3(\xi) = \frac{1}{2}\xi(1+\xi) \tag{3.6}$$

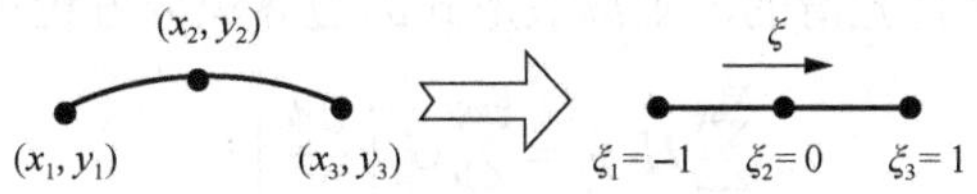

图 3.1　二次曲线单元坐标变换

2. 边界函数的离散

本书采用二次等参元方法，将各单元上的速度势和速度势法向导数分布表示为

$$\phi(\xi) = \sum_{k=1}^{K} N_k(\xi)\phi_k, \quad \frac{\partial \phi}{\partial n}(\xi) = \sum_{k=1}^{K} N_k(\xi)\left(\frac{\partial \phi}{\partial n}\right)_k \tag{3.7}$$

式中，ϕ_k 和 $\dfrac{\partial \phi}{\partial n}$ 分别表示各单元上第 k 个节点上的速度势和速度势法向导数。从全局坐标系变换到局部曲线坐标系，需要引入如下雅可比行列式：

$$\left| J(\xi) \right| = \sqrt{\left(\frac{\mathrm{d}x}{\mathrm{d}\xi}\right)^2 + \left(\frac{\mathrm{d}y}{\mathrm{d}\xi}\right)^2} \tag{3.8}$$

式中，

$$\frac{\mathrm{d}x}{\mathrm{d}\xi} = \sum_{k=1}^{K} \frac{\mathrm{d}N_k(\xi)}{\mathrm{d}\xi} x_k \; ; \qquad \frac{\mathrm{d}y}{\mathrm{d}\xi} = \sum_{k=1}^{K} \frac{\mathrm{d}N_k(\xi)}{\mathrm{d}\xi} y_k \tag{3.9}$$

因此，单元上单位切向量的两个分量可以表示为

$$\tau_x = \frac{\mathrm{d}x}{\mathrm{d}\xi} \Big/ \left| J(\xi) \right|, \quad \tau_y = \frac{\mathrm{d}y}{\mathrm{d}\xi} \Big/ \left| J(\xi) \right| \tag{3.10}$$

单位法向量的两个分量表示为

$$n_x = -\frac{\mathrm{d}y}{\mathrm{d}\xi} \Big/ \left| J(\xi) \right|, \quad n_y = \frac{\mathrm{d}x}{\mathrm{d}\xi} \Big/ \left| J(\xi) \right| \tag{3.11}$$

3. 线性方程组的构造

本书将二次单元上的各个节点作为配置点，得到离散形式的边界积分方程为

$$-a_i \phi_i + \sum_{e=1}^{N_e} \sum_{k=1}^{K} \int_{-1}^{1} \left[\frac{\partial G(\boldsymbol{x}(\xi), \boldsymbol{x}_i)}{\partial n} N_k(\xi) J_e(\xi) \right] \mathrm{d}\xi \cdot \phi_{d(e,k)}$$

$$= \sum_{e=1}^{N_e} \sum_{k=1}^{K} \int_{-1}^{1} \left[G(\boldsymbol{x}(\xi), \boldsymbol{x}_i) N_k(\xi) J_e(\xi) \right] \mathrm{d}\xi \left(\frac{\partial \phi}{\partial n}\right)_{d(e,k)}, \quad i = 1, 2, \cdots, N_{\mathrm{nod}} \tag{3.12}$$

如果流域边界是封闭且光滑的，则离散形式的边界积分方程可以简化为

$$\sum_{j=1}^{N_{\mathrm{nod}}} H_{ij} \phi_j = \sum_{j=1}^{N_{\mathrm{nod}}} G_{ij} \left(\frac{\partial \phi}{\partial n}\right)_j \tag{3.13}$$

$$H_{ij} = \delta_{j,d(e,k)}\left(\sum_{e=1}^{N_e}\sum_{k=1}^{K} H_i^{(e,k)}\right) - \delta_{j,i}a_i \tag{3.14}$$

$$H_i^{(e,k)} = \int_{-1}^{1}\left[\frac{\partial G(\boldsymbol{x}(\xi),\boldsymbol{x}_i)}{\partial n}N_k(\xi)J_e(\xi)\right]\mathrm{d}\xi \tag{3.15}$$

$$G_{ij} = \delta_{j,d(e,k)}\left(\sum_{e=1}^{N_e}\sum_{k=1}^{K} G_i^{(e,k)}\right) \tag{3.16}$$

$$G_i^{(e,k)} = \int_{-1}^{1}\left[G(\boldsymbol{x}(\xi),\boldsymbol{x}_i)N_k(\xi)J_e(\xi)\right]\mathrm{d}\xi \tag{3.17}$$

式中，H_{ij} 和 G_{ij} 为影响系数矩阵的元素；$\delta_{j,d(e,k)}$ 是克罗内克符号函数；N_{nod} 为边界上的节点总数；$d(e,k)$ 表示第 e 个单元上的第 k 个节点的全局编号。H_{ij} 和 G_{ij} 可以通过数值积分的方法求得，积分的计算是整个边界元方法中最耗时的部分之一，因此精确、有效地计算这些积分至关重要。当 $i=j$ 时，会出现弱奇异积分和强奇异积分，此时式中的积分不能通过一般的高斯数值积分计算。对于 $\ln r$ 弱奇异积分，本书采用对数高斯积分来计算。

4. 线性方程组的求解

将各边界节点上的速度势或速度势法向导数边界条件代入线性方程组，并进行求解，可以得到速度势和速度势法向导数在流域边界上的分布。根据格林第二定理可以相应求解出流场中任一点的速度势，进而求解压力和速度等物理量。

3.3.2 三维边界积分方程的离散

对于三维边界积分方程，采用 8 节点四边形（或 6 节点三角形）高阶等参元来离散计算域边界面，等参元内采用二次形函数插值，以保证单元内物理量分布的连续性。基于等参元的概念，将单元内任一点的几何坐标和速度势等物理量都由节点值和形状函数来描述：

$$\boldsymbol{x} = \sum_{k=1}^{K} h_k(\xi,\varsigma)\boldsymbol{x}_k \tag{3.18}$$

$$\phi(\xi,\varsigma) = \sum_{k=1}^{K} h_k(\xi,\varsigma)\phi_k \tag{3.19}$$

$$\frac{\partial\phi}{\partial n} = \sum_{k=1}^{K} h_k(\xi,\varsigma)\left(\frac{\partial\phi}{\partial n}\right)_k \tag{3.20}$$

式中，(ξ,ς) 是单元内规范化的局部正交曲线坐标；K 为单元上的节点数；

$x_k = (x_k, y_k, z_k)$、 ϕ_k、 $\left(\dfrac{\partial \phi}{\partial n}\right)_k$ 和 h_k 分别代表单元第 k 个节点的坐标、速度势、速度势法向导数和形状函数。8 节点等参元上各形状函数的表达式为

$$
\begin{aligned}
h_1(\xi,\varsigma) &= -(1-\xi)(1-\varsigma)(1+\xi+\varsigma)/4 \\
h_2(\xi,\varsigma) &= (1-\xi^2)(1-\varsigma)/2 \\
h_3(\xi,\varsigma) &= (1+\xi)(1-\varsigma)(\xi-\varsigma-1)/4 \\
h_4(\xi,\varsigma) &= (1+\xi)(1-\varsigma^2)/2 \\
h_5(\xi,\varsigma) &= (1+\xi)(1+\varsigma)(\xi+\varsigma-1)/4 \\
h_6(\xi,\varsigma) &= (1-\xi^2)(1+\varsigma)/2 \\
h_7(\xi,\varsigma) &= -(1-\xi)(1+\varsigma)(\xi-\varsigma+1)/4 \\
h_8(\xi,\varsigma) &= (1-\xi)(1-\varsigma^2)/2
\end{aligned}
\tag{3.21}
$$

6 节点等参元上形状函数的表达式为

$$
\begin{aligned}
h_1(\xi,\varsigma) &= (1-\xi-\varsigma)(1-2\xi-2\varsigma) \\
h_2(\xi,\varsigma) &= \xi(2\xi-1) \\
h_3(\xi,\varsigma) &= \eta(2\varsigma-1) \\
h_4(\xi,\varsigma) &= 4\xi(1-\xi-\varsigma) \\
h_5(\xi,\varsigma) &= 4\xi\varsigma h_6(\xi,\varsigma) \\
h_6(\xi,\varsigma) &= 4\eta(1-\xi-\varsigma)n
\end{aligned}
\tag{3.22}
$$

其中，8 节点和 6 节点等参元上节点的编号顺序如图 3.2 所示。

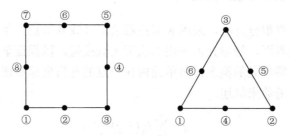

图 3.2 8 节点四边形单元和 6 节点三角形单元示意图

通过上述变换，总体坐标系 $O\text{-}xyz$ 下的物理量用参数 ξ 和 ς 表示。总体坐标系下的微面积在等参坐标系下可表示为

$$
\mathrm{d}S = |J(\xi,\varsigma)|\,\mathrm{d}\xi\mathrm{d}\varsigma
\tag{3.23}
$$

式中，$|J(\xi,\varsigma)|$ 为雅可比行列式：

$$J(\xi,\varsigma) = \left\{ \left\{ \frac{\partial \boldsymbol{x}}{\partial \xi}, \frac{\partial \boldsymbol{x}}{\partial \varsigma} \right\}, \boldsymbol{n} \right\}^{\mathrm{T}} \tag{3.24}$$

进而可将边界积分方程（3.1）写成如下离散形式：

$$\alpha(\boldsymbol{x}_0)\phi(\boldsymbol{x}_0) - \sum_{i=1}^{N_2} \int_{-1}^{1}\int_{-1}^{1} \sum_{k=1}^{K} h_k(\xi,\varsigma)\phi_k \frac{\partial G(\boldsymbol{x}_0, \boldsymbol{x}(\xi,\varsigma))}{\partial n} |J(\xi,\varsigma)| \,\mathrm{d}\xi\mathrm{d}\varsigma$$

$$+ \sum_{i=1}^{N_1} \int_{-1}^{1}\int_{-1}^{1} \sum_{k=1}^{K} h_k(\xi,\varsigma) G(\boldsymbol{x}_0, \boldsymbol{x}(\xi,\varsigma)) \frac{\partial \phi_k}{\partial n} |J(\xi,\varsigma)| \,\mathrm{d}\xi\mathrm{d}\varsigma$$

$$= \sum_{i=1}^{N_1} \int_{-1}^{1}\int_{-1}^{1} \sum_{k=1}^{K} h_k(\xi,\varsigma)\phi_k \frac{\partial G(\boldsymbol{x}_0, \boldsymbol{x}(\xi,\varsigma))}{\partial n} |J(\xi,\varsigma)| \,\mathrm{d}\xi\mathrm{d}\varsigma$$

$$- \sum_{i=1}^{N_2} \int_{-1}^{1}\int_{-1}^{1} \sum_{k=1}^{K} h_k(\xi,\varsigma) G(\boldsymbol{x}_0, \boldsymbol{x}(\xi,\varsigma)) \frac{\partial \phi_k}{\partial n} |J(\xi,\varsigma)| \,\mathrm{d}\xi\mathrm{d}\varsigma \tag{3.25}$$

式中，N_1 和 N_2 分别是第一类和第二类边界上的单元数，满足 $N = N_1 + N_2$。方程（3.25）中的形状函数和雅可比行列式分别由方程（3.21）、方程（3.22）和方程（3.24）得出。当配置点 $\boldsymbol{x}_0$ 属于第一类边界节点时，速度势 $\phi(\boldsymbol{x}_0)$ 为已知量；当配置点 $\boldsymbol{x}_0$ 属于第二类边界节点时，速度势 $\phi(\boldsymbol{x}_0)$ 为未知量。将配置点 $\boldsymbol{x}_0$ 分别取在各个边界节点上，可以得到如下线性方程组：

$$\begin{bmatrix} A_{11} & \cdots & A_{1M} \\ \vdots & & \vdots \\ A_{M1} & \cdots & A_{MM} \end{bmatrix}_{M \times M} \begin{bmatrix} \dfrac{\partial \phi_1}{\partial n} \\ \vdots \\ \dfrac{\partial \phi_{M_1}}{\partial n} \\ \phi_{M_1+1} \\ \vdots \\ \phi_{M_1+M_2} \end{bmatrix} = \begin{bmatrix} B_1 \\ \vdots \\ B_M \end{bmatrix} \tag{3.26}$$

式中，M 为边界上节点的总个数；M_1 为布置在第一类边界上的节点个数；M_2 为布置在第二类边界上的节点个数。本书在不同边界的角点处采用多点法处理，可使 $M = M_1 + M_2$。

在时域模拟中，自由表面上速度势和波面高度的更新依赖速度分量和波面的空间导数。已知边界面上的速度势及其法向量分布，边界面上流体的速度分量和波面的一阶导数可由下式求得：

$$\begin{bmatrix} \dfrac{\partial \phi}{\partial x} \\[2mm] \dfrac{\partial \phi}{\partial y} \\[2mm] \dfrac{\partial \phi}{\partial z} \end{bmatrix} = \begin{bmatrix} \dfrac{\partial x}{\partial \xi} & \dfrac{\partial y}{\partial \xi} & \dfrac{\partial z}{\partial \xi} \\[2mm] \dfrac{\partial x}{\partial \varsigma} & \dfrac{\partial y}{\partial \varsigma} & \dfrac{\partial z}{\partial \varsigma} \\[2mm] n_x & n_y & n_z \end{bmatrix}^{-1} \begin{bmatrix} \dfrac{\partial \phi}{\partial \xi} \\[2mm] \dfrac{\partial \phi}{\partial \varsigma} \\[2mm] \dfrac{\partial \phi}{\partial n} \end{bmatrix} \tag{3.27}$$

$$\begin{bmatrix} \dfrac{\partial \eta}{\partial x} \\[2mm] \dfrac{\partial \eta}{\partial y} \end{bmatrix} = \begin{bmatrix} \dfrac{\partial x}{\partial \xi} & \dfrac{\partial y}{\partial \xi} \\[2mm] \dfrac{\partial x}{\partial \varsigma} & \dfrac{\partial y}{\partial \varsigma} \end{bmatrix}^{-1} \begin{bmatrix} \dfrac{\partial \eta}{\partial \xi} \\[2mm] \dfrac{\partial \eta}{\partial \varsigma} \end{bmatrix} \tag{3.28}$$

式（3.27）和式（3.28）右端的导数值可利用形函数的定义式求得。

3.3.3　固角系数的计算

高阶边界元方法的一个典型特点是要计算固角系数 α。在常数边界元方法中，边界面被离散成平板面元，配置点布置在各面元的几何中心，固角系数为 1/2。在高阶边界元方法中，配置点在单元的节点上，需根据边界面的局部形状具体计算。实际计算中一般尽可能地避免直接计算固角系数，而是采用某种间接的方法加以计算。对于波浪与海洋工程结构的作用问题，Liu 等（1990）应用了一个辅助势方法，在流域内间接地确定高阶边界元方程中的自由项系数。Taylor 等（1992）通过补充一个物体内部积分的方法，来消除固角系数，但需增加一个内水面积分，这带来了额外的前期准备工作。Teng 等（1995）通过适当地选取内部积分的格林函数，消除了物体内部的水面积分。Brebbia（1978）通过刚体模型法在整个计算域取速度势为常数来间接求得固角系数。采用间接方法确定固角系数，主要通过将式（3.25）中的速度势设为常数得到

$$\alpha(\boldsymbol{x}_0) = \oiint_S \frac{\partial G(\boldsymbol{x}, \boldsymbol{x}_0)}{\partial n} \mathrm{d}S \tag{3.29}$$

这里计算域的边界是封闭的。

对于带有阻尼消波区的完全非线性数值水槽，间接方法确定主对角线元素往往不是十分便利。为了保证计算的精度和在各种条件下应用的可能性，本书采用一种直接方法计算固角系数。当配置点 $\boldsymbol{x}_0$ 趋近于流域边界上一点 $\boldsymbol{x}$ 时，格林函数 G 具有奇异性。此时在配置点 $\boldsymbol{x}_0$ 附近作一半径 $\varepsilon \to 0$ 的球面 S_ε，如图 3.3 所示，在球面 S_ε 以外的区域仍然采用常规积分，而在此区域内的积分可以写成如下形式：

$$\iint_{S_\varepsilon} \phi(\boldsymbol{x}) \frac{\partial G(\boldsymbol{x}_0, \boldsymbol{x})}{\partial n} \mathrm{d}S = S_\varepsilon / (4\pi \varepsilon^2) \phi(\boldsymbol{x}_0) \tag{3.30}$$

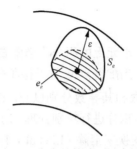

图 3.3　奇点处的球面示意图

式中，用 S_ε 为球面的表面积。此时，球面 S_ε 在流域内的表面积与整个圆球面面积之比称为固角系数，即

$$\alpha(\boldsymbol{x}_0) = S_\varepsilon / (4\pi\varepsilon^2) \tag{3.31}$$

根据球面几何定理，通过直径的 N 个平面所截取的球面面积为

$$S = \varepsilon^2 \left[\sum_{i=1}^{N} \gamma_i - (N-2)\pi \right] \tag{3.32}$$

式中，γ_i 为流域边界单元与球面切割后所形成的夹角（图 3.4）。Mantič（1993）建立了物面边界单元法向量与单元间夹角的关系式：

$$\gamma_i = \pi + \mathrm{sgn}((\boldsymbol{n}_{i-1,i} \times \boldsymbol{n}_{i,i+1}) \cdot \boldsymbol{t}_i) \arccos(\boldsymbol{n}_{i-1,i} \cdot \boldsymbol{n}_{i,i+1}) \tag{3.33}$$

式中，sgn 为表示正负的符号函数；$\boldsymbol{t}_i$ 是沿相邻单元间重合棱线且指向球心的单位向量；单元法向量 $\boldsymbol{n}$ 即为各单元中给定的物面法向量。

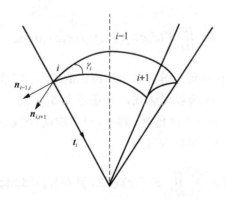

图 3.4　球面上夹角与单元法线间的关系示意图

3.3.4 数值积分的计算

方程（3.25）需要计算各单元上的积分。当配置点 x_0 不位于待积分单元时，可使用常规高斯数值积分法。当配置点 x_0 位于待积分单元时，即 x_0 趋向于积分单元中某一节点 x 时，格林函数和其导数分别以 $1/r$ 和 $1/r^2$ 的速率趋于无穷大，表示出奇异性，需对奇异函数的积分进行特别处理。对于含有格林函数的积分，$1/r$ 的奇异性可通过三角极坐标变换来消除（Li et al.，1985）。对于包含格林函数导数的积分，其在包含配置点的某个单元中积分并不总是存在，但当配置点周围单元中的全部积分相加后，奇异部分就会相互抵消。

下面就这几种情况分别进行介绍。

1. 常规积分

方程（3.25）里的常规积分用二维高斯积分来计算，每个方向上取 N 个高斯点。这些积分的形式为

$$\int_{-1}^{1}\int_{-1}^{1}F(\xi,\varsigma)\mathrm{d}\xi\mathrm{d}\varsigma = \sum_{g=1}^{N}\sum_{h=1}^{N}w_g w_h F(\lambda_g,\lambda_h) \tag{3.34}$$

式中，F 表示积分函数；w_g 和 w_h 表示高斯权系数；λ_g 和 λ_h 表示高斯点的参数值。

2. 格林函数 $1/r$ 项奇异积分

当配置点 x_0 与单元上第 k 个节点重合时，格林函数 $1/r$ 会有奇异性产生，无法使用上述常规积分方法，此时可以采用三角极坐标变换方法来求解奇异函数的积分。把方程（3.25）中包含配置点的单元 S_e 上的格林函数 $1/r$ 积分写成如下形式：

$$I = \iint_{S_e}F(\xi,\varsigma)h_k(\xi,\varsigma)|J(\xi,\varsigma)|\mathrm{d}\xi\mathrm{d}\varsigma \tag{3.35}$$

式中，S_e 是四边形边界单元 S_e 等参转换后得到的边长为 2 的正方形（图 3.5）。F 是与 $1/r$ 函数相关的一般函数表达式，且在单元 S_e 上的一个节点（假定为节点 k）表现出奇异性。在节点 k 位置处，将 S_e 分解成两个或三个三角形子单元 S_{ej}（图 3.6）。这样式（3.35）可以改写为

$$I = \sum_{j}^{2\text{或}3}\iint_{S_{ej}}F(\xi,\varsigma)h_k(\xi,\varsigma)|J(\xi,\varsigma)|\mathrm{d}\xi\mathrm{d}\varsigma \tag{3.36}$$

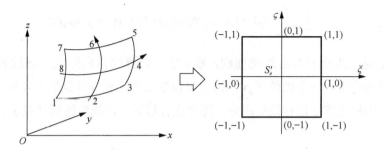

图 3.5　四边形等参元的转换

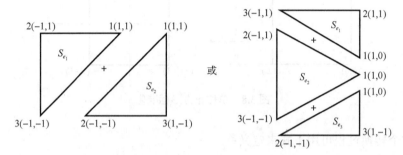

图 3.6　四边形单元分解成三角形子单元

运用三角极坐标变换，将每个三角形子单元都映射为单位正方形（图 3.7），这个转换过程可以用下式来描述：

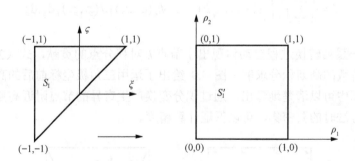

图 3.7　三角形子单元转换成单位正方形

$$\xi = (1-\rho_1)\xi_1 + \rho_1(1-\rho_2)\xi_2 + \rho_1\rho_2\xi_3$$
$$\varsigma = (1-\rho_1)\varsigma_1 + \rho_1(1-\rho_2)\varsigma_2 + \rho_1\rho_2\varsigma_3$$

$$(3.37)$$

式中，ρ_1、ρ_2 是三角极坐标参数；(ξ_1,ς_1)、(ξ_2,ς_2) 和 (ξ_3,ς_3) 分别是子单元 S_{ej} 的三个角点。则式（3.36）可写成如下形式：

$$I = 2\sum_j \iint_{S_{ej}} \rho_1 A_j F(\rho_1, \rho_2) h_k(\rho_1, \rho_2) \mid J(\rho_1, \rho_2) \mid \mathrm{d}\rho_1 \mathrm{d}\rho_2 \qquad (3.38)$$

式中，A_j 是三角形子单元 S_{ej} 的面积，根据它的位置取 j=1 或 j=2。通过式（3.38）可以清楚地看出，一个额外项 ρ_1 的出现可以帮助消除积分计算的奇异性。

为了用标准方法进行数值积分，还要进行最后一次线性转换（图 3.8）。

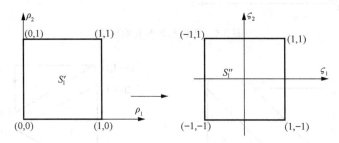

图 3.8　单位正方形标准化

这个转换过程可用下式来定义：

$$\begin{aligned}\rho_1 &= (\varsigma_1 + 1)/2 \\ \rho_2 &= (\varsigma_2 + 1)/2\end{aligned} \qquad (3.39)$$

最终得到如下形式：

$$I = \frac{1}{4}\sum_j \int_{-1}^{1}\int_{-1}^{1}(1+\varsigma_1)A_j F(\varsigma_1, \varsigma_2) h_k(\varsigma_1, \varsigma_2) \mid J(\varsigma_1, \varsigma_2) \mid \mathrm{d}\varsigma_1 \mathrm{d}\varsigma_2 \qquad (3.40)$$

上述一系列转换过程自动体现出了节点 k 对积分点的贡献，式（3.40）可以通过适当阶数的高斯积分求解。图 3.9 给出了运用三角极坐标前后的高斯点分布情况。从图中可以清楚地看出，通过积分变换产生奇异的节点附近高斯点分布明显比标准方法时的要密集，可以保证计算精度。

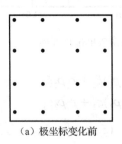
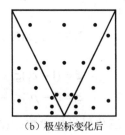

（a）极坐标变化前　　　　　　（b）极坐标变化后

图 3.9　高斯点分布示例

3. 格林函数 $\dfrac{\partial}{\partial n}\left(\dfrac{1}{r}\right)$ 导数项奇异积分

通常计算域表面起伏不大且趋于平面时，格林函数导数的奇异项趋于 0，但当边界表面变化较大时（如非线性自由水面），格林函数导数的奇异项就不再趋于 0 了，这时需要特别考虑。格林函数导数的形式为 $(x-x_0)/r^3$，也就是说它的奇异性是二阶的，即便运用三角极坐标变换也只能消除一阶奇异性。这里介绍一种消除二阶奇异性的方法。对于弹性体边界元方法中的二阶奇异积分，Guiggiani 等（1990）提出了一种直接计算方法。

在一个包含节点的单元 S_p^m（图 3.10）中，积分为

$$
\begin{aligned}
I &= \iint_{S_p^m} g(x)\frac{\partial G(x_0,x)}{\partial n}\,\mathrm{d}S \\
&= \sum_{j=1}^{J} \iint_{T_p^m} h_j(\xi,\varsigma)g_j(x)|J|\frac{\partial G(x_0,x)}{\partial n}\,\mathrm{d}\xi\,\mathrm{d}\varsigma
\end{aligned}
\tag{3.41}
$$

式中，函数 $g(x)$ 为速度势 ϕ 或是速度势导数 $\partial\phi/\partial n$；S_p^m 是除去圆球截取部分的单元；T_p^m 是 S_p^m 在局部坐标系中的映像，即去掉 β 所围区域的面积，β 为 e_ε^m 的圆弧线边界的局部坐标（图 3.11）。

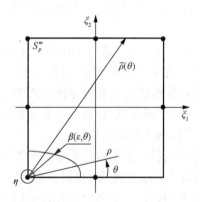

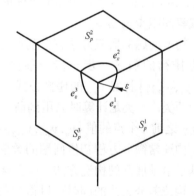

图 3.10　角点周围单元示意图　　　　图 3.11　参数空间中极坐标系

在该单元内若配置点与单元中的第 j 个节点重合，则式（3.41）中第 j 项的积分为奇异积分，在这一积分中分别加上和减去包含同样奇异核的积分，可写为

$$
I_j = g_j \iint_{S_p^m}\left[h_j(\xi,\varsigma)|J(x)|\frac{\partial G(x_0,x)}{\partial n} \pm |J(x_0)|\frac{\partial G(x_0,x)}{\partial n}\right]\mathrm{d}\xi\,\mathrm{d}\varsigma
\tag{3.42}
$$

式中，雅可比行列式和格林函数的法向导数都是配置点处的相应值：

$$\frac{\partial G(\boldsymbol{x}_0, \boldsymbol{x})}{\partial n}\big|J(\xi_0)\big| = -\frac{1}{4\pi}\frac{1}{r^2}\big|J(\xi_0)\big|\sum_{i=1}^{3}\frac{x_i - x_{0i}}{r}n_{0i} \qquad (3.43)$$

3.3.5 时间步进方法

在使用时域边界元方法模拟水波问题时，每一个时刻都需要知道自由表面上水质点的速度势和波面高度。可以发现，无论是基于欧拉观点、拉格朗日观点，还是半欧拉观点，自由表面运动学和动力学两个边界条件都可以表示为关于自由表面速度势的一阶常微分方程的初值问题，如下式：

$$\begin{cases} \dfrac{\mathrm{d}y}{\mathrm{d}t} = f(t, y), & t_0 < t \leqslant b \\ y(0) = y_0 \end{cases} \qquad (3.44)$$

通过对该常微分方程进行时间步进，可以得到任意时刻自由表面上的速度势。求解常微分方程的解析方法很多，如分离变量法、积分因子法、级数解法等，但解析方法只能用来求解一些特殊类型的方程，表示自由表面的常微分方程通常都不能使用这些理论上的方法。通常需要采用数值方法来得到解的近似值。所谓数值方法，就是寻求解 $y(t)$ 在一系列离散节点 $t_1 < t_2 < \cdots < t_n < t_{n+1} < \cdots$ 上的近似值 $\{y_1, y_2, \cdots, y_n, y_{n+1}, \cdots\}$，相邻节点间的距离 $\Delta t_n = t_{n+1} - t_n$ 称为步长，为方便处理，通常取等间距步长 Δt。

初值问题的数值方法有个基本特点，它们都采用"步进式"，即求解过程顺着节点排列的顺序一步一步向前推进。描述这类算法，只要给出用已知信息 $\{y_1, y_2, \cdots, y_n\}$ 计算 y_{n+1} 的递推公式。离散常微分方程建立数值解递推公式的方法分为两类：一类是计算时只用到前一点的值，称为"单步法"；另一类是计算时用到 y_{n+1} 之前 k 个点的值 $\{y_n, y_{n-1}, y_{n-2}, \cdots, y_{n-k+1}\}$，称为"$k$ 步法"。

构造常微分方程初值问题的数值方法主要有两种：基于数值积分的构造方法和基于泰勒展开的构造方法。基于泰勒展开的构造方法更灵活，也更具有一般性，它在构造差分公式的同时可以得到关于阶段误差的估计。下面介绍几种可用于自由表面边界条件时间步进的"单步法"。

1. 泰勒级数步进法

在水波问题的模拟中，可以采用泰勒级数步进法进行自由表面的步进。假设解函数 $y(t)$ 是 $p+1$ 次连续可微的，那么根据泰勒展开定理，可将 $y(t_{n+1})$ 在 t_n 附近展开，有

$$y(t_{n+1}) = y(t_n) + \Delta t y'(t_n) + \frac{\Delta t^2}{2} y''(t_n) + \cdots + \frac{\Delta t^p}{p!} y^{(p)}(t_n) + H_{p+1} \quad (3.45)$$

式中，$H_{p+1} = \Delta t^{p+1} y^{(p+1)}(\eta_n) / (p+1)!$，$t_n < \eta_n < t_{n+1}$；$y^{(p)}(t) = f^{(p-1)}(t, y(t))$ 表示函数 $f(t, y(t))$ 关于 t 的第 $j-1$ 阶全导数。若右端用 $y_{n+1}^{(j)}$ 代替 $y^{(j)}(t_{n+1})$ 并略去误差项 H_{p+1}，则可得到一个计算 y_{n+1} 的公式：

$$y_{n+1} = y_n + \Delta t y_n' + \frac{\Delta t^2}{2} y n'' + \cdots + \frac{\Delta t^p}{p!} y_n^{(p)} \quad (3.46)$$

当 $p=1$ 时，便得到欧拉方法公式。

从理论上讲，只要函数 $y(t)$ 充分光滑，使用泰勒级数可以达到任意高的精度。但必须指出，给定一个初值问题，需要提供各阶导数值。当阶数提高时，高阶导数的求法可能很复杂。因此泰勒级数步进法通常不直接使用，而是作为推导和分析别的数值方法的一种工具。

2. 龙格-库塔步进法

泰勒级数步进法可以构造高阶单步法，但是增量函数是 f 的各阶导数表示的，通常不易计算。由于函数在一点的导数值可以用该点附近的若干点的函数值来近似表示，因此可以把泰勒级数步进法中增量函数改为 f 在一些点上函数值的组合，然后用泰勒展开确定待定的系数，使其达到一定的阶数。这就是龙格-库塔步进法的基本思想。龙格-库塔步进法也是一种单步法，它的基本思想与泰勒级数步进法类似，但不用计算高阶导数，而是用 f 在 t_n 和 t_{n+1} 之间值的有限差分近似代替高阶导数。

除了用上述有限差分的观点理解龙格-库塔步进法，还可以从数值积分的角度得到龙格-库塔步进法。如果对式（3.46）从 t_n 到 t_{n+1} 积分，可以得到

$$y(t_{n+1}) = y(t_n) + \int_{t_n}^{t_{n+1}} f(t, y(t)) \mathrm{d}t \quad (3.47)$$

如果右端的积分用左矩形公式 $\Delta t_n f(t_n, y_n)$ 来近似，则得到欧拉公式。若要提高数值求积公式的精度，必然要求增加求积节点，为此可将右端的积分项用求积公式表示为

$$\int_{t_n}^{t_{n+1}} f(t, y(t)) \mathrm{d}t \approx \Delta t \sum_{i=1}^{r} c_i f(t_n + \lambda_i \Delta t, y(t_n + \lambda_i \Delta t)) \quad (3.48)$$

一般来说，点数 r 越多，精度越高，式（3.48）右端相当于增量函数，为了得到便于计算的显式方法，可将式（3.47）表示为

$$y_{n+1} = y_n + \Delta t \sum_{i=1}^{r} c_i K_i$$

$$K_1 = f(t_n, y_n)$$

$$K_i = f\left(t_n + \lambda_i \Delta t, y_n + \Delta t \sum_{j=1}^{i-1} \mu_{ij} K_j\right), \quad i = 2, 3, \cdots, r \tag{3.49}$$

式中，c_i、λ_i、$\mu_{i,j}$ 均为常数。该式称为 r 级显式龙格-库塔步进法。

经过适当的数学演算，可以导出各种 4 阶龙格-库塔公式，下面两个公式最常用。

（1）经典龙格-库塔步进法：

$$\begin{cases} y_{n+1} = y_n + \dfrac{\Delta t}{6}\left(K_1 + 2K_2 + 2K_3 + K_4\right) \\[2mm] K_1 = f(t_n, y_n) \\[2mm] K_2 = f\left(t_n + \dfrac{\Delta t}{2}, y_n + \dfrac{\Delta t}{2}K_1\right) \\[2mm] K_3 = f\left(t_n + \dfrac{\Delta t}{2}, y_n + \dfrac{\Delta t}{2}K_2\right) \\[2mm] K_4 = f\left(t_n + \Delta t, y_n + \Delta t K_3\right) \end{cases} \tag{3.50}$$

（2）龙格-库塔-基尔（Runge-Kutta-Gill，RKG）步进法：

$$\begin{cases} y_{n+1} = y_n + \dfrac{\Delta t}{6}\left(K_1 + \left(2 - \sqrt{2}\right)K_2 + \left(2 + \sqrt{2}\right)K_3 + K_4\right) \\[2mm] K_1 = f(t_n, y_n) \\[2mm] K_2 = f\left(t_n + \dfrac{\Delta t}{2}, y_n + \dfrac{\Delta t}{2}K_1\right) \\[2mm] K_3 = f\left(t_n + \dfrac{\Delta t}{2}, y_n + \left(\dfrac{\sqrt{2}-1}{2}\right)\Delta t K_1 + \left(\dfrac{2-\sqrt{2}}{2}\right)\Delta t K_2\right) \\[2mm] K_4 = f\left(t_n + \Delta t, y_n - \left(\dfrac{\sqrt{2}}{2}\right)\Delta t K_2 + \left(\dfrac{2+\sqrt{2}}{2}\right)\Delta t K_3\right) \end{cases} \tag{3.51}$$

龙格-库塔步进法每一步需要计算 4 次函数值 f，可以证明其截断误差阶数为 $O(\Delta t^5)$。龙格-库塔步进法有许多优点，比如，在计算 t_n 时刻的值时，并不需要 t_n 时刻以前的值，这使计算开始时是自启动的，并且积分过程中容易改变步长。这些特点使龙格-库塔编程相对容易，也容易普及。龙格-库塔步进法也有不足之处，它要求函数具有较高的光滑性。如果 f 的光滑性较差，那么它的精度可能还不如欧拉公式或改进欧拉公式。另外，该方法计算量比较大，每一步需 4 次计算函数 f 的值，需要较多的计算时间。本书在水波问题的模拟中也采用了 4 阶龙格-库塔步进法进行白由表面步进。

在单步法中，计算 y_{n+1} 只需用到前一步的值 y_n。但是实际上此时 $\{y_0, y_1, \cdots, y_n\}$ 都是已知的。如果利用前面多步的值计算 y_{n+1}，可能会得到较好的结果。具体地说，就是计算 y_{n+1} 时用到前 k 步的值 $\{y_n, y_{n-1}, \cdots, y_{n-k+1}\}$，这种方法就是"多步法"，或确切地称为"$k$ 步法"。

$$y_{n+1} = \sum_{i=1}^{k} a_i y_{n-i+1} + \Delta t \sum_{i=0}^{k} b_i f_{n-i+1} \left(t_{n-i+1}, y_{n-i+1} \right) \tag{3.52}$$

式（3.52）关于 f_{n-i+1} 是线性的，故称为线性多步法。若 $b_0 = 0$，方法是显式的；若 $b_0 \neq 0$，方法是隐式的。有三种方法构造线性多步法，包括泰勒展开法、数值微分法（Gear 方法）和数值积分法［亚当斯（Adams）方法］。

下面以数值积分法为例进行说明，在积分式 $y(t_{n+1}) = y(t_n) + \int_{t_n}^{t_{n+1}} f(t, y(t)) \mathrm{d}t$ 中，以 $\{t_n, t_{n-1}, \cdots, t_{n-k}\}$ 为插值节点构造 $f(t, y(t))$ 的 k 次拉格朗日插值多项式，从而得到 y_{n+1}，称为亚当斯-巴什福思（Adams-Bashforth）方法，又被称为亚当斯外插法，它是 $k+1$ 步 $k+1$ 阶显式方法。如果以 $\{t_{n+1}, t_n, t_{n-1}, \cdots, t_{n-k+1}\}$ 为插值节点构造 $f(t, y(t))$ 的 k 次拉格朗日插值多项式，得到的公式称为亚当斯-莫尔顿（Adams-Moulton）方法，又被称为亚当斯内插法，它是 k 步 $k+1$ 阶隐式公式。

和单步法一样，隐式多步法的精度和稳定性通常要好于显式多步法，因此事实上很少单独使用亚当斯外插法或内插法，通常将它们组合起来：先用外插法对 y_{n+1} 预估一个值 $\bar{y}_{n+1}$，然后用内插法对预估值 $\bar{y}_{n+1}$ 进行校正。这样组合而成的方法称为亚当斯预估-校正方法［亦称亚当斯-巴什福思-莫尔顿（Adams-Bashforth-Moulton）方法］。4 阶亚当斯-巴什福思-莫尔顿公式如下。

（1）预估：

$$\bar{y}_{n+1} = y_n + \frac{\Delta t}{24} \left[55f(t_n, y_n) - 59f(t_{n-1}, y_{n-1}) + 37f(t_{n-2}, y_{n-2}) - 9f(t_{n-3}, y_{n-3}) \right] \tag{3.53}$$

（2）校正：

$$y_{n+1} = y_n + \frac{\Delta t}{24} \left[9f(t_{n+1}, \overline{y_{n+1}}) + 19f(t_n, y_n) - 5f(t_{n-1}, y_{n-1}) + f(t_{n-2}, y_{n-2}) \right] \tag{3.54}$$

应用多步法解初值问题时，第一步计算 y_k 需要用到 $\{y_0, y_1, \cdots, y_{k-1}\}$。但初始

条件中只给出了 y_0，因此要用其他方法提供另外 $k-1$ 个初值。通常有两种方案：一是用单步法（如龙格-库塔步进法），不需要历史点的值就可以给出多步法所需初始点的估计值；二是先使用低阶方法，然后逐步提高阶数。

参 考 文 献

Brebbia C A, 1978. The Boundary Element Method for Engineers[M]. London: Pentech Press.

Guiggiani M, Gigante A, 1990. A general algorithm for multidimensional cauchy principal value integrals in the boundary element method[J]. Journal of Applied Mechanics, 57(4): 906-915.

Li H B, Han G M, Mang H A, 1985. A new method for evaluating singular integrals in stress analysis of solids by the direct boundary element method[J]. International Journal of Numerical Mathematics in Engineering, 21(11): 2071-2098.

Liu Y H, Kim C H, Kim M H, 1990. The Computation of mean drift forces and wave run-up by higher-order boundary element method[J]. The First International Offshore and Polar Engineering, 3(2): 476-481.

Mantič V, 1993. A new formula for the C-matrix in the Somigliana identity[J]. Journal of Elasticity, 33(3): 191-201.

Taylor R E, Chau F P. 1992. Wave diffraction theory: some developments in linear and nonlinear theory[J]. Journal of Offshore Mechanics and Arctic Engineering, 144(3): 185-194.

Teng B, Taylor R E, 1995. A new higher order boundary element method for wave diffraction/radiation[J]. Applied Ocean Research, 17(2): 71-77.

第 4 章　聚焦波的数值模拟

实际海洋中偶尔会突然出现一个巨大而陡峭的异常波浪，巨大的能量可以将船舶击沉，人们将这种波浪称为畸形波（freak wave）、聚焦波（focus wave）或疯狗波（rabid-dog wave）等。关于畸形波的报道曾长期源自船员的口述，直到 1995 年 1 月 1 日，挪威国家石油公司位于北海的 Draupner 平台完整地记录下了一个超级波浪。该波浪的波高 25m、波峰高度 18.5m，分别达到有效波高的 2.1 倍和 1.55 倍，使 Draupner 平台的立柱结构受到破坏，人们把这次观测到的异常波浪称为"新年波"。此后，世界海事组织调查了 2006 年至 2010 年间的海难事故，发现此类畸形波导致了 26 艘巨轮沉没、131 人丧生和 196 人受伤（Nikolkina et al.，2011）。畸形波波高大、能量集中、破坏力强，已经成为一种灾害性的海浪现象。业界尚无公认的、严格的畸形波定义。Klinting 等（1987）认为畸形波应该满足以下几个条件：①波高大于有效波高 2 倍以上；②波高大于其前面和后面波浪波高 2 倍以上；③波峰值大于其波高的 65%。Kharif 等（2003）则认为只要波浪的波高与有效波高的比值超过一定的范围，就可认定为畸形波。

畸形波现象非常复杂，目前人们已提出多种理论来解释其成因，其中一种理论认为畸形波因波浪成分的聚焦而产生。为方便理解，可将海洋中的波浪近似看作许多正弦波成分的随机叠加，根据波浪传播的色散特性，不同频率的波浪成分以不同速度各自传播，如果某些波浪成分在时空中某一点处刚好达到相位相同或者接近的状态，则这些波浪成分可通过峰值或谷值叠加形成畸形波。基于这种原理产生的畸形波，可以称为"聚焦波"。实际上，在聚焦波形成的过程中，波列间存在强非线性作用，会导致能量在各波浪模态之间相互转移，使个别波浪成分从其他成分中"盗取"能量后迅速成长。除此之外，在真实的海洋环境中，海流、风以及地形等因素都可能促使畸形波的产生。本章将利用时域高阶边界元方法对聚焦波生成、演化及其与风、流和结构的相互作用等问题开展系统研究。

4.1　聚焦波生成过程的数值模拟

如第 2 章所述，速度势在整个流域内满足拉普拉斯方程，在自由表面上满足完全非线性运动学和动力学边界条件，在水底和水槽右壁上满足不可渗透固壁边界条件。在靠近水槽右侧的自由表面上设置阻尼区。建立如图 4.1 所示的直角坐

标系 O-xz，使坐标原点位于静水面，z 轴向上为正，x 轴向右为正，波浪沿 x 轴正向传播。自由水面表示为 Γ_f，入射边界为 Γ_i，出流边界为 Γ_r，水底为 Γ_d。

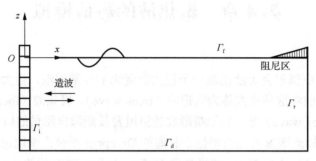

图 4.1　数值波浪水槽模型

采用入射条件设置法生成聚焦波，依据二阶斯托克斯聚焦波的理论解，在入射边界（$x=0$）上设置如下条件：

$$v(0,z,t) = v^{(1)}(0,z,t) + v^{(2)}(0,z,t) \tag{4.1}$$

$$\eta(0,t) = \eta^{(1)}(0,t) + \eta^{(2)}(0,t) \tag{4.2}$$

$$v^{(1)} = \sum_{i=1}^{N} \frac{gA_i k_i}{\omega_i} \frac{\cosh\left[k_i(z+h)\right]}{\cosh(k_i h)} \cos\left[k_i(x-x_p) - \omega_i(t-t_p) + \varepsilon_i\right] \tag{4.3}$$

$$\eta^{(1)} = \sum_{i=1}^{N} A_i \cos\left[k_i(x-x_p) - \omega_i(t-t_p) + \varepsilon_i\right] \tag{4.4}$$

$$
\begin{aligned}
v^{(2)} = &\sum_{i=1}^{N}\sum_{j>1}\left\{(k_i+k_j)A_i A_j \frac{G^+(\omega_i,\omega_j)}{D^+(\omega_i,\omega_j)} \frac{\cosh\left[(k_i+k_j)(z+h)\right]}{\cosh\left[(k_i+k_j)h\right]}\right.\\
&\cdot\cos\left[(k_i+k_j)(x-x_p) - (\omega_i+\omega_j)(t-t_p) + (\varepsilon_i+\varepsilon_j)\right]\\
&+ (k_i-k_j)\frac{G^-(\omega_i,\omega_j)}{D^-(\omega_i,\omega_j)} \frac{\cosh\left[(k_i-k_j)(z+h)\right]}{\cosh\left[(k_i-k_j)h\right]}\\
&\left.\cdot\cos\left[(k_i-k_j)(x-x_p) - (\omega_i-\omega_j)(t-t_p) + (\varepsilon_i-\varepsilon_j)\right]\right\}\\
&+ \sum_{i=1}^{\infty}\left\{k_i A_i^2 A_j \frac{G^-(\omega_i,\omega_j)}{D^-(\omega_i,\omega_j)} \frac{\cosh\left[2k_i(z+h)\right]}{\cosh(2k_i h)}\right.\\
&\left.\cdot\cos 2\left[k_i(x-x_p) - \omega_i(t-t_p) + \varepsilon_i\right]\right\}
\end{aligned}
\tag{4.5}
$$

$$\eta^{(2)} = \sum_{i=1}^{N} \sum_{j>1} \left\{ A_i A_j H^+ \cos\left[\left(k_i + k_j\right)\left(x - x_\mathrm{p}\right) - \left(\omega_i + \omega_j\right)\left(t - t_\mathrm{p}\right) + \left(\varepsilon_i + \varepsilon_j\right) \right] \right.$$

$$\left. + A_i A_j H^- \cos\left[\left(k_i - k_j\right)\left(x - x_\mathrm{p}\right) - \left(\omega_i - \omega_j\right)\left(t - t_\mathrm{p}\right) + \left(\varepsilon_i - \varepsilon_j\right) \right] \right\}$$

$$+ \sum_{i=1}^{\infty} A_i^2 H^+ \cos 2\left[k_i\left(x - x_\mathrm{p}\right) - \omega_i\left(t - t_\mathrm{p}\right) + \varepsilon_i \right] \tag{4.6}$$

$$D^\pm\left(\omega_i, \omega_j\right) = g\left(k_i \pm k_j\right)\tanh\left(k_i \pm k_j\right) - \left(\omega_i \pm \omega_j\right)^2 \tag{4.7}$$

$$G^\pm\left(\omega_i, \omega_j\right) = -g^2 \left\{ \frac{k_i k_j}{\omega_i \omega_j}\left(\omega_i \pm \omega_j\right)\left[1 \mp \tanh\left(k_i h\right)\tanh\left(k_j h\right) \right] \right.$$

$$\left. + \left(\frac{k_i^2}{2\omega_i \cosh^2\left(k_i h\right)} \pm \frac{k_j^2}{2\omega_j \cosh^2\left(k_j h\right)} \right) \right\} \tag{4.8}$$

$$H^\pm = \left(\omega_i \pm \omega_j\right) / g \cdot G^\pm / D^\pm + F^\pm \tag{4.9}$$

$$F^\pm = -\frac{g}{2}\frac{k_i k_j}{\omega_i \omega_j}\frac{\cosh^2\left[\left(k_i \mp k_j\right)h\right]}{\cosh\left(k_i h\right)\cosh\left(k_j h\right)} + \frac{1}{2}\left[k_i \tanh\left(k_i h\right) + k_j \tanh\left(k_j h\right) \right] \tag{4.10}$$

式中，$v^{(1)}$ 和 $v^{(2)}$ 分别对应入射边界处流体水平速度 v 的一阶分量和二阶分量；$\eta^{(1)}$ 和 $\eta^{(2)}$ 分别为入射边界处波面函数 η 的一阶分量和二阶分量；A_i、ω_i、ε_i 和 k_i 分别表示波群中第 i 个分量的波幅、角频率、初相位和波数；N 表示组成波的总个数；h 表示静水深；x_p 和 t_p 分别表示目标聚焦位置和目标聚焦时刻。

模拟二维聚焦波产生的机理，根据线性叠加原理，在任意点处的波浪波面 $\eta(x,t)$ 可以表示成不同频率的规则波叠加的结果：

$$\eta\left(x,t\right) = \sum_{i=1}^{N} a_i \cos\left(k_i x - \omega_i t + \varepsilon_i\right) \tag{4.11}$$

其中各波浪成分的角频率 ω_i 和波数 k_i 满足线性色散关系：

$$\omega_i^2 = k_i g \tanh\left(k_i h\right) \tag{4.12}$$

为使聚焦波各组成分量在 $t = t_\mathrm{p}$ 时刻聚焦于 $x = x_\mathrm{p}$ 处，要求各组成波浪成分的波幅在该处叠加后满足

$$\cos\left(k_i x - \omega_i t + \varepsilon_i\right) = 1 \tag{4.13}$$

此时

$$\varepsilon_i = k_i x_{\rm p} - \omega_i t_{\rm p} + 2\pi m, \quad m = 0, \pm 1, \pm 2, \cdots \tag{4.14}$$

将式（4.14）代入式（4.11），并使 $m = 0$ 可得

$$\eta(x,t) = \sum_{i=1}^{N} a_i \cos\left[k_i \left(x - x_{\rm p} \right) - \omega_i \left(t - t_{\rm p} \right) \right]$$

$$\eta(0,t) = \sum_{i=1}^{N} a_i \cos\left[k_i \left(-x_{\rm p} \right) - \omega_i \left(t - t_{\rm p} \right) \right] \tag{4.15}$$

基于线性造波机理论可设置造波板的位移函数

$$s(t) = \sum_{i=1}^{N} \frac{a_i}{T_r} \sin\left[k_i x_{\rm p} + \omega_i \left(t - t_{\rm p} \right) \right] \tag{4.16}$$

式中，T_r 表示造波板前波浪波幅与造波板运动幅值之间的水动力传递函数，由下式决定：

$$T_r = \frac{4\sinh^2\left(k_i d \right)}{2 k_i d + \sinh\left(2 k_i d \right)} \tag{4.17}$$

另外，为了保证数值计算的稳定性，避免计算的起始造成的大幅突然扰动，在数值水槽造波函数中引入缓冲函数使波浪在 T_m 时间内逐渐生成。缓冲函数由下式决定：

$$R_m = \begin{cases} \dfrac{1}{2}\left[1 - \cos\left(\dfrac{\pi t}{T_m} \right) \right], & t \leqslant T_m \\ 1, & t > T_m \end{cases} \tag{4.18}$$

式中，T_m 为两倍最大组成波周期，即 $2T_{\max}$。

在数值水槽中，通过引入人工阻尼区来吸收向右传播的波浪，使传播到出流边界的波浪不会反射回计算域内，阻尼区的具体实现办法是在计算域的外部区域上划定一个阻尼区消波区域 $[r_0, r_0 + L]$，其中 r_0 为阻尼区的起始位置，L 为阻尼区的长度。在自由水面动力学和运动学边界条件中加入阻尼项得到

$$\begin{cases} \dfrac{{\rm D}\boldsymbol{X}(x,z)}{{\rm D}t} = \nabla\phi - \mu(x)\left(\boldsymbol{X} - \boldsymbol{X}_0 \right) \\ \dfrac{{\rm D}\phi}{{\rm D}t} = -g\eta + \dfrac{1}{2}\left| \nabla\phi \right|^2 - \dfrac{p}{\rho} - \mu(x)\phi \end{cases} \tag{4.19}$$

式中，

$$\mu(x)=\begin{cases}\omega_{\min}\left(\dfrac{x-x_0}{L_b}\right)^2, & x_0 \leqslant x \leqslant x_0+L_b \\ 0, & x < x_0\end{cases} \quad (4.20)$$

其中，$\omega_{\min}$ 为波分量中的最小角频率，x_0 为阻尼区的起始位置，L_b 为阻尼区的长度，取为 $1.5\lambda_{\max}$。

4.1.1 波浪水槽的数值模型验证

下面采用造波板模拟法在二维非线性数值波浪水池内生成聚焦波，并与物理水池的实验结果进行对比，验证本数值模拟方法的有效性。Baldock 等（1996）在帝国理工学院波浪水槽（长 20m，宽 0.3m，最大工作水深 0.7m）中生成了聚焦波。实验参数设置如下：水深 h=0.4m；组成波个数 N=29，满足等周期间隔分布；宽频周期范围为 0.6～1.4s；窄频周期范围为 0.8～1.2s；各组成波的幅值相等，定为 $a_n = A/N$。在数值模型中，聚焦位置和聚焦时间分别为 $x_p = 6.5\lambda_{\min}$ 和 $t_p = 16.5T_{\min}$（$\lambda_{\min}$ 和 $T_{\min}$ 分别代表各波浪成分中的最小波长和最小周期）。初始网格长度取 $\Delta x = \lambda_{\min}/15$，时间步长取 $\Delta t = T_{\min}/50$。由于波浪的非线性效应，实际聚焦位置和聚焦时间会与理论值有一定偏差，此处将实际聚焦位置和聚焦时间定义为 x_f 和 t_f。

图 4.2 给出了两种幅值条件下聚焦位置处的波面时间历程结果并与实验结果、线性理论解及二阶解析解做了比较。由图可见，对于入射波波幅 A=22mm 工况，数值模拟的结果、实验结果与线性解析结果基本吻合，说明此工况下波浪的非线性特性对结果影响很小；对于入射波波幅 A=55mm 工况，波浪的非线性作用显著，波峰形状变得高而陡，而波谷变得宽而浅，数值结果与线性和二阶解析解偏差明显，但与实验结果吻合良好。

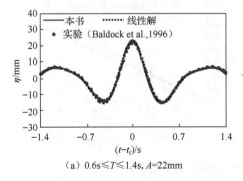
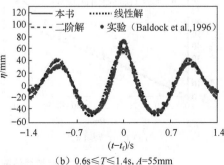

（a）0.6s≤T≤1.4s, A=22mm   （b）0.6s≤T≤1.4s, A=55mm

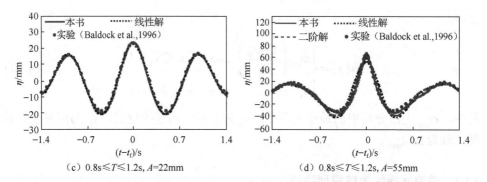

（c）0.8s≤T≤1.2s, A=22mm　　　　　（d）0.8s≤T≤1.2s, A=55mm

图 4.2　聚焦位置处波面的时间历程及其与实验结果、线性结果和解析解的对比

4.1.2　入射波波幅对聚焦波峰值的影响

图 4.3（a）和（b）给出了聚焦点处波峰值随入射波波幅的变化规律，并将数值结果与线性解析解以及实验结果进行对比。由图可见，随着入射波波幅的增大，波浪值增加显著且与线性结果的偏差逐渐增大，这种现象在图 4.3（b）的窄频情况中更明显。这说明在波幅增大或波频宽度减小的情况下，波与波之间的非线性作用增强，此时线性理论模型不能准确模拟聚焦波的传播变形。波浪的非线性作用同时对实际聚焦时间 t_f 和实际聚焦位置 x_f 存在影响。图 4.4（a）和（b）描述了实际聚焦位置与理论值的偏差 $x_f - x_p$ 随入射波波幅 A 的变化情况。图 4.4（c）和（d）描述了实际聚焦时间与理论值的偏差 $t_f - t_p$ 随入射波波幅 A 的变化情况。在数值模拟过程中发现了实际聚焦位置 x_f 和聚焦时间 t_f 均比理论值滞后，并且实际聚焦位置 x_f 和聚焦时间 t_f 与理论值的偏差随入射波波幅 A 的增大而增大，这种现象在窄频情况中更加明显，这与实验结果的观测一致。

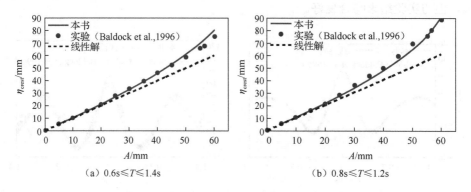

（a）0.6s≤T≤1.4s　　　　　　　　（b）0.8s≤T≤1.2s

图 4.3　聚焦波峰值随入射波波幅的变化规律

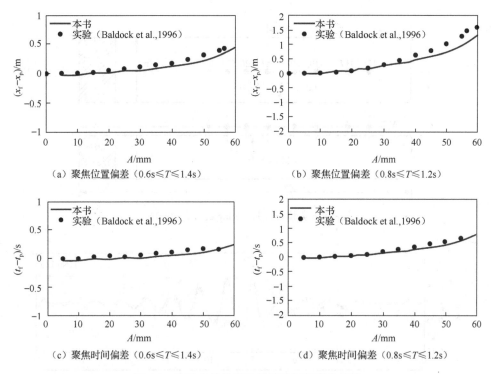

（a）聚焦位置偏差（0.6s≤T≤1.4s）　　　（b）聚焦位置偏差（0.8s≤T≤1.2s）

（c）聚焦时间偏差（0.6s≤T≤1.4s）　　　（d）聚焦时间偏差（0.8s≤T≤1.2s）

图 4.4　聚焦点特性随入射波波幅的变化规律

从图 4.4 可以看出，在波幅较大的情况下，在聚焦位置和聚焦时间上，数值结果与实验结果均存在偏差。为了进一步对该情况进行分析，考虑波浪接近破碎状态时聚焦波的特性。实验布置如图 4.5 所示，实验中的入射波频率范围为 $0.5\,\text{Hz} \leqslant f \leqslant 1.8\,\text{Hz}$，特征频率 $f_p=0.80\text{Hz}$，入射波波幅 $A_0=0.1031\text{m}$，波陡 $\varepsilon_i=0.405$，多普勒声波测速仪（acoustic Doppler velocimeters）设置在波群聚焦位置（29 号测点）水面下 0.15m 处，用来测量该点的水质点流速。其他实验参数和结果参见 Ning 等（2009）对应文献中的 Case 4。在本书模型的数值结果中，每个工况下聚焦波群中心的最大波作为特征波。数值水槽长度设置为 5 倍特征波长，其中阻尼区长度为 2 倍特征波长，水深设置为 0.5m。理论聚焦位置为 $x_0=1.5\lambda_p$（λ_p 为特征波长），聚焦时间为 $t_0=8T_p$（T_p 为特征周期）。

图 4.6 给出了 8 个测点的波面时间历程。虽然此时强非线性作用导致波浪接近破碎，但是在波浪聚焦的主体部分，数值结果与实验结果仍然保持基本一致。在波群中心发生聚焦前，数值结果和实验结果的自由表面幅值和相位均出现了差异。造成该差异的原因可能是，在实验和数值模型中，造波板与聚焦位置的距离并不完全相同。然而，即使在波浪接近破碎的情形，本书数值模型依然可以准确描述波群中心波浪的聚焦过程。

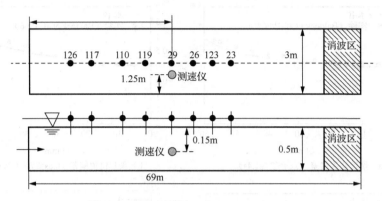

图 4.5　实验布置图（Ning et al.，2009）

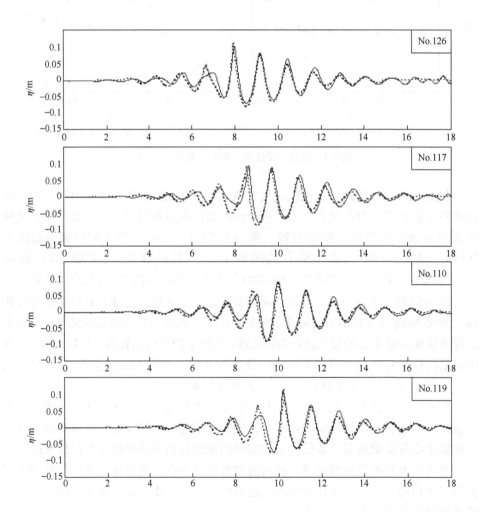

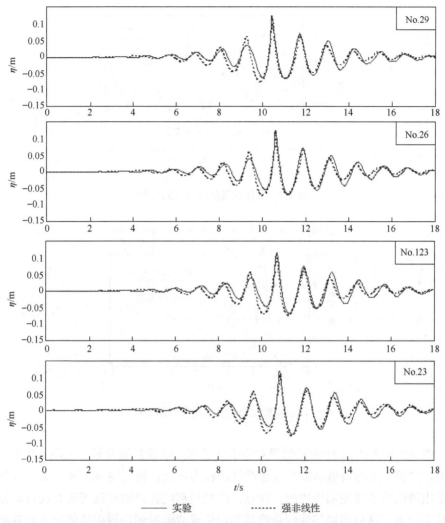

图 4.6 波浪聚焦过程中各测点的波面时间历程

接下来对数值结果和实验结果的差异产生原因进行讨论。图 4.7 为聚焦位置处波浪时间历程，利用快速傅里叶变换得到波浪的频谱，并将其实验结果和数值结果进行了比较，见图 4.8。可以发现，和波面时间历程一样，数值模拟的频谱分析结果与实验结果吻合得很好。从低频到高频可以看出不同成分非线性的影响。从低频向右分别为二阶差频项、占主要成分的线性项以及二阶和频项，在大波陡的情况下还可以观测到三倍频项。由于波浪接近破碎，相应的波谱不像其他情况那样平滑，尤其是在高频区域。通过将峰聚焦与谷聚焦的结果相加减，可以得到奇数或者偶数阶谐波。

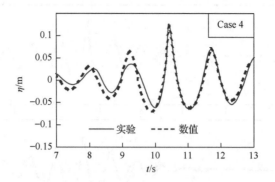

图 4.7　聚焦位置处波浪时间历程

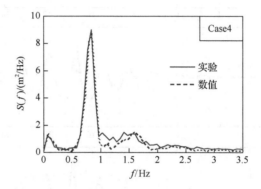

图 4.8　实验结果和数值结果的波谱对比

　　图 4.9 和图 4.10 所示的结果对应于线性和二阶聚焦波分量。从图 4.9 中可以看出，实验结果与数值结果的局部线性波较为一致，说明图 4.6 中很大一部分差异是由波浪的非线性项造成的。注意，这些局部线性波面时间历程与线性理论结果是不同的。这里的局部线性是将某固定位置波面时间历程中的偶次谐波移除后得到的。与简单的线性理论不同，该数据分析过程没有对波浪场进行假设，也没有应用线性色散关系。

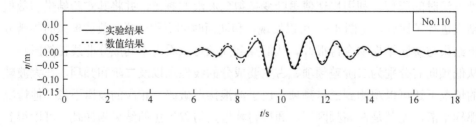

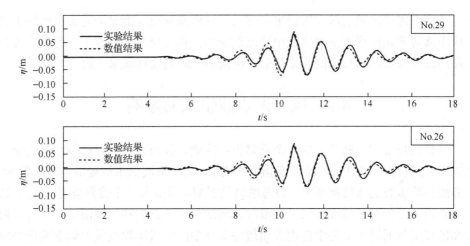

图 4.9　Case 4 中的线性波面时间历程

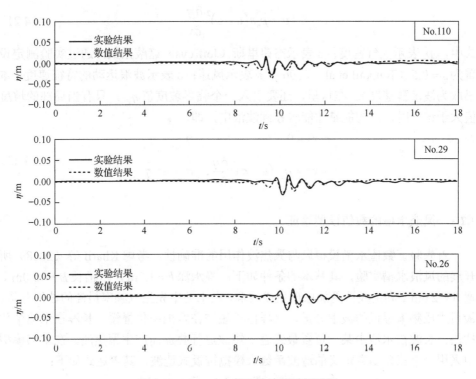

图 4.10　Case 4 中的二阶波面时间历程

从图 4.10 中可以看出，实验中的谐波峰值要比数值结果高，这主要是此时的波浪已接近破碎，因此需要使用 Longuet-Higgins 等（1976）的平滑技术对数值结果进行处理。在图 4.10 中，实验结果和数值结果之间的长波项也有明显的差异。

一些长波可能通过阻尼区反射回来。然而，这些差异更可能是因为数值模型中造波板距离与聚焦位置距离较实验中更近造成的。在完全非线性波中，色散方程有明显的三阶修正，这与上面讨论的聚焦位置和时间的偏移现象一致。

4.2　风对聚焦波生成的影响

风是畸形波产生和传播的一个重要影响因素。波浪在传播过程中，风的能量可以不断转移到波群中，导致波浪能量的增加，为畸形波的生成提供了客观条件。在非线性数值波浪水槽模型中，为考虑风的影响，可引入一个临界坡度值 η_{x_c}。认为当自由表面的局部坡度值大于该值时，风的能量才能转移到波浪中。风对自由表面的作用可通过将动力学自由表面边界条件中的大气压项设置为如下风压力项来实现（Kharif et al.，2003）：

$$p = \rho_a s (u-c)^2 \frac{\partial \eta}{\partial x} \tag{4.21}$$

式中，ρ_a 表示大气密度；s 表示杰弗里斯（Jeffreys）遮蔽系数，通过实验测定设置为 $s = 0.5$（Touboul et al.，2006）；u 表示风速；c 表示波浪运动的特征速度（本书取为波浪群速度）。在这里，还要引入一个临界坡度值 η_{x_c}，只有当局部的坡度值大于该值时，风的能量才能转移到波浪中，即

$$\begin{cases} p(x) = 0, & \eta_{x_{max}} < \eta_{x_c} \\ p(x) = \rho_a s (u-c)^2 \dfrac{\partial \eta}{\partial x}, & \eta_{x_{max}} \geqslant \eta_{x_c} \end{cases} \tag{4.22}$$

4.2.1　风浪水槽的数值模型验证

首先验证数值水槽模拟风与聚焦波作用的准确性，考虑 Kharif 等（2008）所开展的风浪水槽实验，其基本的条件如下：静水深 $h = 1.0\text{m}$，水槽长 $L = 40.0\text{m}$，宽 $B = 2.6\text{m}$。利用线性叠加原理生成波群，在水池中先生成频率最高的波浪分量，最后生成频率最低的波浪分量，这样由于短波在水池中传播慢，长波在水池中传播快，长波在水池中某一位置最终赶上短波进行叠加而产生聚焦波。在本书模型中采用一个三角函数定义的造波函数来模拟推板式造波，其表达式如下：

$$\begin{cases} S(\tau) = \dfrac{a}{F} \cos\left[\displaystyle\int_0^\tau \omega(\tau)\mathrm{d}\tau\right], & \tau \leqslant T_0 \\ S(\tau) = 0, & \tau > T_0 \end{cases} \tag{4.23}$$

式中，$a = 0.007$；$\omega(\tau)$ 为造波板所产生波分量的变化函数，$\omega(\tau)$ 由下式确定：

$$\omega(\tau) = \frac{g}{2}\frac{T_{fth} - \tau}{X_{fth}}$$

$$T_{fth} = T\frac{f_{max}}{f_{max} - f_{min}}$$

$$X_{fth} = \frac{gT}{4\pi}\frac{1}{f_{max} - f_{min}}$$

（4.24）

T_0 为造波持续的时间，所验证的例子取 $T_0 = 23.5\mathrm{s}$ ，波群分量中最大频率为 $f_{max} = 1.85\mathrm{Hz}$，最小频率为 $f_{min} = 0.8\mathrm{Hz}$。造波板在 23.5s 时间内逐渐造波，由最大频率的波分量开始到最小频率的波分量停止，所造出的波群向前传播。式（4.23）中 F 为传递函数，它由下式决定：

$$F = \frac{2[\cosh(2kh) - 1]}{\sinh(2kh) + 2kh}$$

（4.25）

图 4.11 对比了距离水槽入射边界 1.0m 处波面时间历程的数值（虚线）和实验（实线）结果。从图中可以发现，本书模型的数值结果与实验结果的相位和幅值等吻合良好，只是在起始阶段有一些不同，这是由数值模型中所加的缓冲函数造成的，其数值模型结果是逐渐生成波群并逐渐增大到目标波幅，从图中也可以看出这一趋势。

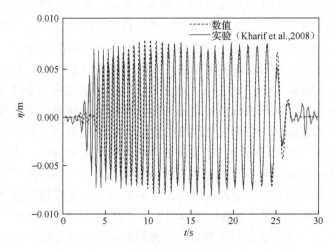

图 4.11　$x=1$m 处波面时间历程的数值和实验结果对比

图 4.12 给出了分别距离水槽入射边界 11m、18m 和 21m 处波面时间历程的数

值（虚线）和实验（实线）结果对比。为了区别明显，将 18m 和 21m 处的平均波面位置分别增加了 0.05m 和 0.1m。从图中可以清楚看到，数值结果和实验结果在波浪聚焦过程中吻合良好，说明本书模型可以准确模拟聚焦波在传播过程中的聚焦变化过程。

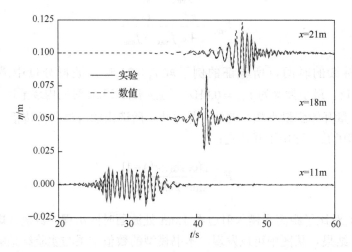

图 4.12　x=21m、x=18m、x=11m 处数值和实验波面时间历程对比

4.2.2　风速对聚焦波峰值的影响

图 4.13 给出了不同幅值（A=0.05m 和 A=0.06m）条件下聚焦波峰值随风速的变化情况，并对纵轴除以输入的线性总波幅进行无量纲化。从图中可以发现，无风速（即 u=0m/s）时，波幅相比于线性入射波波幅有明显的增加，以 A=0.06m 工况为例，宽带谱聚焦波的波峰值可以达到入射波波幅的 1.35 倍，窄带谱的波峰值可以达到入射波波幅的 1.53 倍左右，这是由于波群传播过程中非线性的作用。随着风速的逐渐增大，聚焦波峰值呈现逐渐增大的趋势，这是由于随着风速增加，有更多能量传入到波群，引起聚焦波峰的增加。对于 A=0.05m 的情况，聚焦波峰值虽然随着风速的增加而增加，但是波浪非线性作用相对较小，所以增加相对缓慢；而对于 A=0.06m 的情况，由于入射波波幅的增加、非线性作用的增强，随着风速的增加波峰值会有一个明显的增大。当 u=8m/s 时，宽带谱的波峰值可以增加到 1.5 倍，而窄带谱的波峰值甚至可以增加到 1.85 倍。同时，对比两幅图可以发现，相同情况下，窄带谱相对于宽带谱，波峰值增加得更加明显，其非线性作用更加强烈。

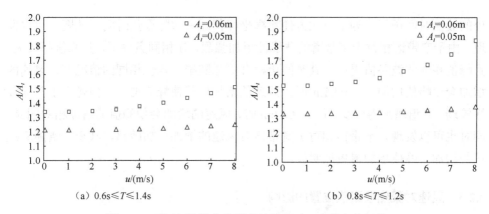

（a）$0.6s \leqslant T \leqslant 1.4s$　　　　　　　　　（b）$0.8s \leqslant T \leqslant 1.2s$

图 4.13　不同幅值聚焦位置处波峰值随风速的变化规律

　　频谱范围也是影响峰值和波形的一个重要因素，图 4.14 给出了两种频谱范围、不同风速（u=0m/s、u=6m/s）和不同幅值（A=0.05m、A=0.06m）条件下聚焦位置

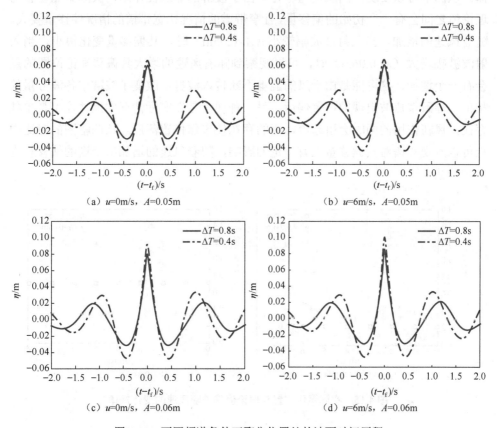

（a）u=0m/s，A=0.05m　　　　　　　　（b）u=6m/s，A=0.05m

（c）u=0m/s，A=0.06m　　　　　　　　（d）u=6m/s，A=0.06m

图 4.14　不同频谱条件下聚焦位置处的波面时间历程

处的波面时间历程，为了对比方便将横坐标都减去实际聚焦时间。从图中可以发现，由于窄带谱相对于宽带谱的非线性更加强烈，在相同条件下，其峰值都较大，且峰值相邻的波谷值更小，其时间历程会更加陡峭。幅值相同的情况下，风速的增加会使峰值增加，A=0.05m 时，风速的增加虽然使峰值增加，但是由于其非线性较弱，其值增加得较少，而 A=0.06m 时，风速的增加会使峰值的增加相对明显。同时也可以发现，窄带谱相对于宽带谱对风速的增加更加敏感，其窄带谱随着风速的增加，峰值增加得更加明显。

4.2.3　风速对聚焦波聚焦位置的影响

　　由于波群的非线性作用和风的影响，Kharif 等（2008）的实验和本书数值模型研究均发现了实际聚焦波出现的位置要比理论值偏后的现象。图 4.15 给出了不同频谱和入射波波幅情况下，实际聚焦位置与理论值之间的偏差随风速变化的规律。从图中可以发现，当风速为零时，由于波群的非线性作用，实际聚焦位置与理论值之间会有一个初始的偏移量，且窄带谱的情况比宽带谱的情况偏移量要大。随着风速的增加，当入射波波幅较小（A=0.05m）时，其偏移量变化很小，当入射波波幅增大（A=0.06m）时，可以观察到随着风速的增大其偏移理论位置的量会有一个增加，这可能是由于风的能量不断传入波群，改变了波群中各波分量的相位，导致聚焦波出现的位置偏后。另一种观点是在实际情况中风往往不是单独存在，风在作用的同时会引起流，流的存在使聚焦位置落后。从两幅图的对比中也可以发现频谱对其偏移量也有一定的影响，随着风速的增加窄带谱的偏移量也要大一些。

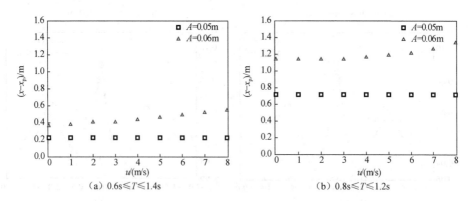

(a) 0.6s≤T≤1.4s　　　　　　　　(b) 0.8s≤T≤1.2s

图 4.15　实际聚焦位置与理论值偏差随风速的变化规律

4.2.4　聚焦波波形的传播变化

聚焦波在传播过程中由于非线性作用，随着风速的变化，其传播的波形等也会发生相应的变化。图 4.16 以 A=0.06m 为例给出了不同风速条件下聚焦时刻的波面空间分布，为对比方便将横坐标减去理论聚焦位置。从图中可以发现，随着风速的增加聚焦的峰值会有一个明显的增加，这与上面的结论是一致的。另外还可以发现，随着风速的增加聚焦位置会有一个向右的偏移，而且其波形会呈现出一定的不对称性。同时从两幅图的对比中也可以发现，相同条件下窄带谱随着风速的增加其峰值增加得更大，且偏移理论聚焦位置更远。

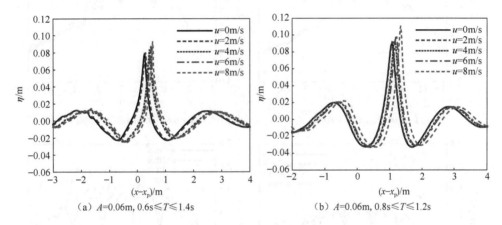

(a) A=0.06m, 0.6s≤T≤1.4s　　　　　　　　(b) A=0.06m, 0.8s≤T≤1.2s

图 4.16　u=0m/s、2m/s、4m/s、6m/s 和 8m/s 时聚焦时刻的波面空间分布

为了研究聚焦波在传播过程中沿传播距离的变化，在此定义一沿程变化的无量纲化的 H_{max}/A，其中 H_{max} 表示沿传播距离所研究点处的波高最大值。图 4.17 给出了不同风速（u=0m/s、2m/s、4m/s、6m/s）条件下，无量纲化的 H_{max}/A 沿传播距离的变化，为了对比方便将横坐标都减去理论聚焦位置 x_p。首先可以观察到在无风的情况下，波群在传播过程中聚焦和解焦过程会呈现出一定的对称性，而随着风速的增加，这种对称性逐渐被破坏，尤其是在解焦的过程中可以明显地观察到 H_{max}/A 随着风速的增加会有明显的增大，使解焦过程维持更长时间。从对比中还可以发现，在相同条件下，当入射波波幅越大其不对称性随着风速的增加越明显，图 4.17（b）、（d）相比于图 4.17（a）、（c）中的情况可以明显地观察到较大的幅值及其解焦过程中的不对称性，同时也可以从图中观察到 A=0.05m 时随着风速增加几乎没有沿传播方向的偏移，而 A=0.06m 时，风速的增加会使聚焦位置有一个沿传播方向的偏移，这与 4.2.3 节中所提到的现象一致。纵向对比当其他条件相同时，带谱越窄的波群其聚焦和解焦过程中的不对称性越明显。关于这种聚焦、解焦过程中的不对称性产生的原因，Yan 等（2010）、Kharif 等（2008）、Tian

等（2013）很多学者认为可能是风在作用的过程中所产生的水流使极值出现并维持较长的时间，延迟了解焦的过程。另外也可以观察到，相同情况下，入射波波幅越大，频谱越窄无量纲化的 H_{max}/A 也相应越大，比如 $0.6s \leqslant T \leqslant 1.4s$、$A=0.05m$ 时，其最大值能达到约 1.93 倍，而 $0.8s \leqslant T \leqslant 1.2s$、$A=0.06m$ 时，其最大值能达到 2.62 倍。

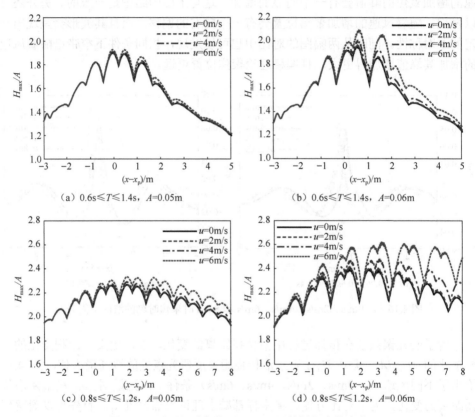

（a）$0.6s \leqslant T \leqslant 1.4s$，$A=0.05m$　　　（b）$0.6s \leqslant T \leqslant 1.4s$，$A=0.06m$

（c）$0.8s \leqslant T \leqslant 1.2s$，$A=0.05m$　　　（d）$0.8s \leqslant T \leqslant 1.2s$，$A=0.06m$

图 4.17　不同风速条件下 H_{max}/A 沿传播距离的变化

4.2.5　聚焦波传播过程中的能量变化

本节通过对不同位置处的波面时间历程进行快速傅里叶变换（fast Fourier transform），从而得到波浪能量谱的变化规律。考虑如下参数设置：$A=0.06m$，$u=0m/s$ 和 $u=6m/s$，$0.6s \leqslant T \leqslant 1.4s$ 和 $0.8s \leqslant T \leqslant 1.2s$。图 4.18 为得到的频谱图，图中横坐标频率 f 除以中心频率 f_c 进行无量纲化，纵坐标用谱宽频率 Δf 和入射波波幅 A 进行无量纲化，宽带谱选取了极值聚焦位置、聚焦前 2m 和 1m、聚焦后 1m 和 2.5m 等位置，窄带谱选取了极值聚焦位置、聚焦前 4m 和 2m、聚焦后 2m 和 4m 等位置。从图中可以观察到：$u=0$m/s 时，由于波浪的非线性作用，在波浪的传播过程中两种谱宽均能看到能量向高频转移的现象，尤其是当达到聚焦位置时可以非常明显地观察到能量向高频部分转移的现象，但是当过了聚焦位置以后，高频部分的能量逐渐减小，能量谱的分布逐渐恢复到接近初始参考点的分布形状，这与上面分析的在无风时聚焦波的聚焦和解焦过程呈现出的对称性一致，而 $u=6$m/s 时，波群在传播过程中，在达到聚焦位置时也有能量向高频转移的现象且更加明显，但是

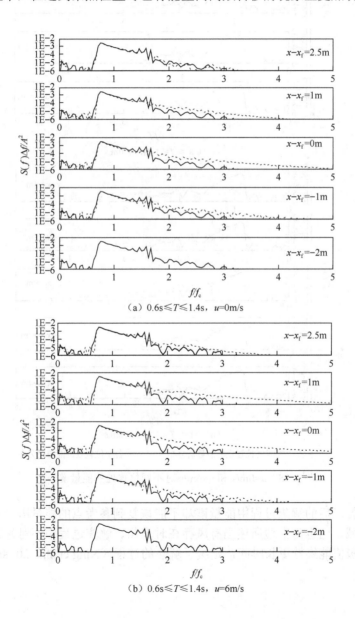

(a) $0.6\text{s} \leqslant T \leqslant 1.4\text{s}$，$u=0$m/s

(b) $0.6\text{s} \leqslant T \leqslant 1.4\text{s}$，$u=6$m/s

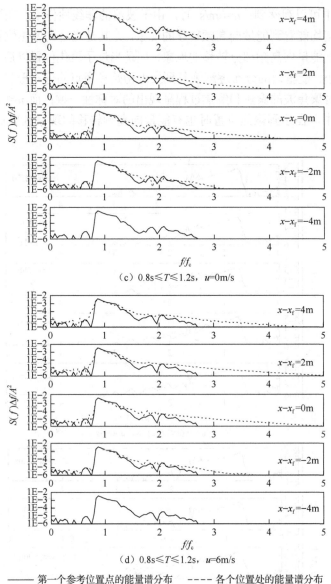

（c）$0.8s \leqslant T \leqslant 1.2s$，$u=0m/s$

（d）$0.8s \leqslant T \leqslant 1.2s$，$u=6m/s$

—— 第一个参考位置点的能量谱分布　- - - - 各个位置处的能量谱分布

图 4.18　$u=0m/s$ 和 $u=6m/s$ 时不同位置处的能量谱分布

在聚焦位置以后的解焦过程中能量谱却不能恢复到参考点的能量谱形状，且维持在高频区域，这也与上边所述当有风存在时聚焦、解焦过程中不对称性的现象一致，且使极值能维持更长时间，延缓了解焦的过程（Ning et al.，2018a）。

4.3　水流对聚焦波生成的影响

在实际的海况中，波浪经常伴随海流出现，因此水流是聚焦波产生的可能诱因，同时水流也对已存在极限波浪的特性有很大影响。当波浪场中存在均匀水流时，可将流域内速度势分解为波浪扰动速度势与水流速度势，即

$$\phi(x,z,t) = Ux + \varphi(x,z,t) \tag{4.26}$$

式中，U 表示水流的流速，与波浪传播方向相同时（顺流条件）取正值，方向相反时（逆流条件）取负值；φ 表示不考虑水流影响即纯波浪场对应的速度势，易知 φ 和 ϕ 均满足拉普拉斯控制方程。将式（4.26）代入第 2 章中 ϕ 的控制方程和边界条件中，可得到关于 φ 的边值问题，并可通过高阶边界元方法求解。为了方便读者更清楚了解，对应混合欧拉-拉格朗日格式自由水面边界条件表示为

$$\begin{cases} \dfrac{\mathrm{d}\boldsymbol{X}(x,z)}{\mathrm{d}t} = U\boldsymbol{i} + \nabla\varphi - \mu(x)(\boldsymbol{X} - \boldsymbol{X}_0) \\ \dfrac{\mathrm{d}\varphi}{\mathrm{d}t} = -g\eta + \dfrac{1}{2}|\nabla\varphi|^2 - \mu(x)\varphi \end{cases} \tag{4.27}$$

式中，

$$\mu(x) = \begin{cases} \omega_{\min}\left(\dfrac{x - x_0}{L_b}\right)^2, & x_0 \leqslant x \leqslant x_0 + L_b \\ 0, & x < x_0 \end{cases} \tag{4.28}$$

其中，$\omega_{\min}$ 为波分量中的最小角频率，x_0 为阻尼区起始位置，L_b 为阻尼区长度，取 $1.5\lambda_{\max}$。

此时伯努利方程改写为

$$-\frac{p}{\rho} = gz + \frac{\partial\phi}{\partial t} + \frac{1}{2}|\nabla\phi|^2 + \frac{\partial U}{\partial t}x \tag{4.29}$$

入射边界条件采用推板造波形式，考虑水流条件时，需要将波浪的色散关系修改为

$$\sigma_i^2 = (\omega_i - k_i U)^2 = gk_i\tanh(k_i h) \tag{4.30}$$

式中，ω_i 是大地坐标系下观测到的波浪频率，$\sigma_i = \omega_i - k_i U$ 是在随水流运动的动坐标系下观测到的波浪频率。由图 4.19 可以分析强反向水流对高频波分量的阻断原理。图中直线 $\sigma = \omega - kU$ 与曲线 $\sigma = [gk\tanh(kh)]^{0.5}$ 的交点即为方程的解，其中

相对波速表示为 $c_r = \sigma / k$，相对群速为 $c_{gr} = \partial \sigma / \partial k$。在静水中，$U = 0$，$\sigma = \omega$，解为图中的 r_0。在逆流区，$U < 0$，当 $|U| < |U_B|$ 时，U_B 是阻塞流速（$U_B < 0$），对于水深为 h、绝对频率为 ω 的波浪有两个解，即图中 r_1 和 r_2 处。r_1 表示波浪相位和能量传播的速度都朝向水流上游（$c_r + U > 0$，$c_{gr} + U > 0$）；r_2 表示波浪相位速度朝向水流上游（$c_r + U > 0$），但能量传播速度朝向水流下游（$c_{gr} + U < 0$），实际中并不存在。波浪的群速由曲线与直线斜率之差给出。当波浪沿着渐强逆流传播时（直线 $\sigma = \omega - kU$ 的斜率变大），波长逐渐减小（相应的波数变大），直到图中直线 $\sigma = \omega - kU$（虚线表示）与曲线 $\sigma = [gk \tanh(kh)]^{0.5}$（实线表示）相切。这时波浪被阻塞了，波浪的相对群速等于逆流的速度，即 $\partial \sigma / \partial k + U = 0$，解 r_B 对应的位置为阻塞点。当 $|U| > |U_B|$ 时，方程在 $k > r_B$ 时没有实数解。当波浪频率 ω 的值减小，在解 r_B 处的直线的斜率则增大，说明了波浪的频率越低，所需的阻塞流速越强，即反向流速越大，能阻塞的波浪频率范围就越广。

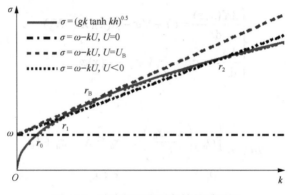

图 4.19 波流相互作用色散关系图解

4.3.1 波流水槽的数值模型验证

为测试数值波流水槽模型的有效性，首先模拟了均匀水流中单色波的传播变形（宁德志等，2010）。设置静水深 $h = 1.0$m，波浪角频率 $\omega = 1.50676$rad/s，入射波波幅 $A = 0.05$m。考虑波流同向（$U = 0.313$m/s）、反向（$U = -0.313$m/s）和无流（$U = 0$m/s）三种工况。经过数值收敛性测试，选定时间步长和空间步长分别为 $\Delta t = T / 80$ 和 $\Delta x = \lambda / 20$，其中 T 为波浪周期，λ 为波长。图 4.20 显示了在三种不同水流条件下，距离水槽入射边界 10.0m 处的波面时间历程。本数值结果与基于完全非线性波流混合传播模型的布西内斯克（Boussinesq）方程结果（Ryu et al., 2003）吻合良好，显示了本书模型模拟均匀水流中单色波传播的有效性。

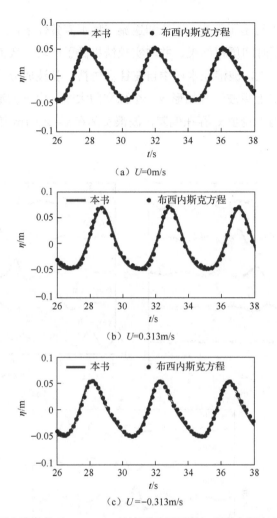

（a）$U=0$m/s

（b）$U=0.313$m/s

（c）$U=-0.313$m/s

图 4.20　不同水流条件时 $x=10.0$m 处波面时间历程与布西内斯克方程结果对比

根据聚焦波与水流相互作用的模型实验（Wu et al.，2004）设置初始参数：水深 $h=0.6$m，波浪成分个数 $N=32$，波谱频率范围为 $0.69\sim1.47$Hz。波分量为等频率间隔分布。各波浪成分的幅值 a_n 满足线性波陡分布，即 $a_n=\dfrac{k_N^0-k_n^0}{k_n^0(k_N^0-k_1^0)}G$。其中，$k_N^0$ 是无流条件下波分量角频率 ω_n 对应的波数，G 是用来调节线性斜率 $a_nk_n^0$ 的系数。在 $U=0$m/s、0.1m/s 和-0.1m/s 三种水流条件下的 G 取值分别为 0.0145、0.017 和 0.0125，对应的入射波波幅 A 分别为 0.0757m、0.0887m 和 0.0652m。在数值水槽中，设置聚焦位置 $x_p=4.8$m 和聚焦时间 $t_p=11.35$s。空间步长和时间步长分别取值为 $\Delta x=\lambda_{\min}/15$ 和 $\Delta t=T_{\min}/50$，其中 $\lambda_{\min}$ 和 $T_{\min}$ 分别代表波分量中的最小波长和最小周期。图 4.21 给出了无流、顺流和逆流三种水流条件下，到理论聚焦位置 x_p 不同距离处的波面时间历程结果，并与实验结果做了比较，数值结果与实验结果吻合良好。由图可见，波浪在水槽中自左往右传播，长波成分追赶短波成分，长波在聚焦点 x_f 处追上短波，叠加形成一个孤立的大波。由于波浪的非线性作用，实际聚焦位置 x_f 与理论值 x_p 存在偏差，波浪实际在 $x - x_p = 1\text{m}$ 附近达到最大峰值并产生聚焦现象。

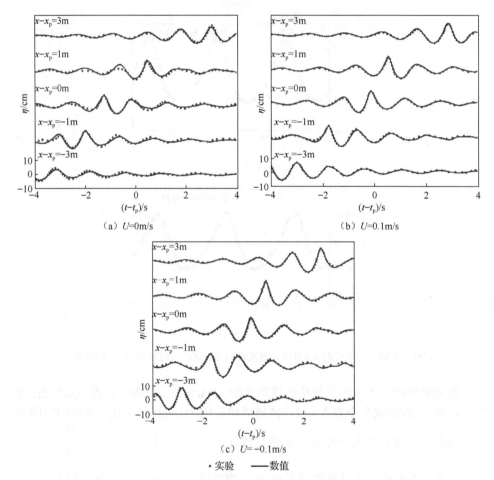

图 4.21　$U = 0\text{m/s}$、$U = 0.1\text{m/s}$ 和 $U = -0.1\text{m/s}$ 时的波面时间历程

4.3.2　水流对聚焦波峰值的影响

图 4.22 给出了不同流速不同幅值（$A = 22\text{mm}$、$A = 55\text{mm}$）和周期范围（$0.6\text{s} \leqslant$

$T{\leqslant}1.4\mathrm{s}$、$0.8\mathrm{s}{\leqslant}T{\leqslant}1.2\mathrm{s}$）条件下聚焦位置处波峰值随水流变化的情况，并对纵坐标除以入射波波幅进行无量纲化。从图中可以观察到，随着流速的增加，无量纲化的波峰值会减小，这可能主要是由于波流之间的能量交换。顺着波浪传播方向的水流吸收波群的能量使聚焦波的波幅减小；较小的反向水流可能会将能量传递到波群中使其波幅增加，同样的现象也被 Yan 等（2010）、Wu 等（2004）发现，这一部分将在后边能量谱的分析给出。

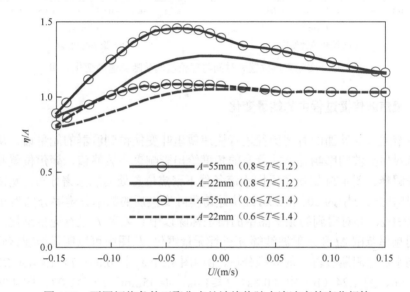

图 4.22　不同幅值条件下聚焦点处波峰值随水流速度的变化规律

4.3.3　水流对聚焦波聚焦位置和聚焦时间的影响

图 4.23 以窄带谱（$0.8\mathrm{s}{\leqslant}T{\leqslant}1.2\mathrm{s}$）、幅值 $A=22\mathrm{mm}$ 和 $A=55\mathrm{mm}$ 为例研究了实际聚焦位置和时间与理论值之间的偏差随水流流速的变化规律，图中的点为得到的数值结果，线是相应的拟合曲线。由于非线性和水流的共同影响，从图中可以明显观察到波群在正向水流的影响下，聚焦位置会有一个沿传播方向的向下偏移（$x_\mathrm{f}-x_\mathrm{p}$），同样的聚焦时间会有一个滞后（$t_\mathrm{f}-t_\mathrm{p}$），且入射波波幅越大这种现象越明显。随着水流的增大，聚焦位置和时间的偏移量趋于一个定值，这可能是由于水流和波群非线性的影响达到了一个平衡；而对于反向水流却正好相反，随着反向水流的增加，聚焦位置会比理论聚焦位置提前，同样聚焦时间也会提前，而且入射波波幅越小这种提前越明显，与顺流不同的是随着反向水流的增加提前的量不会趋于定值而是会不断增加（Ning et al.，2015）。

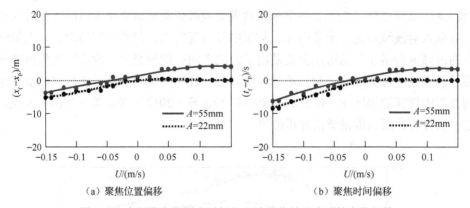

（a）聚焦位置偏移　　　　　　　　　（b）聚焦时间偏移

图 4.23　实际聚焦位置和时间与理论值偏差随流速的变化规律

4.3.4　聚焦波传播过程中的能量变化

本节通过对波面的时间历程进行快速傅里叶变换得到波群的能量谱，从而研究水流对聚焦波的影响并从能量谱的角度给出影响聚焦波峰值、聚焦位置和时间的内在解释。图 4.24 给出了不同水流条件下聚焦位置处的能量谱分布，宽谱和窄谱工况的时长分别为 20s 和 30s，经快速傅里叶变换后的频率分辨率分别为 0.05Hz和 0.033Hz，并对得到的频谱图中的横坐标除以中心频率 f_c 进行无量纲化，对纵坐标用频率范围 Δf 和入射波波幅 A 进行无量纲化。从图中可以明显地观察到较大的反向水流会阻断波群中的高频分量，比如图 4.24（a）中（$0.6s \leqslant T \leqslant 1.4s$，$A=22mm$）$f/f_c \geqslant 1.56$、图 4.24（b）中（$0.6s \leqslant T \leqslant 1.4s$，$A=55mm$）$f/f_c \geqslant 2.07$、图 4.24（c）中（$0.8s \leqslant T \leqslant 1.2s$，$A=22mm$）$f/f_c \geqslant 1.41$、图 4.24（d）中（$0.8s \leqslant T \leqslant 1.2s$，$A=55mm$，$U=-0.15m/s$）$f/f_c \geqslant 1.96$ 部分高频分量消失，而对于无流，正向水流和较小的反向流在波群高频部分仍然有分布，说明了在强反向流作用下，在聚焦位置并不是所有的波分量聚焦，强反向流阻断了部分高频分量。这也解释了图 4.22 中 $U<U_c$ 时，

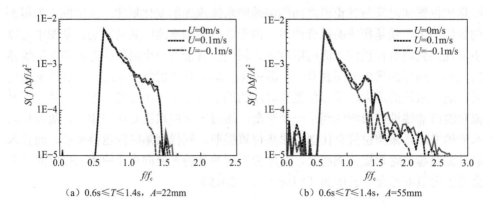

（a）$0.6s \leqslant T \leqslant 1.4s$，$A=22mm$　　　　　　（b）$0.6s \leqslant T \leqslant 1.4s$，$A=55mm$

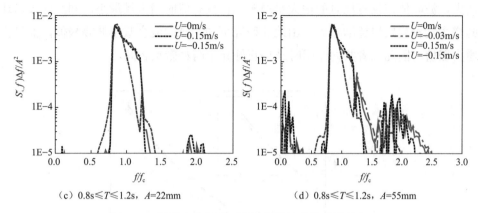

　　（c）0.8s≤T≤1.2s，A=22mm　　　　　　　　（d）0.8s≤T≤1.2s，A=55mm

图 4.24　不同水流条件下聚焦位置处的能量谱分布

聚焦波峰值随着反向流的绝对值增加反而减小的现象。同时，也可以发现对于较
小的入射波波幅 A=22mm［图 4.24（a）和（c）］，由于每个组成波的幅值小于 1mm，
在所研究的频率区域内没有明显的能量交换的现象，但是对于较大入射波波幅
A=55mm 的情况［图 4.24（b）和（d）］，聚焦位置处能量向高频和低频部分转移，
其谱形状也变得较为陡峭（Ning et al.，2017a）。

4.4　风、流混合作用对聚焦波特性的影响

　　由于在实际海洋环境中，风的存在也会在流体表面层产生水流，此时，风、
流将会共同对聚焦波产生影响。因此，本节对波流共存下的聚焦波问题进行简单
的讨论。本节将风速的某一百分比作为流速来研究。Peirson 等（2003）认为这个
百分比通常在 1%～2%，取决于局部的位置和波峰波谷值；Yan 等（2010）通过
系统的研究，认为当百分比取 0.25%～1%时具有较好的结果；Tian 等（2013）通
过实验和数值对比等研究，发现当百分比取为 0.9%时，结果具有很好的一致性；
Zou 等（2016）的研究也采用了这一百分比（0.9%）来研究。

4.4.1　不同波幅条件下，风、流对聚焦波峰值的影响

　　图 4.25 以窄带谱 0.8s≤T≤1.2s 为例给出了两种风速 u=2m/s、4m/s 条件下，
不同入射波波幅在仅有风、仅有流和风流共同存在时的波峰极值。可以发现，三
种计算结果均比线性结果大，且计算所得波峰极值随着入射波波幅增大逐渐增大。
在入射波波幅较小的情况下，三种情况的差距几乎一致，但是随着入射波波幅的

增大，波峰值在仅有风时的增大量最多，在仅有流时增大量最小，同时随着风速的增大这种差距也逐渐增大。由此前研究可知，顺向流会减小波峰极值，而风会增大极值，因此二者共同作用时结果正好介于两种影响之间。

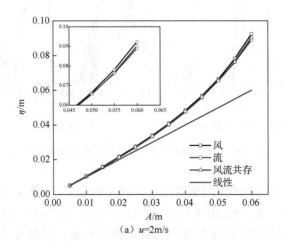

（a）u=2m/s

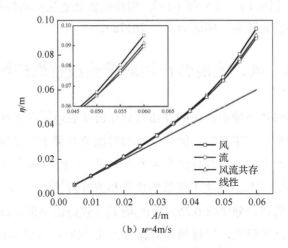

（b）u=4m/s

图 4.25　u=2m/s、4m/s 条件下峰值影响的对比

4.4.2　聚焦波时间历程的对比

图 4.26 对比了四种工况下聚焦位置处的时间历程。四种工况的参数设置为 u=0m/s、u_0=0m/s，u=6m/s、u_0=0m/s，u=0m/s、u_0=0.054m/s，u=6m/s、u_0=0.054m/s。从图中可以观察到，风流共同作用时的时间偏移量最大，仅有流的情况次之，风的影响最小。

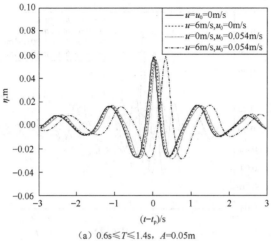

（a）$0.6s \leqslant T \leqslant 1.4s$，$A=0.05m$

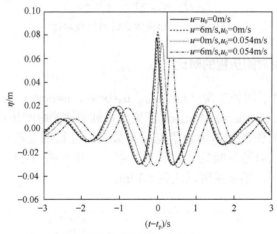

（b）$0.6s \leqslant T \leqslant 1.4s$，$A=0.06m$

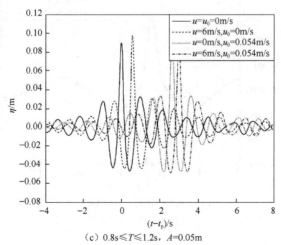

（c）$0.8s \leqslant T \leqslant 1.2s$，$A=0.05m$

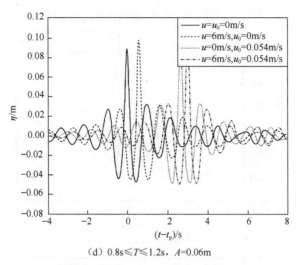

(d) 0.8s≤T≤1.2s, A=0.06m

图 4.26 聚焦位置处时间历程对比

4.4.3 聚焦波波面时间历程的对比

图 4.27 给出了四种工况（u=0m/s、u_0=0m/s，u=6m/s、u_0=0m/s，u=0m/s、u_0=0.054m/s，u=6m/s、u_0=0.054m/s）下聚焦时刻的波面时间历程。从图中可以观察到，风流的共同作用使聚焦位置延后得最多，且很明显地大于单独风或流存在的情况。同时入射波波幅越大，延后得越多，比如图 4.27（d）0.8s≤T≤1.2s和 A=0.06m 的情况，偏移量可以达到 4.14m。

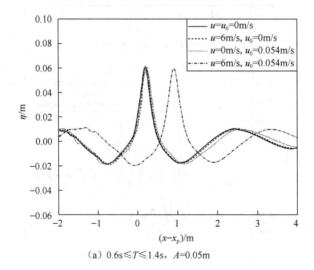

（a）0.6s≤T≤1.4s, A=0.05m

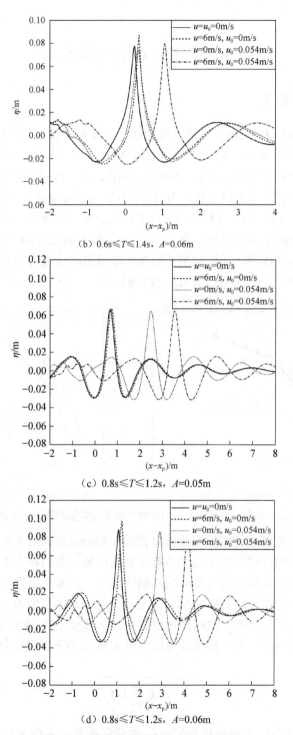

（b）$0.6s \leqslant T \leqslant 1.4s$，$A=0.06m$

（c）$0.8s \leqslant T \leqslant 1.2s$，$A=0.05m$

（d）$0.8s \leqslant T \leqslant 1.2s$，$A=0.06m$

图 4.27　聚焦时刻的波面时间历程对比

4.5　聚焦波对结构的作用

4.5.1　数值模型验证

设置静水深 h =0.315m，水槽长度为 10λ （ λ 为波长）。经过数值收敛性测试后，选定时间步长 $\Delta t = T/50$ （ T 为波浪周期），空间步长 $\Delta x = \lambda/15$ 。图 4.28 是最大动水压力垂直分布及与文献（Mallayachari et al., 1995）的实验结果和线性结果的对比，图中 γ 表示水的比重， H 表示波高， z 为 O-xyz 的 z 坐标， d 为水深， P 为动水压。图 4.28（a）是较小波陡（ $kA = 0.084$ ）的情况，此时线性结果、数值结果均与实验结果吻合良好。图 4.28（b）是较大波陡（ $kA = 0.135$ ）的情况，由于波浪的非线性作用，线性结果不能准确地模拟动水压力分布，但数值结果仍然与实验结果吻合良好（Ning et al., 2017b）。

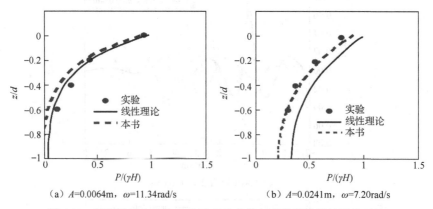

(a) A=0.0064m，ω=11.34rad/s　　　　　(b) A=0.0241m，ω=7.20rad/s

图 4.28　规则波最大动水压力垂直分布及与实验和线性结果的对比

进一步测试数值水槽模拟聚焦波对直墙作用的效果，对王岩（2007）所做的二维聚焦波与直墙作用的实验波浪进行了数值模拟。实验在大连理工大学海岸和近海工程国家重点实验室的海洋环境水槽中进行。水槽长度为 50m，宽度为 3m，深度为 1m，最大工作水深为 0.7m。聚焦波由位于水槽左侧的造波机产生。直墙上分布 15 个压力传感器。数值模拟设置水深 h =0.5m，组成波个数 N =29，波分量为等频率间隔分布，每个波浪成分的幅值 a_n 满足如下等波陡分布：

$$a_n = \frac{A}{k_n \sum_{i=1}^{N} 1/k_i} \qquad (4.31)$$

式中， k_n 是纯浪条件下波分量角频率 ω_n 对应的波数；入射波总幅值 A =0.07m。

理论聚焦位置为 x_p =15m，为使所有波分量有充足的时间在聚焦位置聚焦，聚焦位置和聚焦时间应满足 $x_p / t_p \geqslant \lambda_{\min} / (2T_{\min})$（$\lambda_{\min}$ 和 $T_{\min}$ 分别代表波分量中的最小波长和最小周期）。由于波浪成分之间的非线性作用，实际波浪极值位置和极值时间将与理论值不同，分别定义为 x_f 和 t_f，在无直墙时的实际聚焦位置 x_f^* 处布置直墙。选定时间步长 $\Delta t = T_{\min} / 50$，空间步长 $\Delta x = \lambda_{\min} / 15$。入射波波幅 A =0.07m，波浪频率范围分别为 0.65～1.35Hz 和 0.6～1.5Hz。图 4.29 给出了静水面处压强出现最大值时刻点压力值垂直分布并与实验结果做了比较。图中 γ 表示水的比重，A^* 表示无直墙时的聚焦波峰值。由图可见，聚焦波对直墙的冲击压力具有瞬时性，最大冲击压力特征值一般出现在静水面处，数值计算结果和实验测得的结果具有良好的一致性，本书所建立数值波浪水槽可以准确模拟聚焦波与直墙作用的过程。

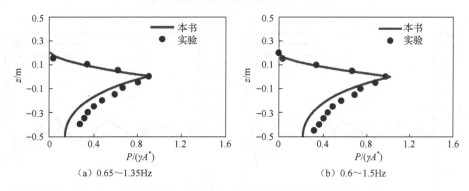

图 4.29　聚焦波动水压力垂直分布及与实验结果的对比

4.5.2　不同频宽条件下聚焦波传播特性

采用上述聚焦波参数并考虑不同的频宽来分析它们对聚焦波传播以及对直墙压力作用的影响，入射波波幅分别为 A =0.01m、0.04m 和 0.06m。对应三种不同的频宽为 $\Delta f = 0.5$Hz（0.75Hz $\leqslant f \leqslant$ 1.25Hz）、$\Delta f = 0.7$Hz（0.65Hz $\leqslant f \leqslant$ 1.35Hz）以及 $\Delta f = 0.9$Hz（0.55Hz $\leqslant f \leqslant$ 1.45Hz），理论聚焦位置分别为 x_p =12m、15m 和 18m，为使所有波分量有充足的时间在聚焦位置聚焦，理论聚焦位置和聚焦时间满足 $x_p / t_p \geqslant \lambda_{\min} / (2T_{\min})$（$\lambda_{\min}$ 和 $T_{\min}$ 分别代表波分量中的最小波长和最小周期）。图 4.30 给出了三种频率宽度的波陡分布图。可以看出频率越窄，各个波分量的波陡越大。

图 4.31 给出了不同谱宽条件下在风速 u =6m/s 时的直墙爬高波面，并对纵坐标除以入射波波幅进行无量纲化，横坐标为对比明显减去直墙位置 x_f^*。从图中可以看出，此时直墙前波高随着入射波波幅的增大而增大，并且爬高从线性波高的

2 倍逐渐增大到接近 3 倍。输入的谱宽越窄，其爬高波形越集中且最接近直墙的波谷越陡峭越深，同时其爬高值也越大。

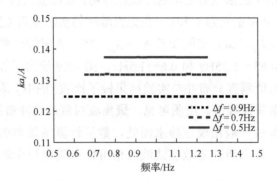

图 4.30　不同频率宽度情况的波陡分布

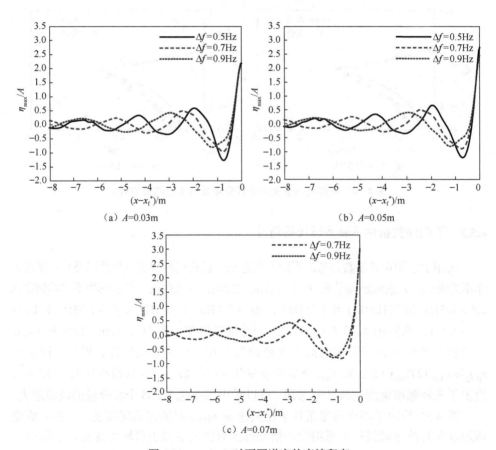

（a）A=0.03m　　　　　　　　　　（b）A=0.05m

（c）A=0.07m

图 4.31　u=6m/s 时不同谱宽的直墙爬高

　　图 4.32 给出了不同谱宽条件下在风速 u=0m/s 时的直墙爬高波面,并对纵坐标除以入射波波幅进行无量纲化,横坐标为对比明显减去直墙位置 x_f^*。首先可以观察到直墙的爬高均大于线性的 2 倍,输入的谱宽越窄,其爬高波形越集中且最接近直墙的波谷越陡峭越深,同时其爬高值也越大。

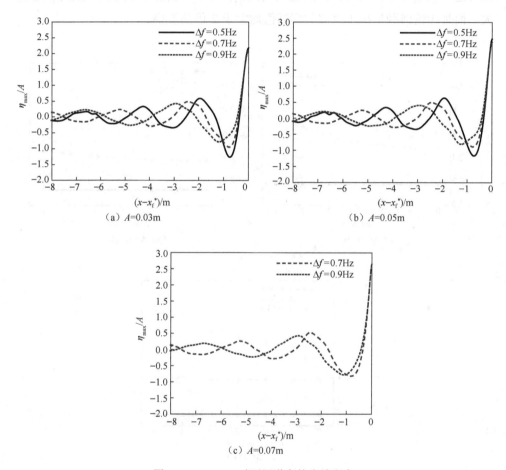

图 4.32　u=0m/s 时不同谱宽的直墙爬高

　　图 4.33 给出了三种谱宽情况和不同入射波波幅条件下直墙爬高随风速的变化规律,并对纵坐标除以入射波波幅进行无量纲化。其中对于 $\Delta f = 0.5$Hz,A=0.07m 的情况在模拟中发现由于其较强的非线性作用,在直墙处的波浪已经发生破碎,因此未将其考虑进去。首先从图中可以观察到:当入射波波幅较小(A=0.03m)时,随着风速的增加,三种频谱情况下其直墙爬高均没有很明显的增加变化,这

主要是由于其非线性太小，其局部波陡较小；当入射波波幅较大（$A=0.05$m，$A=0.07$m）时，三种频谱情况下都可以观察到直墙爬高值会随着风速的增加而增加，且波幅越大爬高增加得越明显。一方面由于非线性与入射波波幅有关，另一方面是由于波幅的增大使传递到波群中的风能量增大，从而导致波浪爬高增加。此外还可以观察到，在入射波波幅相同的情况下，频谱越窄无量纲化的爬高值越大，而且无论何种情况下直墙的爬高值均大于 2 倍的波幅。

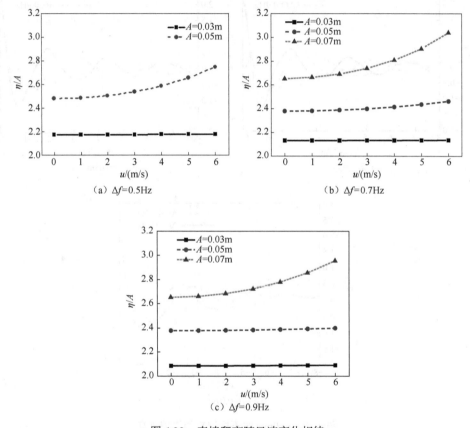

图 4.33　直墙爬高随风速变化规律

图 4.34 给出了直墙位置处不同频率宽度条件下的波面时间历程。由于波浪非线性的影响，实际波浪极值时刻 t_f 会发生改变。为了对比波浪极值，时间坐标均减去极值时刻 t_f。对于较小的入射波波幅 $A=0.01$m ［图 4.34（a）］，每个组成波的幅值小于 1mm，波浪的非线性作用微弱，波浪极值近似线性驻波理论解。但对于较大的入射波波幅 $A=0.06$m ［图 4.34（c）］，频率宽度 $\Delta f=0.5$Hz 时，由于波浪的强非

线性作用，波浪极值可达到 185mm，大约是线性结果的 1.5 倍。在图 4.34（a）和
（b）中，频率宽度对波浪极值的影响很小，但频率宽度越小，邻近波峰越高而波
谷越浅。

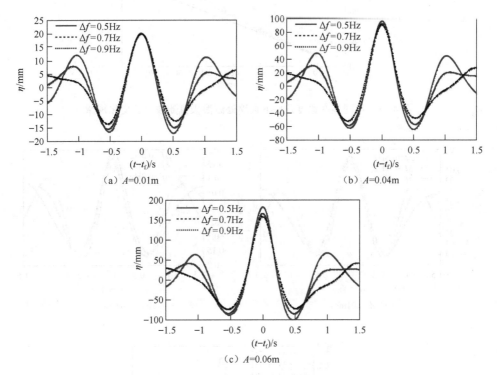

图 4.34　不同频率宽度条件下直墙处的波面时间历程

　　图 4.35 给出了不同频率宽度条件下直墙处波浪极值 η_{crest} 随波幅 A 的变化情
况。随着波幅 A 的增大，波浪极值 η_{crest} 增加显著并与线性解的偏差越来越大，特
别是当 $A>0.03$m 时这种现象越发明显。相同情况下，窄频的波浪极值要大于宽频
情况，幅值越大，这种现象越明显。这说明频率宽度越窄或者幅值越大，聚焦波
与直墙的非线性作用越强。

　　图 4.36 给出了 $\Delta f=0.5$Hz、$\Delta f=0.7$Hz 和 $\Delta f=0.9$Hz 三种频率宽度条件下直墙处
受到总力的时间历程。入射波波幅分别为 $A=0.01$m、$A=0.04$m 和 $A=0.06$m。为了方便对
比，时间坐标均减去波浪极值时刻 t_f。由图可以看出，在各个工况下，在极值时
刻直墙受到的总力均达到最大值，且频率宽度越窄直墙受到的最大总力就越大。
这种现象在入射波波幅 $A=0.06$m 时最明显。

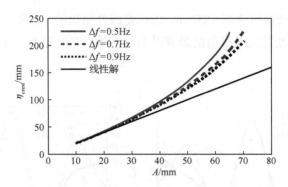

图 4.35　不同频率宽度条件下直墙处波浪极值随波幅的变化规律

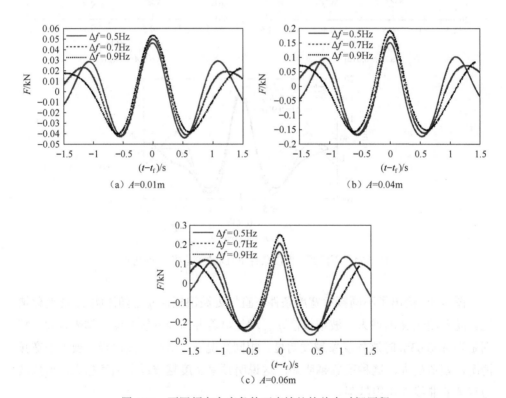

图 4.36　不同频率宽度条件下直墙处的总力时间历程

　　图 4.37 给出了 Δf=0.5Hz、Δf=0.7Hz 和 Δf=0.9Hz 三种频率宽度条件下极值时刻动水压力的垂直分布。可以看出频率宽度越大时动水压力沿竖向的分布也越大,可能主要是由于宽频波有更多的低频波分量。在物理实验（王岩,2007）中也发现过类似的现象。这种现象在幅值越大的时候越明显。

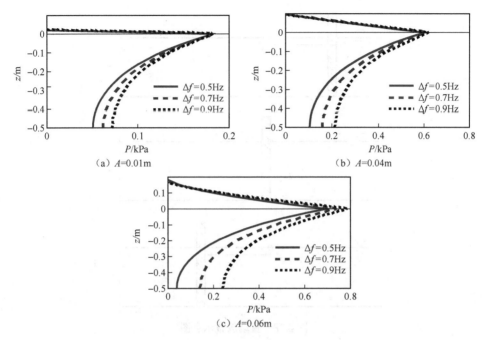

图 4.37　极值时刻动水压力垂直分布

4.5.3　直墙位置的影响

图 4.38 给出了数值水槽中在无结构时的实际聚焦点处及前后放置直墙（$L_1 = x_f^* - 2\lambda_{min}$、$L_2 = x_f^*$ 和 $L_3 = x_f^* + 2\lambda_{min}$）的示意图。图 4.39 给出了不同直墙位置条件下极值时刻的水槽波面分布。初始输入条件如下：频率范围为 $0.65\text{Hz} \leqslant f \leqslant 1.35\text{Hz}$；对应的最小波长 $\lambda_{min} \approx 0.855\text{m}$；最小周期 $T_{min} = 0.74\text{s}$；入射波波幅为 $A = 0.01\text{m}$ 和 $A = 0.06\text{m}$。为方便对比，位置坐标均减去直墙的 x 坐标 L。由图可以看出，波浪均在直墙处达到极值，这与直墙的位置无关。当直墙布置在实际聚焦位置上的 L_2 情况时波浪极值最大，而当直墙布置在实际聚焦位置后 $2\lambda_{min}$ 的 L_3 情况时波浪极值最小。

图 4.40 给出了不同直墙位置条件下直墙处的波面时间历程。为了方便对比，时间坐标均减去理论聚焦时间 t_p。由图可以看出，对于直墙布置在实际聚焦位置上的 L_2 情况，波浪形态近似对称分布，而对于直墙布置在实际聚焦位置前 $2\lambda_{min}$ 的 L_1 情况以及直墙布置在实际聚焦位置后 $2\lambda_{min}$ 的 L_3 情况，波浪形态呈现不对称分布。这种现象与聚焦波在无直墙情况下的传播类似。对于较大的入射波波幅 $A = 0.06\text{m}$［图 4.40（b）］，这种现象较明显。对于 $A = 0.01\text{m}$ 和 $A = 0.06\text{m}$、直墙布置在实际聚焦位置前 $2\lambda_{min}$ 的 L_1 情况，波浪极值时刻 t_f 相比直墙布置在实际聚焦位置上的 L_2 情况约提前 2.2s。对于直墙布置在实际聚焦位置后 $2\lambda_{min}$ 的 L_3 情况，波浪极值时刻 t_f 相比直墙布置在实际聚焦位置上的 L_2 情况约滞后 2.2s。

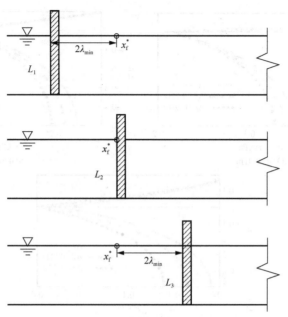

图 4.38　直墙放置示意图

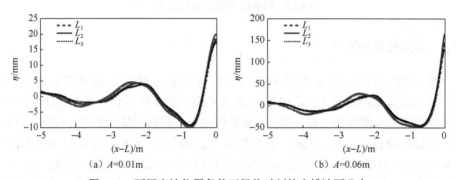

（a）A=0.01m

（b）A=0.06m

图 4.39　不同直墙位置条件下极值时刻的水槽波面分布

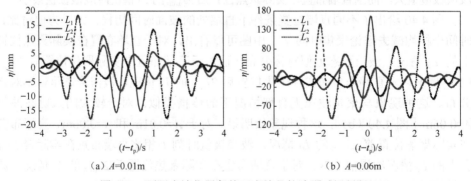

（a）A=0.01m

（b）A=0.06m

图 4.40　不同直墙位置条件下直墙处的波面时间历程

图 4.41 给出了不同直墙位置条件下直墙处受到的总力时间历程。入射波波幅分别为 A=0.01m 和 A=0.06m。为了方便对比，时间坐标均减去理论聚焦时间 t_p。由图可以看出，在非线性很弱的 A=0.01m［图 4.41（a）］工况下，在极值时刻直墙受到的总力均达到最大值，且时间历程曲线形态与其对应的波面时间历程曲线［图 4.40（a）］保持基本一致。而在非线性较强的 A=0.06m［图 4.41（b）］工况下，时间历程曲线形态与其对应的波面时间历程曲线［图 4.40（b）］相比明显扭曲，特别是对于直墙布置在实际聚焦位置后 $2\lambda_{min}$ 的 L_3 情况，直墙受到最大总力的时刻偏移到了极值时刻上一个峰值时刻。

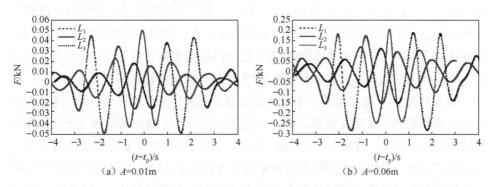

图 4.41　不同直墙位置条件下直墙处的总力时间历程

图 4.42 给出了不同直墙位置条件下极值时刻动水压力垂直分布。由图可以看出，当直墙布置在实际聚焦位置上的 L_2 情况时，静水面以下的动水压力分布大于直墙布置在实际聚焦位置前 $2\lambda_{min}$ 的 L_1 情况以及直墙布置在实际聚焦位置后 $2\lambda_{min}$ 的 L_3 情况。

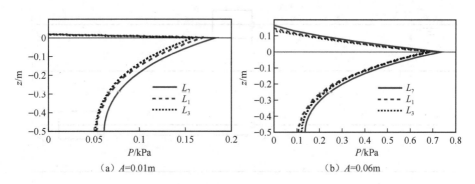

图 4.42　不同直墙位置条件下极值时刻动水压力垂直分布

4.5.4　固定箱体摆放位置的影响

本小节进一步对聚焦波与自由表面处固定箱体的相互作用进行数值模拟（Ning et al.，2018b）。布置图如图 4.43 所示且幅值 a_n 满足等波陡分布，波浪频率范围分别为 0.65～1.35Hz，对应的最小波长 $\lambda_{\min} \approx 0.855$m，理论聚焦位置为 x_p=15.4m，理论聚焦时刻为 t_p=26.6s。因为波浪的非线性作用，实际波浪极值位置和极值时刻将与理论值产生偏差，实际值分别定义为 x_f 和 t_f。使固定箱体迎浪侧分布位于无结构时的实际聚焦位置处及前后位置处，即箱体迎浪侧的 x 坐标分别为 $L_1 = x_f^* - 2\lambda_{\min}$、$L_2 = x_f^*$ 和 $L_3 = x_f^* + 2\lambda_{\min}$。固定箱体吃水为 d=0.15m，宽度为 w=0.5$\lambda_{\min}$，入射波波幅为 A=0.01m 和 0.05m。L 表示固定箱体迎浪侧的 x 坐标。由图 4.44 可以看出，波浪均在固定箱体迎浪侧达到极值，这与固定箱体的摆放位置无关。当固定箱体摆放在实际聚焦位置上的 L_2 情况时波浪极值最大。

图 4.45 给出了箱体摆放于不同位置时迎浪侧和背浪侧的波面时间历程。图中的时间坐标均减去了理论聚焦时间 t_p。由图看出，对于箱体迎浪侧位于实际聚焦位置前的 L_1 情况，波峰值出现的时刻相比箱体迎浪侧位于实际聚焦位置上的 L_2 情况提前；对于箱体迎浪侧位于实际聚焦位置后的 L_3 情况，波峰值出现的时刻相比箱体迎浪侧位于实际聚焦位置上的 L_2 情况推后。不管是箱体的迎浪侧还是背浪侧，波峰值都是箱体迎浪侧位于实际聚焦位置上的 L_2 情况最大。

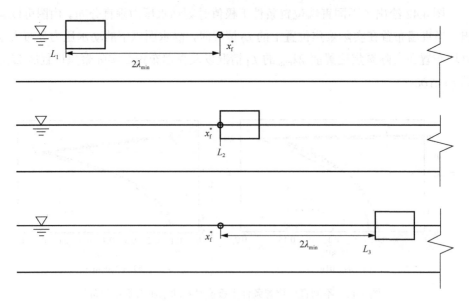

图 4.43　水槽中不同箱体摆放位置示意图

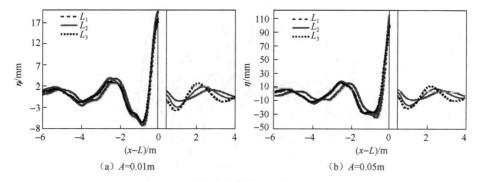

（a）A=0.01m　　　　　　　　　　　（b）A=0.05m

图 4.44　不同箱体摆放位置条件下聚焦时刻的波面分布

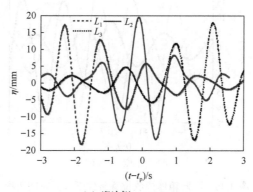

（a）迎浪侧：A=0.01m

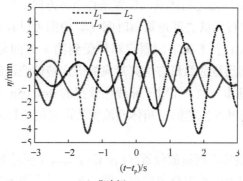

（b）背浪侧：A=0.01m

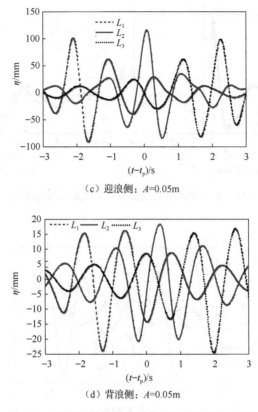

（c）迎浪侧：A=0.05m

（d）背浪侧：A=0.05m

图 4.45　不同箱体摆放位置条件下波面时间历程

　　图 4.46 给出了不同固定箱体摆放位置条件下 x 方向受到的总力时间历程。为了方便对比，时间坐标均减去理论聚焦时间 t_p。由图可以看出，在非线性很弱的 A=0.01m［图 4.46（a）］工况下，固定箱体受到的 x 方向总力均能在极值时刻达到最大值，且时间历程曲线形态与其对应的固定箱体迎浪侧波面时间历程曲线［图 4.45（a）］保持基本一致。而对于非线性较强的 A=0.05m［图 4.46（b）］工况，时间历程曲线形态与其对应的固定箱体迎浪侧波面时间历程曲线［图 4.45（c）］相比更为不规则。

　　图 4.47 给出了箱体不同摆放位置（L_1=x_f^*−2$\lambda_{\min}$、L_2=x_f^* 和 L_3=x_f^*+2$\lambda_{\min}$）时迎浪侧和背浪侧动水压力的垂直分布情况。图中为各受力面上静水面压强出现最大值时各测点值沿 z 方向的分布。由图可以看出，不管是箱体的迎浪侧还是背浪侧，动水压力垂直分布都是箱体迎浪侧位于实际聚焦位置上的 L_2 情况最大，箱体迎浪侧位于实际聚焦位置前 2$\lambda_{\min}$ 的 L_1 情况最小。

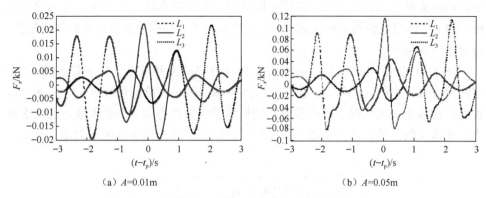

（a）A=0.01m　　　　　　　　　　　　　（b）A=0.05m

图 4.46　不同箱体摆放位置条件下 x 方向总力时间历程

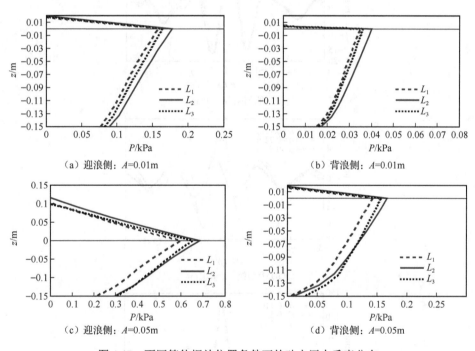

（a）迎浪侧：A=0.01m　　　　　　　　　　　（b）背浪侧：A=0.01m

（c）迎浪侧：A=0.05m　　　　　　　　　　　（d）背浪侧：A=0.05m

图 4.47　不同箱体摆放位置条件下的动水压力垂直分布

4.5.5　箱体吃水的影响

图 4.48 给出了不同吃水（d=0.11m、d=0.22m 和 d=0.33m）条件下的迎浪侧和背浪侧的波面时间历程。箱体的迎浪侧位于实际聚焦位置 x_f 上。初始输入条件如下：固定箱体宽度为 w=0.2λ_{min}；入射波波幅为 A=0.01m 和 A=0.05m。图中的时间

坐标均减去理论聚焦时间 t_p。由图可以看出，对于吃水越大的情况，迎浪侧波浪极值越大，而背浪侧波浪极值越小。可见吃水越大，结构对波浪的反射作用越强，透射作用就越小。

图 4.49 给出了 $d=0.11m$、$d=0.22m$ 和 $d=0.33m$ 三种吃水条件下固定箱体在 x 方向所受总压力的时间历程。图中的时间坐标均减去理论聚焦时间 t_p。由图可以看出，在各个工况情况下，在极值时刻箱体受到的总力均达到最大值，且吃水越大，箱体受到的最大总力就越大。这种现象在入射波波幅 $A=0.05m$ 时最明显。

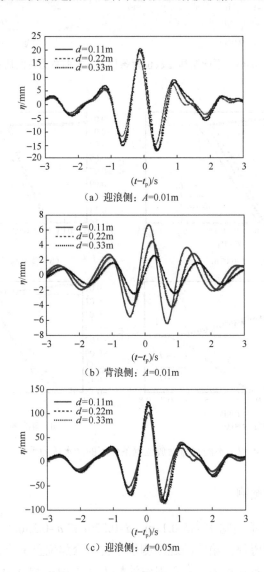

（a）迎浪侧：$A=0.01m$

（b）背浪侧：$A=0.01m$

（c）迎浪侧：$A=0.05m$

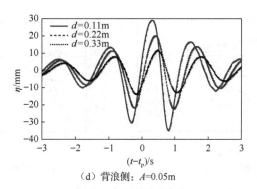

（d）背浪侧：A=0.05m

图 4.48　不同吃水条件下的波面时间历程

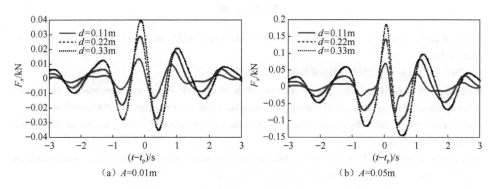

（a）A=0.01m　　　　　　　　　　（b）A=0.05m

图 4.49　不同吃水条件下 x 方向总压力时间历程

图 4.50 给出了不同吃水条件下迎浪侧和背浪侧动水压力的垂直分布。图中均为各受力面上静水面压强出现最大值时各测点值沿 z 方向的分布。由图可以看出，吃水越大，迎浪侧点压力越大，而背浪侧点压力越小但斜率越大。

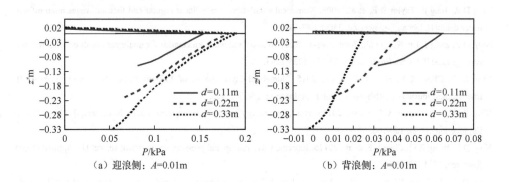

（a）迎浪侧：A=0.01m　　　　　　　　（b）背浪侧：A=0.01m

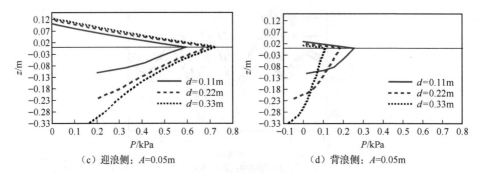

（c）迎浪侧：A=0.05m　　　　　　　　（d）背浪侧：A=0.05m

图 4.50　不同吃水条件下动水压力垂直分布

参 考 文 献

宁德志, 陈丽芬, 田宏光, 2010. 波流混合作用的完全非线性数值水槽模型[J]. 哈尔滨工程大学学报, 31(11): 1450-1455.

王岩, 2007. 聚焦波浪特性研究及其对直墙的作用[D]. 大连: 大连理工大学.

Baldock T E, Swan C, Taylor P H, 1996. A laboratory study of nonlinear surface waves on water[J]. Philosophical Transactions of the Royal Society A: Mathematical, Physical and Engineering Sciences, 354(1707): 649-676.

Kharif C, Pelinousky E, 2003. Physical mechanisms of the rogue wave phenomenon[J]. European Journal of Mechanics: B/Fluids, 22(6): 603-634.

Kharif C, Giovanangeli J P, Touboul J, et al., 2008. Influence of wind on extreme wave events: experimental and numerical approaches[J]. Journal of Fluid Mechanics, 594: 209-247.

Klinting P, Sand S E, 1987. Analysis of prototype freak waves[R]. No. NEI-DK-190, CONF-8706402-1.

Longuet-Higgins M S, Cokelet E D, 1976. The deformation of steep surface wave on water. I. A numerical method of computation[J]. Proceedings of the Royal Society of London, 350(1660): 1-26.

Mallayachari V, Sundar V, 1995. Standing wave pressures due to regular and random waves on a vertical wall[J]. Ocean Engineering, 22(8): 859-879.

Nikolkina I, Didenkulova I, 2011. Rogue waves in 2006-2010[J]. Natural Hazards and Earth System Sciences, 11(11): 2913-2924.

Ning D Z, Teng B, Taylor R E, et al., 2008. Numerical simulation of non-linear regular and focused waves in an infinite water depth[J]. Ocean Engineering, 35(8): 887-899.

Ning D Z, Zang J, Liu S X, et al., 2009. Free-surface evolution and wave kinematics for nonlinear uni-directional focused wave groups[J]. Ocean Engineering, 36(15): 1226-1243.

Ning D Z, Zhuo X L, Hou T C, et al., 2015. Numerical investigation of focused waves on uniform currents[J]. International Journal of Offshore and Polar Engineering, 25(1): 19-25.

Ning D Z, Du J, Zhuo X L, et al., 2017a. Harmonic energy transfer for extreme waves in current[J]. China Ocean Engineering, 31(2): 160-166.

Ning D Z, Wang R Q, Chen L F, et al., 2017b. Extreme wave run-up and pressure on a vertical seawall[J]. Applied Ocean Research, 67: 188-200.

Ning D Z, Du J, Bai W, et al., 2018a. Numerical modelling of nonlinear extreme waves in presence of wind[J]. Acta Oceanologica Sinica, 37(9): 90-98.

Ning D Z, Li X, Zhang C W, 2018b. Nonlinear simulation of focused wave group action on a truncated surface-piercing structure[J]. Journal of Marine Science and Application, 17(3): 362-370.

Peirson W L, Banner M L, 2003. Aqueous surface layer flows induced by microscale breaking wind waves[J]. Journal of Fluid Mechanics, 479: 1-38.

Ryu S, Kim M H, Lynett P J, 2003. Fully nonlinear wave-current interactions and kinematics by a BEM based numerical wave tank[J]. Computational Mechanics, 32(4-6): 336-346.

Tian Z T, Choi W Y, 2013. Evolution of deep-water waves under wind forcing and wave breaking effects: numerical simulations and experimental assessment[J]. European Journal of Mechanics: B/Fluids, 41: 11-22.

Touboul J, Giovanangeli J P, Kharif C, et al., 2006. Freak waves under the action of wind: experiments and simulations[J]. European Journal of Mechanics: B/Fluids, 25(5): 662-676.

Wu C H, Yao A F, 2004. Laboratory measurements of limiting freak waves on current[J]. Journal of Geophysical Research, 109(C12): 1-18.

Yan S, Ma Q W, Adcock T A, 2010. Investigations of freak waves on uniform current[C]. The 25th International Workshop on Water Waves and Floating Bodies, Harbin.

Zou Q P, Chen H F, 2016. Numerical simulation of wind effects on the evolution of freak waves[C]. The 26th International Ocean and Polar Engineering Conference.

第5章 潜体上的波浪演化和诱发的高阶谐波

为了减缓岸滩侵蚀和保护海岸上结构，人们常在近岸海域修建潜堤。潜堤能够削弱波浪的运动，减弱外海波浪对岸线和岸上结构的作用。潜堤结构经济性好，对海岸地形的要求不高，并且堤顶淹没在海平面以下，允许两侧海水交换和泥沙输运，防止海水污染物停滞，有利于满足生态环境要求和保持海岸景观的完整性。潜体结构在海洋工程领域也有重要应用，如悬浮隧道等。波浪传播途经潜体结构时，由于潜体上方水深变化，浅水效应增强，会产生高阶谐波，波能由低频传入高频成分，波浪的能量谱发生了改变。当波浪继续传播至潜体下游，水深增大，部分高阶谐波由锁定波转换为自由波。这些高阶谐波传播至下游，如果碰到新的潜体，高阶谐波又会产生一些新的特性。本章将利用非线性高阶边界元数值波浪水槽，对波浪经过潜体和潜堤结构的演化特性进行研究。

5.1 波浪成分分析方法

在数值或实验水槽中得到波面时间历程等信息后，可以利用一定的分离方法来分析波浪成分。Goda 等（1976）提出了两点法来便捷地分离波浪各组成波成分。Mansard 等（1985）对此进行了改进，提出了采用多个浪高仪数据来分离入射波与反射波的方法。Grue（1992）提出了一种令人满意的两点法来分离高阶谐波，并得到了广泛应用；Brossard 等（2000）提出的分离方法也得到了不错的效果，该方法利用移动的浪高仪来分离各阶锁定波和自由波，这种方法能够对反射和透射过程中的高阶谐波进行分离。Lin 等（2004）提出了一种四点法，分离入射和反射波中的高阶谐波，精度较高。Li 等（2012）则运用傅里叶变换和小波变换方法将高速摄像机捕捉到的波面变化进行分离，然后得到各阶的自由波与锁定波。本章在研究了前人的分离方法的基础上，推导出一种改进的四点法，能够同时考虑入射和反射各阶谐波，并得到准确的结果。

5.1.1 两点法

首先介绍两点法，从结构前两点的波面时间历程中分离出反射波和入射波，从而得到反射系数。设入射波波幅为 a，入射波的波面可以表示为

$$\eta_\mathrm{I}(x,t) = a\cos(kx - \omega t + \varepsilon) + \sum_{n=2}^{\infty} a_n^{(\mathrm{L})} \cos n(kx - \omega t + \varepsilon) \tag{5.1}$$

式中，ε 为初始相位角；$a_n^{(\mathrm{L})}$ 为 n 阶锁定波波幅；k 为波数；ω 为圆频率。从结构反射回来的波面可以表示为

$$\eta_\mathrm{R}(x,t) = a_1^{(\mathrm{F})} \cos(kx + \omega t + \varepsilon_1) + \sum_{n>1} a_n^{(\mathrm{L})} \cos\big[n(kx + \omega t + \varepsilon_1)\big]$$
$$+ \sum_{n>1} a_n^{(\mathrm{F})} \cos(k_n x + n\omega t + \varepsilon_n) \tag{5.2}$$

式中，ε_1 为相位角；$a_n^{(\mathrm{L})}$ 和 $a_n^{(\mathrm{F})}$ 分别表示反射 n 阶锁定波和自由波波幅；k 为基频波波数；自由波的波数 k_n 满足

$$(n\omega)^2 = gk_n \tanh(k_n h), \quad n = 2, 3, \cdots \tag{5.3}$$

利用傅里叶变换得到

$$\hat{\eta}^{(n)}(x) = \frac{\omega}{2\pi} \int_0^{\frac{2\pi}{\omega}} \eta(x,t) \mathrm{e}^{-\mathrm{i}n\omega t} \mathrm{d}t, \quad n = 1, 2, \cdots \tag{5.4}$$

将上游两点 x_1 和 $x_2 = x_1 + \Delta x$ 的波面时间历程代入，经过推导可以得到反射波的基频自由波波幅和入射波波幅：

$$a_1^{(\mathrm{F})} = \frac{1}{\left|\sin(k\Delta x)\right|} \left|\hat{\eta}^{(1)}(x_1) - \hat{\eta}^{(1)}(x_2)\mathrm{e}^{\mathrm{i}k\Delta x}\right| \tag{5.5}$$

$$a = \frac{1}{\left|\sin(k\Delta x)\right|} \left|\hat{\eta}^{(1)}(x_1) - \hat{\eta}^{(1)}(x_2)\mathrm{e}^{-\mathrm{i}k\Delta x}\right| \tag{5.6}$$

定义基频波的反射系数定义为 $R = a_1^{(\mathrm{F})} / a$ 。

波浪经淹没结构的透射，高阶谐波成分中既包括锁定波也包括自由波，潜体下游 x 处的波面可以表示为

$$\eta(x,t) = \sum_{n=1}^{\infty} a_n^{(\mathrm{F})} \cos\big[k_n x - n\omega t + \psi_n(x)\big] + \sum_{n=2}^{\infty} a_n^{(\mathrm{L})} \cos\big\{n[kx - \omega t + \psi_1(x)]\big\} \tag{5.7}$$

式中，$\psi_1(x)$ 为基频波的初始相位角；$\psi_n(x)(n \geqslant 2)$ 为 n 阶自由波的初始相位角；$a_n^{(\mathrm{F})}$ 和 $a_n^{(\mathrm{L})}$ 分别表示 n 阶自由波和锁定波波幅。其中 k 和 ω ，以及 k_n 和 $n\omega$ 分别满足色散方程。由傅里叶变换得到各阶波浪成分的形式：

$$\hat{\eta}^{(n)}(x) = \frac{\omega}{2\pi} \int_0^{\frac{2\pi}{\omega}} \eta(x,t) \exp(-\mathrm{i}n\omega t) \mathrm{d}t = A_n(x) + \mathrm{i}B_n(x), \quad n = 1, 2, \cdots \tag{5.8}$$

式中，$A_n(x)$ 和 $B_n(x)$ 分别为对应 n 阶组成波波面的实部和虚部。将式（5.7）代入

式（5.8），利用三角函数的正交性，得到以下与自由波和锁定波波幅相关的矩阵方程组：

$$a_1^{(F)} = \sqrt{A_1^2(x) + B_1^2(x)}$$

$$\psi_1(x) = \arctan\frac{A_1(x)}{B_1(x)} - kx \tag{5.9}$$

$$a_n^{(F)}\cos[k_n x + \psi_n(x)] + a_n^{(L)}\cos[kx + \psi_1(x)] = A_n(x)$$

$$a_n^{(F)}\sin[k_n x + \psi_n(x)] + a_n^{(L)}\sin[kx + \psi_1(x)] = B_n(x)$$

将潜体后波面时间历程稳定区域两点 x_1 和 $x_2 = x_1 + \Delta x$ 的波面时间历程代入式（5.9），即可得到 n 阶锁定波与 n 阶自由波的波幅为

$$a_n^{(F)} = \frac{1}{\sin\left[\dfrac{1}{2}(k_n - nk)\Delta x\right]}\left|\hat{\eta}^{(n)}(x_1) - \hat{\eta}^{(n)}(x_2)\exp(ink\Delta x)\right|, \quad n = 1,2,\cdots$$

$$a_n^{(L)} = \frac{1}{\sin\left[\dfrac{1}{2}(k_n - nk)\Delta x\right]}\left|\hat{\eta}^{(n)}(x_1) - \hat{\eta}^{(n)}(x_2)\exp(ik_n\Delta x)\right|, \quad n = 1,2,\cdots \tag{5.10}$$

5.1.2　四点法

本节提出一种四点法，用来分离水流影响下的自由波与锁定波。堤前 x 位置处的波面升高可表达为（Ning et al.，2014）

$$\eta(x,t) = a_I^{(1)}\cos(k_I^{(1)}x - \omega t + \varphi_I^{(1)}) + a_R^{(1)}\cos(k_R^{(1)}x + \omega t + \varphi_R^{(1)})$$

$$+ \sum_{n\geq 2}^{\infty} a_{IB}^{(n)}\cos[n(k_I^{(1)}x - \omega t) + \varphi_{IB}^{(n)}] + \sum_{n\geq 2}^{\infty} a_{RB}^{(n)}\cos[n(k_R^{(1)}x + \omega t) + \varphi_{RB}^{(n)}]$$

$$+ \sum_{n\geq 2}^{\infty} a_{IF}^{(n)}\cos[n(k_I^{(1)}x - \omega t) + \varphi_{IF}^{(n)}] + \sum_{n\geq 2}^{\infty} a_{RF}^{(n)}\cos[n(k_R^{(1)}x + \omega t) + \varphi_{RB}^{(n)}] \tag{5.11}$$

式中，下标 IB 和 IF、RB 和 RF 分别表示入射的锁定波和自由波、反射的锁定波和自由波。入射自由波波数 $k_I^{(n)}$ 和反射自由波波数 $k_R^{(n)}$ 由下式确定：

$$\left(\omega - k^{(n)}U_0\right)^2 = gk^{(n)}\tanh\left(k^{(n)}h\right), \quad n = 1,2,\cdots \tag{5.12}$$

式中，U_0 为均匀流流速。将式（5.11）代入式（5.12）进行傅里叶变换。当 $n > 1$ 时，可以得到

$$\hat{\eta}^{(n)}(x) = C_{IB}^{(n)}X_{IB}^{(n)} + C_{RB}^{(n)}X_{RB}^{(n)} + C_{IF}^{(n)}X_{IF}^{(n)} + C_{RF}^{(n)}X_{RF}^{(n)} \tag{5.13}$$

式中，

$$X_{\text{IB}}^{(n)} = a_{\text{IB}}^{(n)} \exp[-\mathrm{i}(nk_{\text{I}}^{(1)}x + \varphi_{\text{IB}}^{(n)})]; \quad X_{\text{RB}}^{(n)} = a_{\text{RB}}^{(n)} \exp[\mathrm{i}(nk_{\text{R}}^{(1)}x + \varphi_{\text{RB}}^{(n)})]$$
$$X_{\text{IF}}^{(n)} = a_{\text{IF}}^{(n)} \exp[-\mathrm{i}(k_{\text{I}}^{(n)}x + \varphi_{\text{IF}}^{(n)})]; \quad X_{\text{RF}}^{(n)} = a_{\text{RF}}^{(n)} \exp[\mathrm{i}(k_{\text{R}}^{(n)}x + \varphi_{\text{RF}}^{(n)})] \tag{5.14}$$

$$C_{\text{IB}}^{(n)} = \frac{\mathrm{e}^{-ink_{\text{I}}^{(1)}\Delta x_m}}{2}; \quad C_{\text{RB}}^{(n)} = \frac{\mathrm{e}^{ink_{\text{R}}^{(1)}\Delta x_m}}{2}$$
$$C_{\text{IF}}^{(n)} = \frac{\mathrm{e}^{-ik_{\text{I}}^{(n)}\Delta x_m}}{2}; \quad C_{\text{RF}}^{(n)} = \frac{\mathrm{e}^{ik_{\text{R}}^{(n)}\Delta x_m}}{2} \tag{5.15}$$

其中，Δx_m 表示第 m 个点与第一个点的距离。

式（5.13）表示为

$$\begin{bmatrix} C_{1\text{IB}}^{(n)} & C_{1\text{RB}}^{(n)} & C_{1\text{IF}}^{(n)} & C_{1\text{RF}}^{(n)} \\ C_{2\text{IB}}^{(n)} & C_{2\text{RB}}^{(n)} & C_{2\text{IF}}^{(n)} & C_{2\text{RF}}^{(n)} \\ C_{3\text{IB}}^{(n)} & C_{3\text{RB}}^{(n)} & C_{3\text{IF}}^{(n)} & C_{3\text{RF}}^{(n)} \\ C_{4\text{IB}}^{(n)} & C_{4\text{RB}}^{(n)} & C_{4\text{IF}}^{(n)} & C_{4\text{RF}}^{(n)} \end{bmatrix} \begin{bmatrix} X_{\text{IB}}^{(n)} \\ X_{\text{RB}}^{(n)} \\ X_{\text{IF}}^{(n)} \\ X_{\text{RF}}^{(n)} \end{bmatrix} = \begin{bmatrix} \hat{\eta}^{(n)}(x_1) \\ \hat{\eta}^{(n)}(x_2) \\ \hat{\eta}^{(n)}(x_3) \\ \hat{\eta}^{(n)}(x_4) \end{bmatrix} \tag{5.16}$$

为了防止产生奇异性，需要满足如下条件：

$$\Delta x_2 \neq m\frac{\lambda}{2}, \Delta x_3 \neq s\Delta x_2, \Delta x_4 \neq r\Delta x_2, \Delta x_3 \neq t\Delta x_2, \quad m = 1,2,\cdots \tag{5.17}$$

式中，s、r、t 表示正整数。求解可得到自由波和锁定波的波幅为

$$a_{\text{IB}}^{(n)} = \mathrm{abs}(X_{\text{IB}}^{(n)}), \quad a_{\text{RB}}^{(n)} = \mathrm{abs}(X_{\text{RB}}^{(n)})$$
$$a_{\text{IF}}^{(n)} = \mathrm{abs}(X_{\text{IF}}^{(n)}), \quad a_{\text{RF}}^{(n)} = \mathrm{abs}(X_{\text{RF}}^{(n)}) \tag{5.18}$$

对于 $n = 1$，只需采用堤前两个点的波面时间历程进行傅里叶变换，然后得到如下矩阵方程：

$$\begin{bmatrix} C_{1\text{I}}^{(1)} & C_{1\text{R}}^{(1)} \\ C_{2\text{I}}^{(1)} & C_{2\text{R}}^{(1)} \end{bmatrix} \begin{bmatrix} X_{\text{I}}^{(1)} \\ X_{\text{R}}^{(1)} \end{bmatrix} = \begin{bmatrix} \hat{\eta}^{(1)}(x_1) \\ \hat{\eta}^{(1)}(x_2) \end{bmatrix} \tag{5.19}$$

为了防止产生奇异性，需要满足如下条件：

$$\Delta x_2 \neq m\frac{\lambda}{2}, \quad m = 1,2,\cdots \tag{5.20}$$

最后得到入射基频波与反射基频波的波幅为

$$a_{\text{I}}^{(1)} = \mathrm{abs}(X_{\text{I}}^{(1)}), \quad a_{\text{R}}^{(1)} = \mathrm{abs}(X_{\text{R}}^{(1)}) \tag{5.21}$$

对于透射波，将下标 IB 和 IF 替换为 TB 和 TF 用来表示透射的锁定波与自波，然后用相同的方法就可以求出堤后高阶的自由波与锁定波波幅。基频波的反射及透射系数定义如下：

$$R = \frac{a_{\mathrm{R}}^{(1)}}{a_{\mathrm{I}}^{(1)}}, \quad T = \frac{a_{\mathrm{TF}}^{(1)}}{a_{\mathrm{I}}^{(1)}} \qquad (5.22)$$

在处理数据时，对每个点选用三个稳定周期的波面数据完成傅里叶变换，同时采用两点法和四点法来求解锁定波与自由波的波幅，用以相互检验。

5.2　均匀水流中潜堤地形上单色波的传播变形

5.2.1　数值模型验证

本节首先考虑 Beji 等（1993）及 Luth 等（1994）等在淹没潜堤地形上进行的静水中波浪传播的物理模型实验，实验地形、水深及测点布置如图 5.1 所示。如在本书的控制方程中不考虑水流的作用，即取 $U = 0\mathrm{m/s}$，则数值模型可以模拟此实验条件下纯波的传播。入射波周期 $T = 2.02\mathrm{s}$，振幅 $A = 0.01\mathrm{m}$，水深 $h = 0.4\mathrm{m}$，此时波长为 3.737m。图 5.2 是 t 为 $18T$ 和 $20T$ 时水槽中线处的波面分布图。从图中

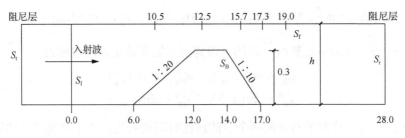

图 5.1　实验地形布置图（单位：m）

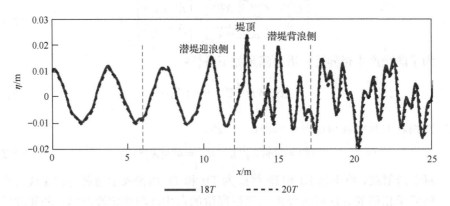

图 5.2　$t = 18T$ 和 $20T$ 时水槽中波线面分布图（T=2.02s，A=0.01m，U=0m/s）

可以看出，波传到 18T 时已达稳定，18T 和 20T 的波面已经完全重合，说明此时本书模型模拟结果已经达到数值稳定性和收敛性。从图中可以看出，当波浪传播至潜堤时，水深变浅，波浪的非线性变强，波面开始变形，对称性被破坏，堤顶水深最浅，波面变形较之潜堤迎浪侧上波段处剧烈，且产生与基频波同速度的高次谐波。当波浪传播至堤后，水深变深，波浪非线性减弱，部分高次谐波释放为自由波，各倍频自由波存在相位差，叠加所得总波面变形剧烈（陈丽芬等，2011）。

图 5.3 给出了六个断面处的波面变化时间历程，对本书模型结果、布西内斯克方程结果和 Luth 等（1994）的实验结果进行了比较。从总体上看，本书数值解和布西内斯克方程的数值解与实验结果都能吻合得较好，两种方法均能较好地模拟波浪在潜堤上传播时的波面变形过程。然而，在 x 为 15.7m、17.3m、19.0m 处（堤上及堤后）本书模型结果较布西内斯克方程的数值解与实验结果吻合得更好，说明本书模型能够更准确有效地模拟潜堤地形上波浪的传播变形。在潜堤前（x=2.0m），从时间历程图上可以看出波形对称，周期性明显，说明波浪受地形的影响较小，其非线性并未因为地形的作用而增强。波浪传播至潜堤时，由于水深突然变浅，非线性作用突然增强，导致波能从低频分量向高频分量转换，从而产生与基波同速度传播的高次谐波。到堤后，从波形图（x=19.0m）上可以看出，堤后波形不对称性增大，且不同周期的幅值不同，这是由于水深增大，波浪的非线性作用相对减弱，从而高次谐波由锁定波释放为自由波，不同频率的自由波存在相位差，各自由波与基频波达到最大值的时间不同，叠加产生的波面变化不再像基频波那样具有一定的周期性。

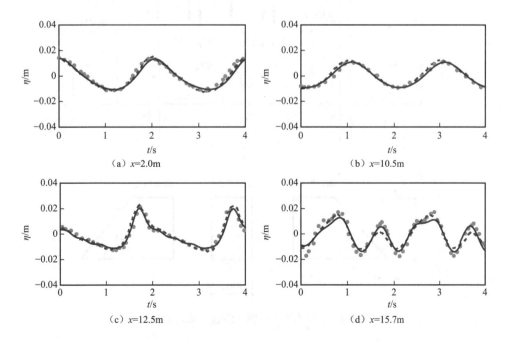

（a）x=2.0m　　　　　　　　　　　　　（b）x=10.5m

（c）x=12.5m　　　　　　　　　　　　　（d）x=15.7m

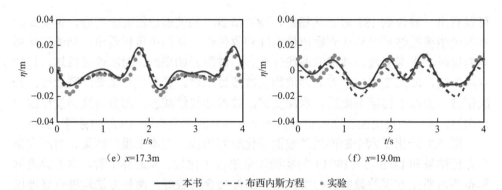

（e）x=17.3m　　　　　　　　　（f）x=19.0m

——— 本书　　----布西内斯方程　　• 实验

图 5.3　六个断面处波面时间历程图（T=2.02s，A=0.01m，U=0m/s）

5.2.2　谱密度函数沿程及随潜堤断面形式的变化

当波浪遇到潜堤时，波浪在传播过程中会产生变形，水槽各点处的波面时间历程存在很大的差异，这是由于波间的非线性相互作用及潜堤的变浅作用会产生高倍频的波浪，甚至在堤后释放为自由波。考虑三种类型的潜堤，本小节研究不同位置处波浪的传播特性。布置图如图 5.4 所示。选择的水流流速 U_0 为 0.2m/s，即波流同向时 U_0=0.2m/s，波流反向时 U_0=-0.2m/s。入射波周期设定为 1s、2s，入

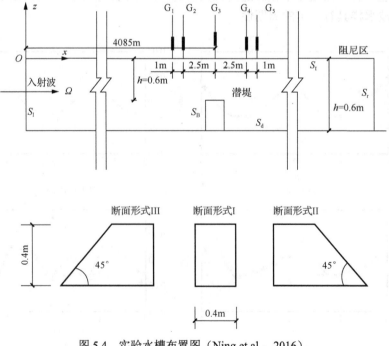

图 5.4　实验水槽布置图（Ning et al.，2016）

射波波幅为 0.02m、0.031m、0.038m、0.054m。图 5.5 和图 5.6 为入射波波幅为 0.038m，周期分别为 1s 和 2s，水流速度为 U_0=0m/s，波浪在直立堤（断面形式 I）、后斜坡堤（断面形式 II）和前斜坡堤（断面形式 III）地形上传播时，不同位置处（堤前 G_1、堤上 G_3 及堤后 G_5）波面进行傅里叶分析得到的频谱关系图。ω 为圆频率，ω_0 为入射波圆频率。从图中可以看出，此时除了存在主频波浪外，还存在高频和低频波浪，且不同位置处各阶波浪的贡献不同。

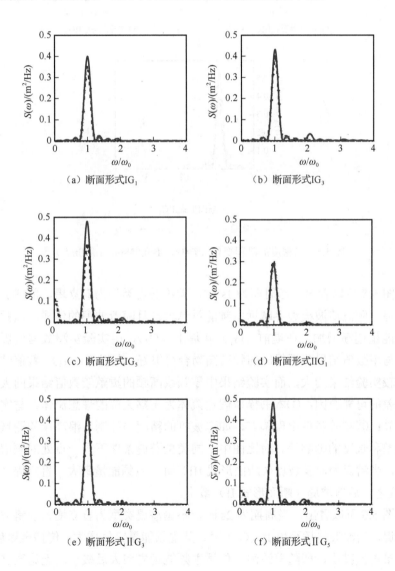

（a）断面形式IG_1　　　　　　　　（b）断面形式IG_3

（c）断面形式IG_5　　　　　　　　（d）断面形式IIG_1

（e）断面形式IIG_3　　　　　　　　（f）断面形式IIG_5

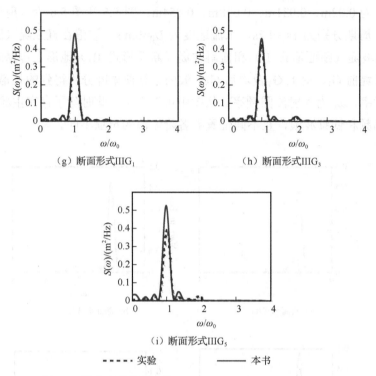

（g）断面形式IIIG$_1$ （h）断面形式IIIG$_3$

（i）断面形式IIIG$_5$

----- 实验 —— 本书

图 5.5 谱密度的沿程变化（T=1s，A=0.038m，U_0=0m/s）

由图 5.5 可以看出，当周期为 1s 时，无论潜堤类型为直立堤、前斜坡堤还是后斜坡堤，距离造波板边界越远主频能量越大，且随着波浪的传播，高频和低频波浪的能量逐渐增加。在堤前（G_1）和堤上（G_3），用实验实测数据分析出的频谱关系与用数值结果分析得出的频谱图吻合得很好。在堤后（G_5），数值结果的主频能量较实验结果的大，而实验结果中零频或高频的贡献较数值结果的大。导致这种偏差的可能原因：①本书模型假定流体为无黏无旋的理想流体，与实际流体存在差异；②实验条件出现偏差，如造波机的精度与控制、浪高仪的测量精度、水槽侧壁和长度的影响等。对比图中不同类型潜堤条件下同一点处的频谱关系可以知道，当潜堤为前斜坡堤（断面形式 III）时，主频能量最大，直立堤（断面形式 I）次之，后斜坡堤（断面形式 II）最小。

由图 5.6 可以看出，当周期为 2s 时，不论潜堤类型为直立堤、前斜坡堤还是后斜坡堤，当波浪传播至堤上（G_3）时，其主频能量突然增大，传播至堤后（G_5）主频能量再次减小，即随着波浪的传播主频能量先增大后减小。无论直立堤还是后斜坡堤，各点处实验结果与数值结果均吻合得很好，但后斜坡堤时，实验结果中的主频能量较数值结果的大，猜测可能是造波机的精度与控制上出现偏差，导致实际生成的波幅比目标波幅 0.038m 大。

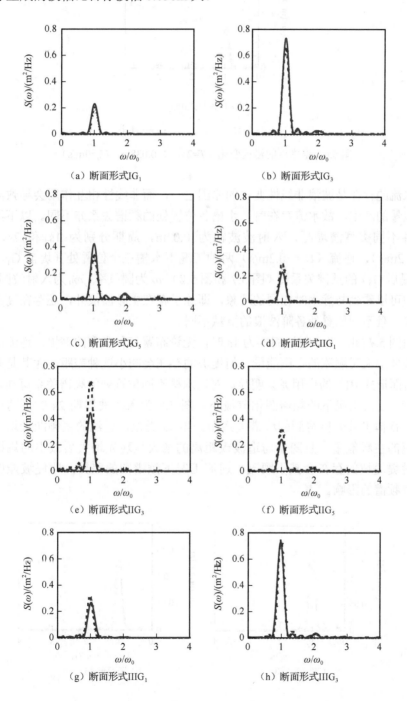

（a）断面形式IG$_1$　　　　　　　　　（b）断面形式IG$_3$

（c）断面形式IG$_5$　　　　　　　　　（d）断面形式IIG$_1$

（e）断面形式IIG$_3$　　　　　　　　　（f）断面形式IIG$_5$

（g）断面形式IIIG$_1$　　　　　　　　　（h）断面形式IIIG$_3$

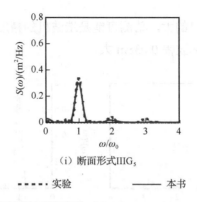

（i）断面形式IIIG$_5$

- - - - - 实验　　　　　—— 本书

图 5.6　谱密度的沿程变化（T=2s，A=0.038m，U_0=0m/s）

　　水流的存在是波浪非线性变化的原因之一，而非线性相互作用会导致高频及低频能量的产生，故水流存在时，水槽各位置处的频谱关系亦不同。以下给出布置三种不同类型潜堤时，入射波波幅为 0.02m，周期分别为 1s 和 2s，顺流（U_0=0.2m/s）、逆流（U_0=-0.2m/s）两种工况下水槽三个位置处（堤前 G$_1$、堤上 G$_3$ 及堤后 G$_5$）的频谱关系图（图 5.7 和图 5.8）。ω 为圆频率，ω_0 为入射波圆频率。从图中可以看到与静水时相同的现象，即除了存在主频波浪外，还存在高频和低频波浪，且不同位置处各阶波浪的贡献不同。

　　由图 5.7 知，当入射波周期为 1s 时，无论布置何种类型的潜堤，逆流的主频能量整体上大于顺流的主频能量。但堤坡的存在会减小这种差距，尤其是前斜坡堤（断面形式 III）的作用尤为明显。对比水槽不同位置处的频谱关系可知，在堤上顺流、逆流工况下的频谱图相差最小。图 5.8 为入射波周期 2s 时不同位置处波面进行傅里叶分析得到的频谱关系图。与 1s 类似，逆流的主频能量均明显大于顺流的主频能量，且随着与造波板距离的增大呈现先增大后减小的规律。同样，潜堤堤坡的存在会减小顺流、逆流工况下频谱图的差异，即堤坡能够减弱水流对频谱的影响。

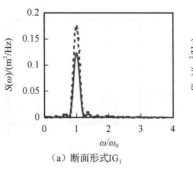

（a）断面形式IG$_1$

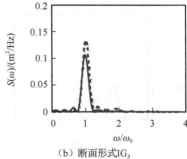

（b）断面形式IG$_3$

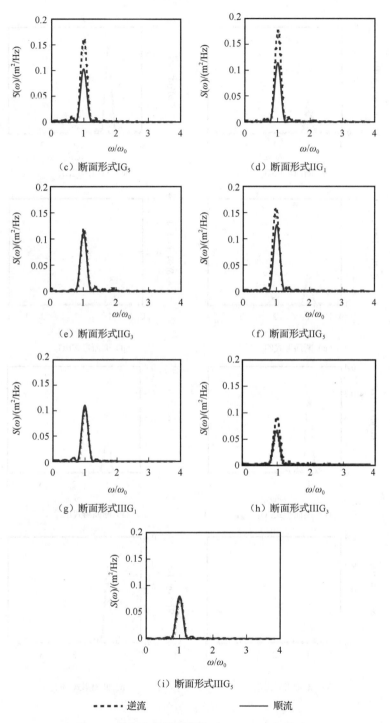

（c）断面形式IG₅　　　　　　　　　（d）断面形式IIG₁

（e）断面形式IIG₃　　　　　　　　　（f）断面形式IIG₅

（g）断面形式IIIG₁　　　　　　　　（h）断面形式IIIG₃

（i）断面形式IIIG₅

- - - - 逆流　　　　　　　——— 顺流

图 5.7　谱密度的沿程变化（T=1s，A=0.02m）

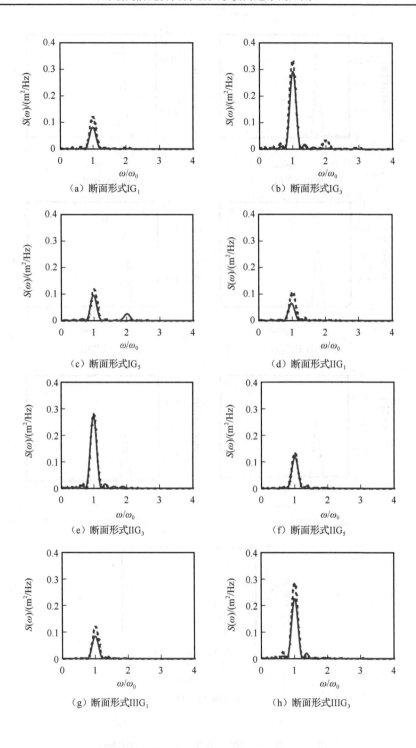

（a）断面形式IG₁

（b）断面形式IG₃

（c）断面形式IG₅

（d）断面形式IIG₁

（e）断面形式IIG₃

（f）断面形式IIG₅

（g）断面形式IIIG₁

（h）断面形式IIIG₃

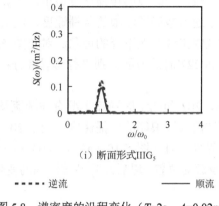

（i）断面形式IIIG$_5$

- - - - - 逆流　　　　　　　　——— 顺流

图 5.8　谱密度的沿程变化（T=2s，A=0.02m）

5.2.3　潜堤及水流的存在对谐波的影响

如前文所述，潜堤及水流的存在是产生非线性波浪和高阶谐波的重要原因。本小节将详细讨论潜堤及水流的存在对谐波的影响。取入射波波高为 0.054m、周期为 2s，分别数值模拟了顺流、静水、逆流工况下布置直立堤时波浪的传播，对一个周期时间序列内的波面位移进行傅里叶变换，进而得到各阶谐波，数值结果见图 5.9。对于布置前斜坡堤（断面形式 III）和后斜坡堤（断面形式 II）的情况，由于分析方法上的重复性，所以在这里省略。

为了充分说明堤前与堤后各阶谐波的分布情况，选定 t=18T 为研究时段。由图 5.9 知，直立堤前存在强烈的反射，反射波对各阶谐波有明显的影响。一阶谐波波幅出现明显的振荡，且随空间呈周期性变化，一阶谐波的最大振幅顺流时较静水时增大，逆流时较静水时减小，说明顺流时反射最强，逆流时反射较弱。反射波由潜堤向左传播，充分传播至某点处时，该处一阶谐波的振荡强烈，故图中一阶谐波的极大振动点的波幅自潜堤向左出现类似逐步衰减的现象。堤前二阶和三阶谐波由于反射波的存在出现类似"毛刺"的振荡现象。水流的存在会影响反射波的传播速度，即顺流时反射波的传播速度最快，静水时次之，逆流时最慢，在图 5.9 中表现为同一时刻（18T 时），顺流时反射波传播至较靠近造波边界的位置而逆流时传播至离造波边界较远的位置。从图中亦可看出，当反射波未传播至某空间位置时，该处的谐波呈现出与平底时相同的变化规律，即顺流时谐波拍长明显增大，一阶谐波的振幅有所减小，逆流时谐波拍长明显减小且一阶谐波的振幅有所增大。堤后，约束谐波开始释放为自由波。从图 5.9（c）可以看出，一阶谐波在离开潜堤较短距离后出现了下降的趋势，在本书模型并未加入耗散机制的情况下出现了类似能量耗散的现象。由 Taylor 等（1992）的分析得知，波流同向时波的传播速度增大，波流反向时波的传播速度最小。本算例取 18T 时的波面进行傅里叶分析，此时由于逆流减慢了波浪的传播速度，波浪还未传播至堤后 10m 范围外，导致一阶谐波波幅出现突然下降的现象。对与图 5.9（c）相同入射波况和潜堤布置情况的 20T 和 22T 时的波面分别进行傅里叶分析，此时前三阶谐波沿程变化见图 5.10。

从图 5.10 可以看出，20T 和 22T 时逆流工况有与顺流及静水时相似的现象，进一步说明逆流减慢了波浪及波浪能的传播速度。当 t=20T 时，从图上可以看出反射波已传播至造波边界处。对比图 5.10（a）和（b）可知，波浪传播的时间越长，波能量传播至堤后越远的位置，堤后高阶谐波波幅的变化越稳定（Chen et al.，2017）。

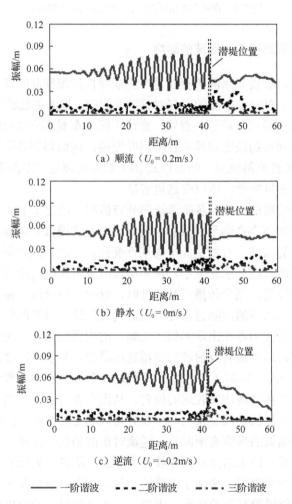

图 5.9　不同工况下前三阶谐波波幅沿程变化（A=0.054m，T=2s）

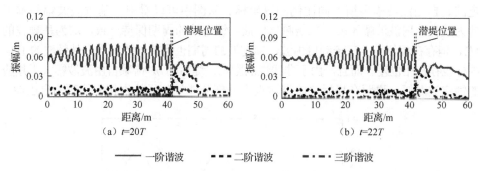

（a）$t=20T$　　　　　　　　　　　　（b）$t=22T$

—— 一阶谐波　　 - - - - 二阶谐波　　 - · - · 三阶谐波

图 5.10　逆流时前三阶谐波波幅沿程变化（$A=0.054$m，$T=2$s，$U_0=-0.2$m/s）

5.2.4　堤后高阶谐波的分离研究

1.　数值模型验证

考虑与 Beji 等（1993）及 Luth 等（1994）相同的模型。静水深取为 0.8m，利用本书模型计算获得堤后一定距离两点处波面时间历程。首先来验证两点法的正确性，考虑入射波波幅为 0.05m，周期为 2.02s，此时波长为 4.912m，将波面表达式（5.7）中的 n 取为 7，分离 $x=25.0$m 处的高倍频自由波。图 5.11 给出了 $x=25.0$m 处的波面随时间变化的本书模型拟合结果与原数值结果的比较。从图中可以看出，本书模型拟合结果与原数值结果吻合得很好，从而说明本书模型可以准确有效地分离堤后的高倍频自由波。

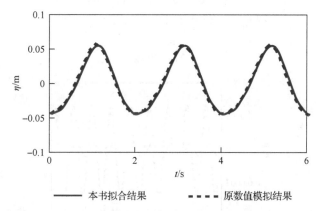

—— 本书拟合结果　　 - - - - 原数值模拟结果

图 5.11　$x=25.0$m 处波面随时间变化的拟合结果和原波面比较
（$A=0.05$m，$T=2.02$s，$h=0.8$m）

图 5.12 给出了 $x=25.0$m 处分离出的基频波、各阶锁定波和自由波的波面时间历程。值得一提的是，图 5.12（b）中由于二阶锁定波波幅太小，所以图中二阶锁

定波、自由波波幅采用不同比例的纵坐标。从图中可以看出：基频波波幅基本保持为线性入射波波幅不变；二倍频自由波、锁定波的周期保持一致，均为基频波的1/2，但存在相位差；三倍频自由波、锁定波的周期也保持一致，均为基频波的1/3，同样也存在相位差。而且，由于非线性的影响，堤后的 n 倍频自由波波幅大于相应的锁定波波幅，说明在堤后高阶谐波很大一部分能量都释放为相应倍频的自由波。

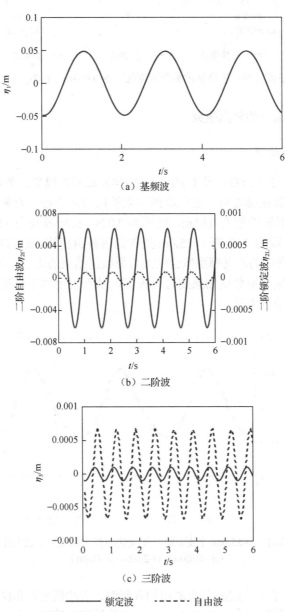

（a）基频波

（b）二阶波

（c）三阶波

────── 锁定波　　------ 自由波

图 5.12　各阶波波面时间历程（A=0.05m，T=2.02s，h=0.8m）

2. 不同入射波要素和水深对堤后高阶谐波产生的影响

首先研究不同入射波周期对堤后自由波产生的影响。潜堤模型依然采用 Beji 等（1993）及 Luth 等（1994）的模型。设置水深 $h=0.8\text{m}$，入射波波幅 $A=0.01\text{m}$，入射波周期 $1.5\text{s}\leqslant T\leqslant 2.2\text{s}$。选取其中六种工况下的波浪，分离出 $x=25.0\text{m}$ 处的自由波进行幅值分析。离散点根据最小二乘法用高次多项式（二倍频自由波采用二次多项式，三倍频自由波采用三次多项式）进行拟合，得出变化规律曲线。结果如图 5.13 所示。可以看出，堤后高倍频自由波波幅随入射波周期的增大而增大，且二倍频、三倍频自由波波幅随周期的增大符合二次和三次多项式的变化规律。随着入射波周期增大，波浪的非线性增强，在堤后释放出更多的自由波，故呈现出如图 5.13 所示的变化规律。

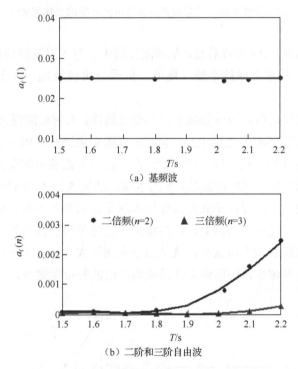

图 5.13　不同入射波周期下基频波和倍频波波幅变化规律（$x=25.0\text{m}$）

然后研究不同入射波波幅对堤后自由波产生的影响。设置水深 $h=0.8\text{m}$，入射波波幅 $0.01\text{m}<A<0.05\text{m}$，入射波周期 $T=2.02\text{s}$。对自由波处理方法如上文所述。结果如图 5.14 所示。二倍频、三倍频自由波的波幅随入射波波幅的增大也符合二次和三次多项式的变化规律，且随着入射波波幅的增大，波浪非线性增强，在堤

后更多的锁定波转化为自由波，在图中表现为堤后高阶自由波波幅逐渐增大。据此可以得到结论：堤后高倍频自由波波幅随着入射波非线性的增强而增大。

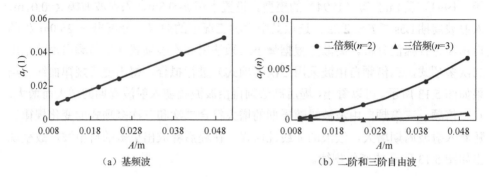

（a）基频波　　　　　　　　　　　（b）二阶和三阶自由波

图 5.14　不同入射波波幅下基频波和各阶自由波波幅的变化规律（$x=25.0$m）

　　从图 5.13 和图 5.14 可以看出，基频波波幅大小与入射波波幅相比，在入射波幅附近波动，基本上保持不变；堤后二倍频自由波波幅均大于三倍频自由波波幅。

　　进一步研究堤后自由波波幅随水深的变化规律，入射波波幅 $A=0.025$m，周期 $T=1.8$s，水深 h 从 0.6m 变化到 1.2m。同样，高阶自由波与基频波的波幅以不同比例分别绘制在图 5.15（a）、（b）中。绘制高阶自由谐波随水深变化规律时，横坐标采用 kh，k 为对应水深时的波数，h 为水深。从图 5.15 可以看出：在保持入射波参数不变的情况下，堤后基频波波幅随水深变化仍然在入射波波幅附近波动，没有明显的变化；堤后二倍频自由波波幅大于三倍频自由波波幅；堤后高倍频自由波波幅随着水深的增大而减小，这是由于水深增大导致堤上水深增大，潜堤对入射波的影响越来越小，进而锁定波转换为自由波的份额更少。

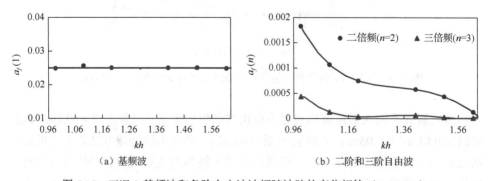

（a）基频波　　　　　　　　　　　（b）二阶和三阶自由波

图 5.15　工况 3 基频波和各阶自由波波幅随波陡的变化规律（$x=25.0$m）

由图 5.13～图 5.15 可知，当水深大于 0.6m 时，分离出的基频波波幅与入射波波幅相比几乎保持不变，但根据能量守恒原理，高倍频自由波能量增大，基频波能量应当减小。对比图 5.13～图 5.15 知二倍频、三倍频自由波波幅较基频波来说很小，甚至相差一个数量级，这样基频波减小的量几乎可以忽略不计，故表现出基频波波幅几乎不受潜堤的影响。

为了突出潜堤的影响，地形布置不变，减小水深，取静水深为 0.4m。入射波周期仍取为 2.02s，为了更好地观察各阶自由波波幅的变化规律，幅值在 0.001m 至 0.03m 之间变换。图 5.16 给出当静水深 $A=0.01$m、$T=2.02$s、$h=0.4$m 时，$x=25.0$m 处的波面随时间变化的本书模型拟合结果与原波面的比较。从图中可以看出，本书模型拟合结果与原数值结果吻合得很好，从而说明本书模型在非线性强的情况下亦可以准确有效地分离堤后的自由波，同时说明本书模型可以准确有效地从各倍频自由波、锁定波分量中逆推出总波面。

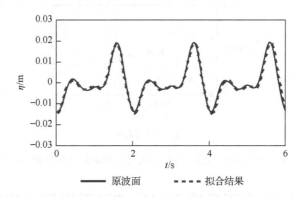

图 5.16　$x=25.0$m 处波面随时间变化的拟合结果和原波面比较
（$A=0.01$m，$T=2.02$s，$h=0.4$m）

从图 5.17（a）可知，当静水深为 0.4m 时，入射波波幅越大，基频波波幅与入射波波幅相比减小的量越大，当入射波波幅增大到一定值后，基频波波幅减小的量达到饱和，此时基频波波幅基本保持不变。从图 5.17（b）、（c）可以观察到与图 5.14（b）相同的现象，即二倍频、三倍频自由波的波幅随着入射波波幅的增大而增大。但与图 5.14（b）相比，从图 5.17（b）、（c）还可以观察到二倍频、三倍频自由波的波幅的饱和现象，即当基频波波幅减小量达到饱和时，高倍频自由波增大的量亦达到饱和，此时二倍频、三倍频自由波的波幅亦基本保持不变。由此可知，当减小静水深时，各阶自由波波幅随入射波参数的变化规律与静水深较大时观察到的一致，即高倍频自由波波幅随着波浪非线性的增强而增加，但随着静水深的减小，潜堤的作用逐渐明显，当达到一定值时堤后自由波增大的能量值与基频波相比已不能忽略，故可以观察到基频波的减小现象，且其减小值在某一条件下会达到最大，此时基频波及高倍频自由波的波幅则会相应地达到饱和，不再增大或减小。

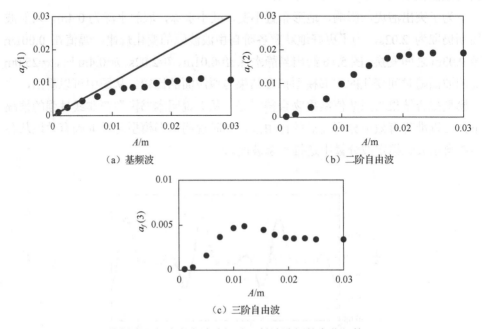

（a）基频波　　　　　　　　　（b）二阶自由波

（c）三阶自由波

图 5.17　基频波和各阶自由波波幅随入射波波幅的变化规律（x=25.0m）

5.3　均匀水流条件下双色波过潜堤地形的情况

进一步考虑均匀水流条件下双色波经过潜堤地形的传播问题。本节采用 Dong 等（2003）的物理模型实验布置，如图 5.18 所示，有一不可渗透的斜坡堤布置在波浪水槽底部。设置静水深 h=0.5m，双色板各波浪成分的幅值 $A_1 = A_2$ =20mm，波浪频率为 f_1=1.05Hz、f_2=0.95Hz，流速 U =6cm/s。时间步长和空间步长分别为 $\Delta t = T_{\min} /80$，$\Delta x = \lambda_{\min} /10$（$T$ 为波浪周期，λ 为波长）。潜体前 x =6.0m 和前斜坡上 x =15.0m 设置两个测点。本节给出了不同水流情况下，两个测点的波浪时间历程图，并与 Dong 等（2003）的实验结果进行对比分析，分别在图 5.19～图 5.21 给出。可以看出本书模型的数值结果与实验结果均吻合较好，显示了本书数值波浪水槽模型对该问题的适用性。

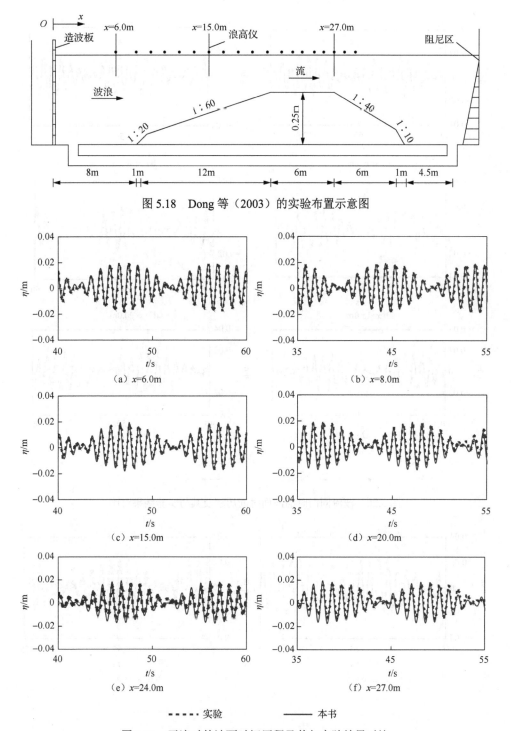

图 5.18　Dong 等（2003）的实验布置示意图

（a）x=6.0m　　　　　　　（b）x=8.0m

（c）x=15.0m　　　　　　　（d）x=20.0m

（e）x=24.0m　　　　　　　（f）x=27.0m

------ 实验　　　　　—— 本书

图 5.19　无流时的波面时间历程及其与实验结果对比

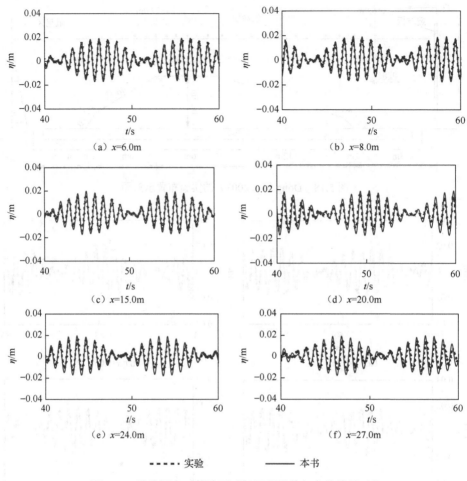

（a）x=6.0m

（b）x=8.0m

（c）x=15.0m

（d）x=20.0m

（e）x=24.0m

（f）x=27.0m

- - - - · 实验 —— 本书

图 5.20 波流同向时的波面时间历程及其与实验结果对比

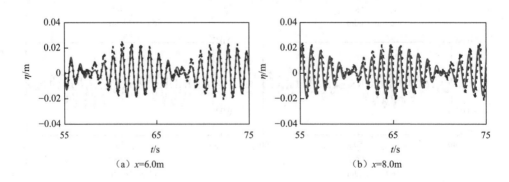

（a）x=6.0m

（b）x=8.0m

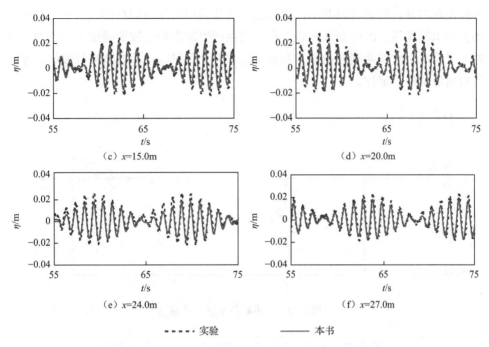

（c）*x*=15.0m　　　　　　　　　　（d）*x*=20.0m

（e）*x*=24.0m　　　　　　　　　　（f）*x*=27.0m

----- 实验　　　　　　—— 本书

图 5.21　波流反向时的波面时间历程及其与实验结果对比

5.4　浸没单圆柱影响下的波浪传播特性

5.4.1　数值模型验证

考虑水槽中规则波与浸没水平圆柱的相互作用问题（Ning et al.，2015）。建立如图 5.22 所示坐标系 *O-xz*，静水面位于 $z = 0$，z 轴向上为正，x 轴向右为正，水槽中放置多个固定淹没圆柱。静水深为 h，圆柱的淹没深度为 h_s，淹没圆柱的半径为 r。Γ_F 为自由水面，Γ_B 为底面和物面，Γ_I 为水槽前端，Γ_O 为水槽后端。

为了验证数值模型的稳定性，考虑一静水深 h=0.45m 的水槽中规则波与淹没水平圆柱的相互作用，水槽长度为 12 倍波长（即 12λ），圆柱半径 r=0.1m，淹没深度 h_s=100mm，在水槽两端设置的阻尼区作用是防止反射对结果造成影响。经过数值收敛性实验选定：时间步长 $\Delta t = T / 60$。共模拟 30 个周期，沿波浪传播和垂直于波浪传播方向网格数分别是 220 和 10，圆柱表面网格数为 20。

图 5.23 给出了入射波周期 T=0.95s、波幅 A=0.01m 的波浪与单个淹没水平圆柱作用时在两个时刻的水槽波面分布图，可以看出计算已经达到稳定。结构上游的波面表现为规则的，而经过与圆柱相互作用后波面变得不再规则，堤后的波面

扭曲变形加剧。明显可以看出，波浪通过潜体后产生了高频自由波成分，这与潜体上方水深变浅、波能会从低频向高频转换产生高阶自由波的说法是一致的。同时可以看出，水槽两端波面未见明显反射，两个阻尼区对反射波吸收很好，证明了数值模型的稳定性。

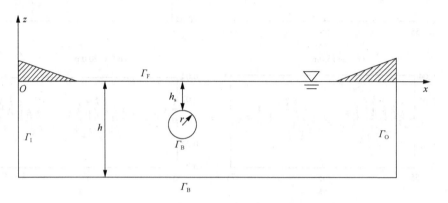

图 5.22　二维数值水槽示意图

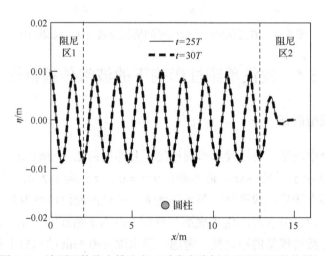

图 5.23　波面沿数值水槽分布（垂直虚线划分出阻尼区的位置）

利用本书模型的计算结果与 Grue（1992）的实验结果进行对比。设置水槽长度为 13 倍波长，静水深 h=0.45m，圆柱半径 r=0.1m，淹没深度（圆柱最高点到静水面的距离）h_s=0.1m，周期 T=0.82s 和 0.95s。采用拉格朗日观点的自由表面边界条件，并在数值水槽两端布置人工阻尼区来防止两端壁面反射对结果造成影响，各阻尼区长度均为 2 倍波长。经过数值收敛性测试，选定时间步长 $\Delta t = T/60$，沿波浪传播和垂直于波浪传播方向网格数分别是 220 和 10，圆柱表面网格数为 20。

图 5.24 是圆柱下游各阶谐波波幅随入射波波幅的变化，以及与 Grue（1992）的实验结果和 Friis 等（1991）的二阶理论解的对比。从图中可以看出，本书计算的基频波波幅、二阶自由波波幅与 Grue（1992）的实验结果吻合较好，二阶锁定波波幅也与 Friis 等（1991）的二阶理论解吻合良好。基频波波幅非常接近于入射波波幅，而无量纲化二阶自由波波幅随着入射波波幅增大而增大，在 A_0=0.024m 时达到饱和值，无量纲化的二阶锁定波波幅随着入射波波幅呈近似线性的增长。该算例中，二阶自由波波幅远小于基频波波幅，但大于二阶锁定波波幅。根据本书四点法分离的结果，从水平圆柱反射的高阶谐波波幅非常小，这与 Grue（1992）的实验结果是一致的。

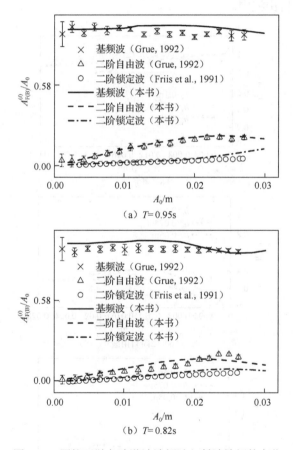

图 5.24　圆柱下游各阶谐波波幅随入射波波幅的变化

5.4.2　淹没深度对高阶谐波的影响

图 5.25 给出了三种淹没深度工况下，无量纲化的基频、二阶及三阶自由波波

幅随入射波波幅的变化情况。静水深 $h=0.45\text{m}$，圆柱半径 $r=0.1\text{m}$，入射波周期 $T=0.82\text{s}$。圆柱的淹没深度 h_s 分别取 0.05m、0.075m 和 0.1m。

　　可以看出，基频波波幅在 $h_s=0.1\text{m}$ 时与入射波波幅比较接近，而后逐渐减小，随着淹没深度的减小，基频波也逐渐减小。对于高阶谐波波幅来说，正好相反，其都是随淹没深度的减小而增大。这一现象表明，潜体上方的浅水效应导致波浪非线性变强，使能量更多地从基频传入高频分量中。在图 5.25（b）中，二阶自由波波幅随入射波波幅先增大至饱和，这时对应了一个入射波波幅的极值点 A_c，这一极值点随淹没深度的增大而增大。图 5.25（c）中的三阶自由波没有明显的极值点 A_c，这表明在淹没深度一定时，入射波波幅较大就会有更多的基频和二阶自由波能量转入三阶自由波中。

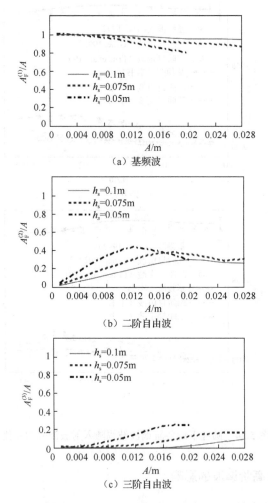

图 5.25　不同淹没深度条件下圆柱下游高阶谐波波幅随入射波波幅变化关系

5.4.3　圆柱尺寸对高阶谐波的影响

图 5.26 给出了三种不同圆柱尺寸条件下圆柱下游的无量纲化的高阶谐波波幅随入射波波幅的变化情况。静水深 h=0.45m，淹没深度 h_s=0.075m，入射波周期 T=0.82s。圆柱的半径 r 分别取 0.05m、0.1m 和 0.2m。

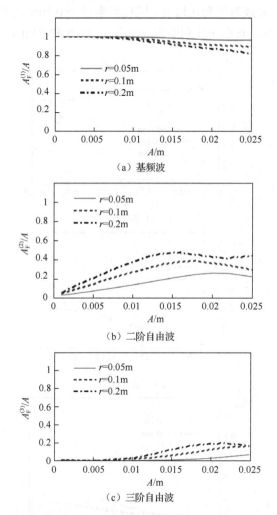

（a）基频波

（b）二阶自由波

（c）三阶自由波

图 5.26　不同圆柱尺寸条件下圆柱下游高阶谐波波幅随入射波波幅变化关系

由图 5.26 可以看出，基频波波幅是随入射波波幅的增大逐渐减小的，且圆柱的尺寸越大，减小越快。对于二阶和三阶自由波波幅，如图 5.26（b）和（c）所示，波幅都随圆柱的尺寸增大而增大，这是因为随着圆柱尺寸的增加，水深突变的区域长度也随之增大，浅水效应使波浪非线性增强，引起潜体下游更多的能量从基频转换为高阶谐波成分。

5.4.4 水深对高阶谐波的影响

图5.27给出了三种不同静水深条件下圆柱下游的无量纲化的基频、二阶及三阶自由波波幅随入射波波幅的变化情况。圆柱的半径 $r=0.1\text{m}$，淹没深度 $h_s=0.075\text{m}$，入射波周期 $T=0.82\text{s}$。静水深分别取为 $h=0.3\text{m}$、0.6m 和 0.9m。

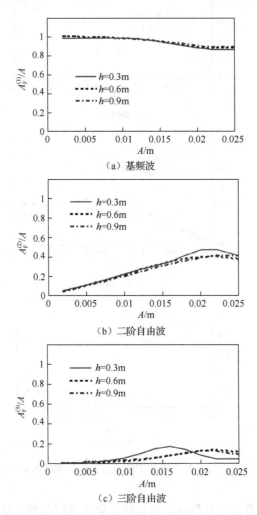

（a）基频波

（b）二阶自由波

（c）三阶自由波

图5.27 不同静水深条件下圆柱下游高阶谐波波幅随入射波波幅变化关系

由图 5.27 可以看出，不同静水深条件下，基频波波幅随入射波波幅变化的差别不大，说明在相同的淹没深度下，潜体下游的基频波与水深的大小无关。这一结论也同样适用于较小入射波波幅时的高阶谐波情况，也就是说，当水深增大到一定程度，水深便不再对高阶谐波特性产生影响，但是当水深小的时候则会加剧波浪的非线性作用。如图 5.27（b）和（c）所示，在 $h=0.3\mathrm{m}$ 时，随着入射波波幅增大，高阶谐波波幅的变化情况发生了改变，与水深较大的条件是不同的，最大分别为入射波波幅的 46%和 20%。

5.5　浸没多圆柱影响下的波浪传播特性

5.5.1　数值模型验证

考虑水槽中规则波与浸没水平圆柱的相互作用问题。建立如图 5.28 所示坐标系 $O\text{-}xz$，静水面位于 $z=0$，z 轴向上为正，x 轴向右为正，水槽中放置多个固定淹没圆柱。静水深为 h，圆柱的淹没深度为 h_{s}，淹没圆柱的半径为 r，圆柱间距为 s。

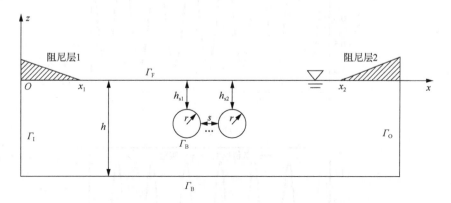

图 5.28　带有浸没潜体的数值波浪水槽示意图（Ning et al.，2017）

物理模型实验在大连理工大学海岸和近海工程国家重点实验室波流水槽中开展，实验室水槽长 69m、宽 2.0m、深 1.8m，为了保证实验的二维效果，沿波浪传播方向将水槽分割成宽度分别为 1.2m 和 0.8m 两部分，实验模型布置在 0.8m 宽实验段。水槽前端装有单向推板造波机，在水槽末端设置有消浪缓坡，降低波浪反射对实验的影响。实验过程中的波面时间历程由 LG-70 型浪高仪进行采集。实验水深统一设置为 0.6m，波浪周期为 0.9～1.1s，入射波波幅范围为 15～50mm，相应波长的范围为 1.26～1.83m。浪高仪 G_1 位于双圆柱上游约一倍波长位置处，G_2 位于圆柱间距中心的正上方。两个模型圆柱的半径 r =0.1m，轴向长度为 0.8m，被放置在水槽实验段，距离造波机约 50m，淹没深度在 0.2～0.4m 变化。计算域长度取 14 倍波长 λ，水槽两端各设置 1.5λ 的阻尼区，第一个潜体距离入射边界 5 倍波长，然后依次按间距 s 布置其他圆柱。沿波浪传播和垂直于波浪传播方向网格数分别是 220 和 12，每个圆柱表面布置 20 个单元，时间步长 $\Delta t = T/60$，每个算例模拟 40 个周期。图 5.29 是双圆柱系统不同测点处的波面时间历程，将计算所得数值模型结果与实验结果进行对比，横坐标 t 通过除以入射波周期 T 进行无量纲化，纵坐标通过除以波幅 A 进行无量纲化。圆柱间距 s 为圆柱直径，入射波周期 T=1.1s，波幅 A=0.03m。通过对比发现，本书数值模型得到的计算结果与实验测量的波面时间历程吻合较好，该模型能够较为准确地对波浪与多潜体的相互作用问题进行模拟。

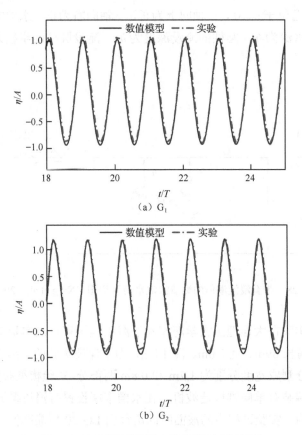

图 5.29　双圆柱不同测点处的波面时间历程

　　考虑入射波周期 $T=0.9$s 和 $T=1.1$s 情况下，规则波与淹没双圆柱的相互作用，取圆柱直径 $D=0.2$m，淹没深度 $h_s=0.2$m，改变圆柱间距。图 5.30 分别给出了两种不同周期下，双圆柱下游高阶谐波波幅随圆柱间距变化及数值模型结果与实验结果的对比。高阶谐波波幅与圆柱间距都采用无量纲化表示，横坐标 s/D 表示圆柱间距 s 与圆柱直径 D 的比值。由图可见，通过数值模型计算得到的基频波稍大于实验结果，这是因为本书模型基于势流理论忽略了流体黏性，流体的黏性效应和流动分离可能影响波浪的透射过程，导致过高的预测透射系数。本书模型对于二阶自由波波幅的计算较为准确，说明黏性效应主要影响透射基频波。总体上来说，本书模型结果与实验结果吻合良好，能够利用本书模型较好地计算双潜体诱发的高阶谐波波幅问题。

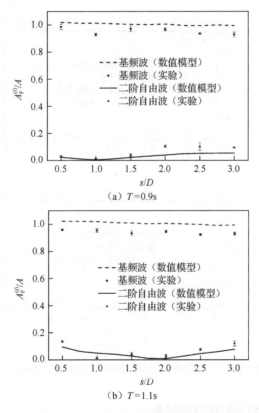

图 5.30　双圆柱下游高阶谐波波幅随圆柱间距变化的分布情况

5.5.2　圆柱间距对高阶谐波的影响

　　为了进一步研究各参数对多潜体下游高阶谐波的影响，作为算例，图 5.31 给出了两种入射周期工况下，双圆柱下游产生的高阶谐波波幅随间距的变化情况，并给出了数值结果同实验结果的对比。横坐标 s/λ 表示圆柱间距 s 与入射波波长 λ 的比值，其中淹没双圆柱的直径 $D=0.2$m，水深 $h=0.6$m，入射波周期 T 分别取 0.9s 和 1.1s。由于本书水槽实验段的长度条件所限，实验中两种工况下 s/λ 分别被限定在 0.48 和 0.33 内。由图 5.31 可以看出，本书模型小幅高估了基频波波幅，而对高阶谐波的模拟较为准确。由于波浪经过与两个潜体的分别作用后产生了具有相位差的高阶谐波成分，这一相位差与双圆柱的尺寸以及间距都有关系，因此，图 5.31 中的二阶自由波波幅随无量纲化圆柱间距 s/λ 呈现出周期性振荡变化的特点，振荡的周期大约为 0.5λ，这与 Patarapanich（1984）发现淹没水平板的反射系数随板长和波长的比值振荡变化的结论是相似的。

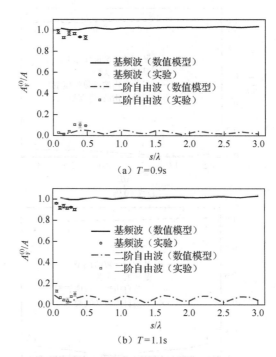

图 5.31   高阶谐波波幅随圆柱间距的变化（$D=0.2$m）

5.5.3   入射波波幅对高阶谐波的影响

图 5.32 给出了入射波波幅 $A=0.02$m、0.03m 和 0.04m 三种工况下，双圆柱下游二阶、三阶自由波波幅随圆柱间距变化关系的比较，可以看出不同入射波波幅工况下各阶自由波波幅都有周期性振荡变化的特点。$A=0.03$m 工况的二阶自由波

波幅最大，A=0.04m 的最小；而三阶自由波波幅则随入射波波幅的增大而增大，这是由于当入射波波幅较大时，有更多的能量从二阶转入三阶当中。

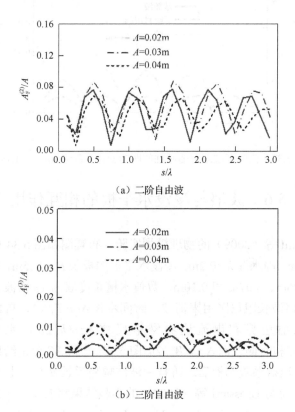

图 5.32　不同入射波波幅工况下，高阶谐波波幅随圆柱间距的变化（D=0.2m）

5.5.4　圆柱尺寸对高阶谐波的影响

为了研究双圆柱尺寸同结构下游高阶谐波特性的关系，保持与上面同样的入射波参数不变，仅将双圆柱的直径增大为 D=0.3m，入射波周期仍为 T=1.1s，水深 h-0.6m，淹没深度取为 h_s=0.2m。图 5.33 给出了该工况下双圆柱下游高阶谐波随圆柱间距的变化情况，其中右侧的纵坐标轴表示无量纲化的三阶自由波波幅 $A_F^{(3)}/A$。可以看出，在增大淹没双圆柱尺寸的情况下，双圆柱下游的高阶谐波依然出现了周期性振荡的现象，且振荡周期也大约为 0.5λ，表明这一振荡现象的存在与潜体的尺寸关联不大。此外，可以看到，三阶自由波波幅随圆柱间距也表现为振荡变化，且与二阶自由波波幅相位相同。

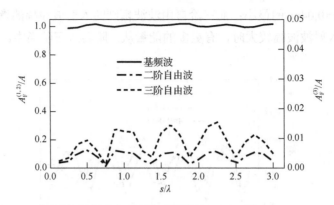

图 5.33　高阶谐波波幅随圆柱间距的变化（D=0.3m，T=1.1s）

5.6　波浪与浸没水平板的相互作用

考虑 Brossard 等（2009）的物理模型实验，布置图如图 5.34 所示。设置入射波波幅 A_0=0.01m，静水深 h=0.2m，浸没水平板的板长 B=0.25m，板厚 W=0.01m，淹没深度 h_s=0.06m、0.07m 和 0.10m。数值水槽长度取为 13 倍波长，水槽前端和末端均布置 2 倍波长阻尼区用来消波。时间步长 $\Delta t = T/40$，自由表面网格尺寸 $\Delta x = \lambda/30$，入射边界和出流边界网格尺寸 $\Delta z = h/20$，水平板上下表面 $\Delta x = B/20$，左侧和右侧表面 $\Delta z = W/2$。图 5.35～图 5.37 分别给出了不同淹没深度下反射系数、透射系数和板后二阶自由波波幅随板长 B 与板上方波长 L_s 的比值的变化关系，以及与 Brossard 等（2009）的实验结果和 Liu 等（2009）基于去奇异化边界积分方程方法（desingularized boundary integral equation method，DBIEM）的数值结果的对比。在图 5.35 中，本书模型结果整体上与实验结果吻合良好，随

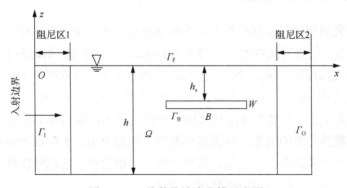

图 5.34　二维数值波流水槽示意图

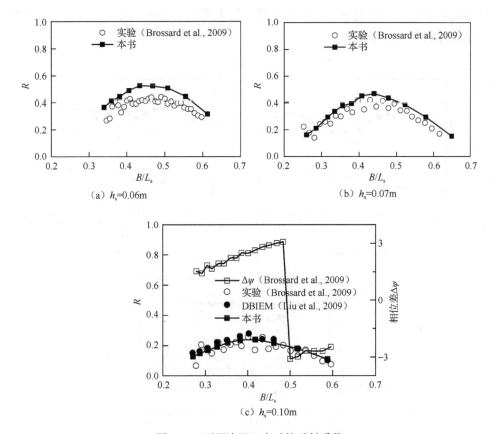

（a）h_s=0.06m

（b）h_s=0.07m

（c）h_s=0.10m

图 5.35　不同淹没深度时的反射系数

着淹没深度的增加，反射系数呈现出减小的趋势。在 h_s=0.06m 时，本书模型结果与实验结果出现一定的偏差，这是由于随着淹没深度的减小，流动分离与能量耗散不断增强。在 h_s=0.10m 时，对应于 T=0.8s，即 B/L_s=0.35，根据相位差的变化情况来看，反射共振现象发生在 B/L_s = 0.5 的位置。

　　在图 5.36 中，反射系数数值模拟的结果相对于实验结果整体向上偏移，且随着淹没深度减小，偏差增大，但透射系数的变化趋势仍与实验结果保持一致。这是因为本书的数值模型基于势流理论，未能考虑流体黏性所引起的能量耗散，而随着淹没深度的减小，能量耗散不断增强，因而本书模型会过高地预测透射系数。对比图 5.35 与图 5.36，可以得到流体黏性对透射影响较大，而对反射影响较小的结论，基于势流理论的模型可以较好地模拟波浪对淹没水平板的反射。在图 5.37 中，数值结果与实验结果吻合较好，二阶自由波波幅也随着淹没深度减小而增加。对比图 5.36 和图 5.37，虽然本书模型未能考虑流体黏性，但仍能够较好地预测二阶自由波波幅，表明透射过程中的能量耗散主要发生在基频波中，而在高阶谐波中的能量耗散则较小。

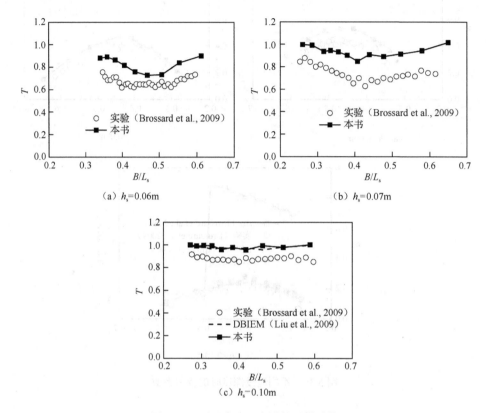

图 5.36　不同淹没深度时的透射系数

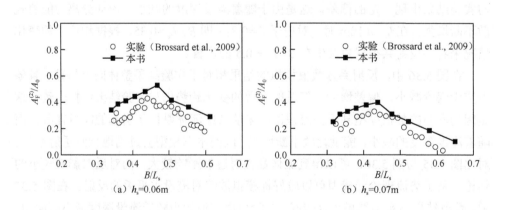

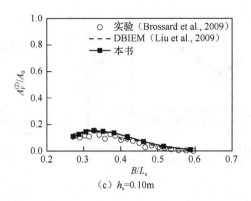

图 5.37　不同淹没深度时的透射二阶自由波波幅

　　进一步用数值波浪水槽再现 Liu 等（2009）的物理模型实验结果。设置波幅 A_0=0.01m，静水深 h=0.3m，板长 B=0.6m，板厚 W=0.01m，淹没深度 h_s=0.10m 和 0.15m。水平板上下表面 $\Delta x = B/50$，其他网格尺寸和时间步长与上一算例相同。图 5.38～图 5.40 分别给出了不同淹没深度下反射系数、透射系数和板后二阶自由波及锁定波波幅随板长 B 与板上方波长 L_s 比值的变化关系，并与 Liu 等（2009）的实验结果和基于 DBIEM 的数值结果进行对比。由图可见，计算所得反射系数与实验和文献数值结果吻合良好，透射系数则被数值模型较高地估计，但总体的变化趋势与实验结果相同。本书模型预测的二阶自由波和锁定波波幅与实验结果吻合良好。一般来说，二阶自由波波幅远大于二阶锁定波波幅。

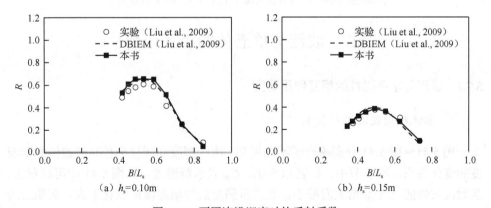

图 5.38　不同淹没深度时的反射系数

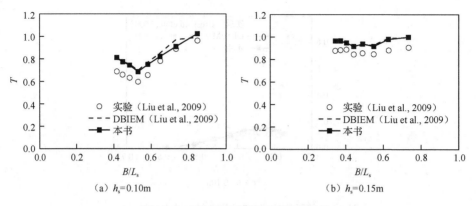

图 5.39 不同淹没深度时的透射系数

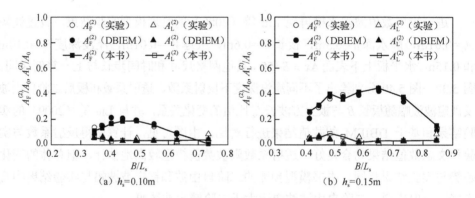

图 5.40 不同淹没深度时的二阶谐波波幅
[实验和 DBIEM 的数据来源于 Liu 等（2009）的研究]

5.7 波流与单潜体的相互作用

5.7.1 波流与水平圆柱的相互作用研究

1. 水流对谐波波幅的影响

图 5.41～图 5.43 分别给出了不同周期、淹没深度和圆柱半径时谐波波幅随流度的变化关系。本小节中，U 表示流速，C_{g0} 表示群速度。从图 5.41 中可以看出，基频波波幅随 U/C_{g0} 增大而减小，且二阶锁定波波幅随流速变化不大，表明二阶锁定波对流速的变化不太敏感。二阶自由波波幅则随 U/C_{g0} 的增大先增大到一个极大值，然后逐渐减小。二阶自由波波幅在 $U/C_{g0}=-0.1$ 附近取得极大值，当 U/C_{g0} 继续减小时，二阶自由波波幅突然减小，这是由于二阶自由波接近于阻塞条件。

实际上，当 U/C_{g0}=-0.2 时，圆柱处的流速 U=-0.294m/s，大于二阶自由波的相对群速度 $C_{gr}^{(2)}$ =0.251m/s，说明二阶自由波已被阻塞。对比二阶锁定波与二阶自由波的变化，可知水流对二阶自由波的影响明显大于二阶锁定波。对比图 5.41（a）与（b），同样可以看到 T=0.95s 时的二阶自由波波幅明显大于 T=0.82s 的值。在图 5.42 中，增大淹没深度后，谐波波幅呈现出类似的规律，但二阶自由波波幅明显减小，随流速的变化也趋于平缓，表明增大淹没深度能够减小水流对二阶自由波波幅的影响。在图 5.43 中，增大圆柱半径，基频波波幅略微减小，二阶自由波波幅则有所增大，且随流速变化更加敏感，峰值位置也向右偏移。这是由于圆柱半径增大，圆柱与波浪的相互作用增强，同时圆柱处的流速也会增大，导致更多的能量从基频波传递到高频波。

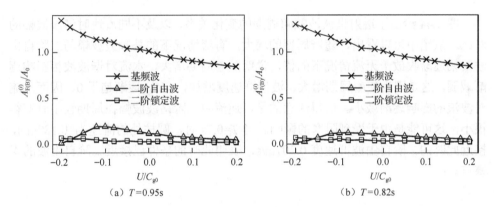

图 5.41　不同周期时透射的谐波波幅随流速变化（A_0=0.01m）

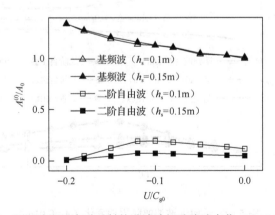

图 5.42　不同淹没深度时透射的谐波波幅随流速变化（A_0=0.01m）

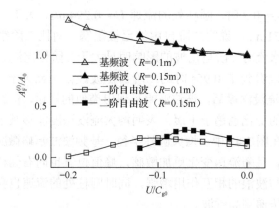

图 5.43　不同圆柱半径时透射的谐波波幅随流速变化（A_0=0.01m，h_s=0.1m）

　　图 5.44 给出了透射谐波波幅随周期的变化关系，以及不同流速时谐波波幅的对比。从图中可以看出，随着周期的增大，有流情况下的基频波波幅与二阶自由波波幅逐渐收敛于无流情况下的值，说明随着周期增大，水流对谐波波幅影响逐渐减弱。这是因为随着周期增大，波浪群速度增加，U/C_{g0} 逐渐趋于 0，因而水流对波浪的影响逐渐减小。值得注意的是，逆流中二阶谐波波幅在周期较小时变得很小，这可能是由于受到阻塞的影响。当 T=0.7s 时，圆柱处的流速为-0.180m/s，接近此时的二阶自由波群速度 0.207m/s，表明此时的条件已接近二阶自由波的阻塞点。

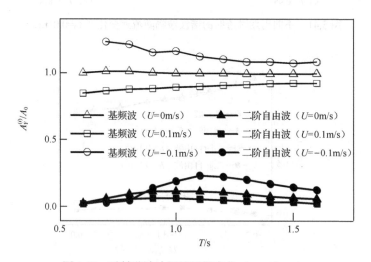

图 5.44　透射谐波波幅随周期变化（A_0=0.01m）

2. 水流和淹没深度对二阶自由波的影响

本小节主要研究水流和淹没深度对二阶自由波的影响，分析可能影响二阶自由波共振（幅值达到极值）的主要因素。在图 5.44 中，二阶自由波波幅并未随周期增大而持续增大，而是在 $T=1.1\text{s}$ 附近取得极大值，这表明二阶自由波波幅可能与水流的共振有关。为了更好地分析二阶共振的机理，图 5.45 给出了无流情况下圆柱下游二阶自由波波幅随图 5.45（a）圆柱直径与圆柱上方二阶锁定波波长比值及图 5.45（b）圆柱直径与圆柱上方二阶自由波波长比值的变化关系，以及不同淹没深度下变化的对比。从图中可以看出，随着淹没深度的增加，二阶自由波波幅不断减小，这是因为淹没深度增大，非线性减弱，导致从基频波传递到高频波的能量减少。比较图 5.45（a）和（b），对应于无量纲化二阶自由波波幅的峰值位置，$D/\lambda_\text{F}^{(2)}$ 比 $D/\lambda_\text{B}^{(2)}$ 更加分散，暗示二阶共振可能与 $D/\lambda_\text{F}^{(2)}$ 的值有着密切的关联。这与 Brossard 等（2009）的二阶分析是一致的。事实上，当规则波传播经过淹没结构物时，非线性浅水效应会产生高阶谐波，而这些高阶谐波在结构上方主要是锁定波，当这些高阶谐波传播到深水区域后，就会释放出高阶的自由波。因此认为二阶自由波共振与圆柱上方的锁定波有关。随着淹没深度的增加，峰值所对应的位置不断向左偏移，这可能和 $\lambda_\text{B}^{(2)}$ 的计算方法有关，因为 $\lambda_\text{B}^{(2)}=\pi/k$，而圆柱上方的水深在不断变化，采用淹没深度 h_s 计算波数 k，这可能会引起一定的误差。

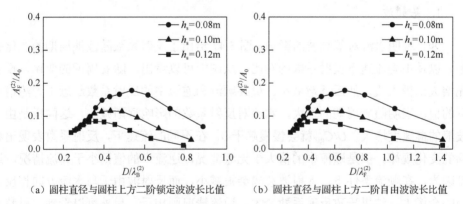

（a）圆柱直径与圆柱上方二阶锁定波波长比值　　　（b）圆柱直径与圆柱上方二阶自由波波长比值

图 5.45　透射的二阶自由波波幅随圆柱直径与波长比值变化（$A_0=0.01\text{m}$，$U=0$）

图 5.46 给出了不同流速下透射的二阶自由波波幅随圆柱直径与圆柱上方二阶锁定波波长比值的变化关系。对比图 5.45（a）与图 5.46（a）、（b），可以得到两个主要的特征：①水流对二阶自由波波幅有明显的影响。同一淹没深度时，逆流情况下无量纲化的二阶自由波峰值接近于无流中峰值的两倍，而无流中的二阶自由波峰值也接近于顺流中的两倍。②较小的淹没深度会使对应于峰值的 $D/\lambda_\text{B}^{(2)}$ 向右偏移，较大的淹没深度则恰好相反。

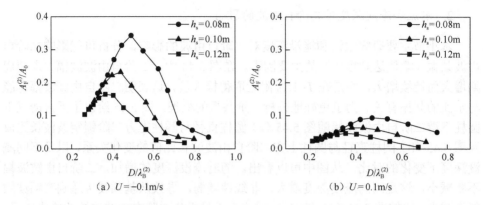

图 5.46　透射的二阶自由波波幅随圆柱直径与圆柱上方二阶锁定波波长比值的变化
（A_0=0.01m）

5.7.2　波流与水平薄板的相互作用研究

考虑 Brossard 等（2009）的算例，建立波流混合场，以纯波浪情况下的实验或数值结果作为参考，重点研究水流对一阶和二阶自由波的影响。保持静水深 h=0.2m，A_0=0.01m，其他变化的参数分别在各算例中给出。

1. 基频波

为了说明水流对基频波的影响，图 5.47 给出了反射系数随波浪周期的变化关系，以及不同流速下反射系数的对比。从图中可以看出，随着周期的变化，反射先增大到极大值，然后逐渐减小，最终顺流和逆流中的反射系数趋近于无流情况下的值，表明随着周期的增大，水流对反射系数的影响逐渐减小，这同样是由于波浪的群速度增大，U/C_{g0} 就会慢慢趋于 0。在不同的流速下，反射系数表现出相同的变化规律，但是顺流中的值大于无流情况，逆流中的值则小于无流情况。这是因为，在顺流条件下，入射波波幅会被减小，而反射波由于与水流方向相反，波幅会增大，结果导致反射系数变大，逆流情况则相反。另外可以看到，虽然不同流速下，反射系数的极大值不同，但是极大值所发生的位置，即对应的周期，基本是一致的，表明水流主要影响反射系数极大值的大小，而对其发生的位置影响不大。这和 Rey 等（2011）的实验结果是一致的。这个结果说明，为特定频率范围设计的结构尺寸在不同的流速下仍能保持其有效性。对比图 5.47（a）和（b），可以看到反射系数随着淹没深度的增加而减小。

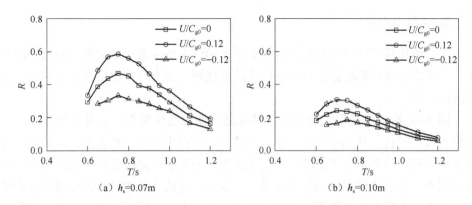

(a) h_s=0.07m   (b) h_s=0.10m

图 5.47   反射系数随周期的变化（B=0.25m，C_{g0} 为 T=0.75s 时纯波浪的群速度）

　　图 5.48 是反射系数随板长的变化关系，以及不同流速下反射系数的对比。从图中可以看出，随着板长的增加，反射系数在极大值与极小值间振荡变化。事实上，波浪对淹没水平板总的反射包括前边缘、后边缘和板的下方的反射。当板两端的反射在板的前端同相位时，基频波处于共振，此时反射系数达到极大值；当板两端的反射在板的前端相位相反，总的反射趋近于 0。因此板两端反射的干涉效应是造成反射系数振荡的主要原因。反射系数的极大值与极小值呈现同图 5.47 相似的特征，极值的位置对流速的变化也不敏感，这是多普勒补偿效应（compensating Doppler effects）的缘故。以逆流情况为例，由于水流的影响，入射波波数增大，而反射波波数会减小，因此波浪在板上方经过一个往返后，板两端的反射在板前端的相位差接近于无流情况。水流对相位差影响小，导致相同的干涉效果，即在相同的位置取得极大值与极小值。

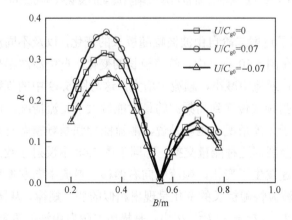

图 5.48   反射系数随板长的变化（T=0.75s，h_s=0.10m）

2. 二阶自由波

当波浪传播经过淹没水平板时，非线性的浅水效应会引入大量的短波到流体中，为了更好地理解波浪在水流中的非线性变形，本小节主要研究水流对二阶自由波的影响。

图 5.49 给出了透射二阶自由波波幅随周期的变化关系，以及不同流速下二阶自由波的对比。从图中可以看出，逆流中二阶自由波极大值大于无流情况，而顺流中的极大值则小于无流情况，这主要是因为入射基频波波幅被逆流增大，被顺流减小。自由波极大值的位置也发生了改变，逆流情况相对于无流情况向右偏移，顺流情况则是向左偏移，表明水流对二阶自由波的影响大于基频波。另外，对比图 5.49（a）和（b），可以发现随着淹没深度的增加，二阶自由波波幅明显减小。

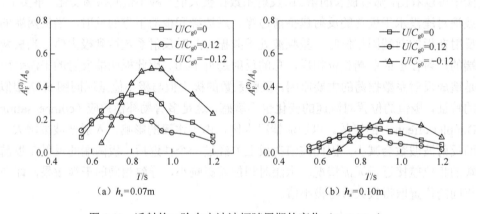

（a）h_s=0.07m　　　　　（b）h_s=0.10m

图 5.49　透射的二阶自由波波幅随周期的变化（B=0.25m）

图 5.50 给出了透射二阶自由波波幅随板长的变化，以及不同流速时二阶自由波波幅的对比。在图 5.50（a）中，随着板长的变化，自由波波幅呈现出振荡的变化特征，且峰值在逆流中减小，顺流中增大，这与图 5.49 中的规律恰好相反。这是因为顺流中从基频波传递到高频波的最大能量大于无流情况，而逆流中能传递的最大能量则小于无流情况。也就是说，顺流能加强基频模态与高频模态的能量交换，而逆流则会削弱这种能量交换。不同于图 5.48 中反射系数的特征，自由波波幅的位置随流速发生了变化，顺流中向右偏移，逆流中向左偏移，但是不同流速下，二阶自由波波幅随板长的变化呈现出相似的变化规律。从图 5.50（b）可以看出，二阶拍长 $L_b^{(2)}$（$L_b^{(2)}=2\pi/(k^{(2)}-2k^{(1)})$）是描述二阶自由波的重要参数。

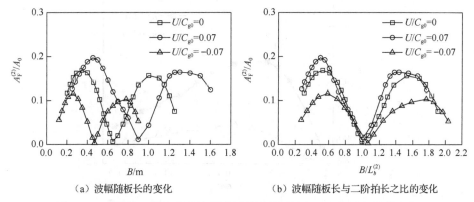

（a）波幅随板长的变化　　　　　　（b）波幅随板长与二阶拍长之比的变化

图 5.50　透射的二阶自由波波幅随板长以及板长与二阶拍长之比的变化
（h_s=0.10m，T=0.75s）

　　类似于图 5.48 中反射系数的共振状态，透射的二阶自由波波幅随板长变化达到极大值的现象定义为二阶共振，如图 5.51 所示。在图 5.37（c）中，二阶自由波的最大值并未处于共振状态。从图 5.51 可以看出，当周期 T=0.85s 时，共振条件下的二阶自由波波幅为入射波波幅的 0.27 倍。在图 5.51 中，共振条件下的二阶自由波波幅随着周期增大而增大，这是由于二阶自由波与二阶拍长有着密切的关系，更大的二阶拍长会促进基频波与高频波之间的能量交换。

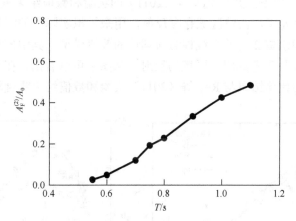

图 5.51　共振条件下透射的二阶自由波波幅随周期的变化（U=0，h_s=0.10m）

　　图 5.52 给出了透射的二阶自由波波幅随流速与纯波浪群速度比值的变化关系，以及不同淹没深度时的对比。从图中可以看出，逆流对二阶自由波的影响大于顺流，随着淹没深度的减小，水流对二阶模态的影响增强，自由波波幅增大，其峰值的位置向左偏移。

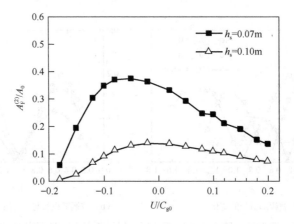

图 5.52　透射的二阶自由波波幅随 U/C_{g0} 的变化（T=0.75s，B=0.25m）

3. 水平板的水动力荷载

本小节考虑 Rey 等（2011）的模型实验，设置静水深 h =3.0m，波幅 A_0 在 0.03～0.22m，板厚 W =0.1m，板长 B =1.53m，淹没深度 h_s =0.5m。时间步长 $\Delta t = T/40$，自由表面网格尺寸 $\Delta x = \lambda/25$，入射边界和出流边界网格尺寸 $\Delta z = h/20$，水平板上下表面 $\Delta x = B/90$，水平板左右侧表面 $\Delta z = W/2$。

图 5.53～图 5.55 分别给出了水平力、垂向力和力矩的无量纲化幅值随无量纲化波数 kh 的变化关系，并与 Rey 等（2011）的实验和数值结果进行对比。在 Rey 等（2011）的研究中，消波区域存在反射，用来模拟实际中的海岸或海洋结构的反射，模型 1 和模型 2 为基于线性势流理论的数值模型，其中模型 1 不考虑阻尼区域的反射，模型 2 考虑阻尼区域的反射。从图中可以看出，在无水流条件下，本书数值模型的计算结果与 Rey 等（2011）实验和数值结果吻合较好。在有水流

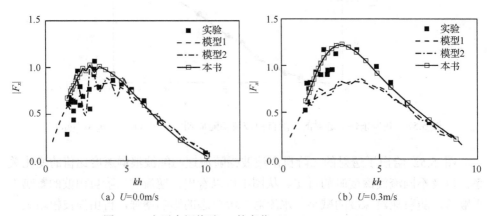

（a）U=0.0m/s　　　　　　　　（b）U=0.3m/s

图 5.53　水平力幅值随 kh 的变化（$|F_x| = F_x/(\rho g A_e W)$）

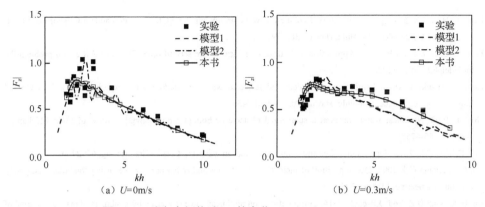

（a）$U=0\text{m/s}$　　　　　　　（b）$U=0.3\text{m/s}$

图 5.54　垂向力幅值随 kh 的变化（$|F_z|=F_z/(\rho g A_e B)$）

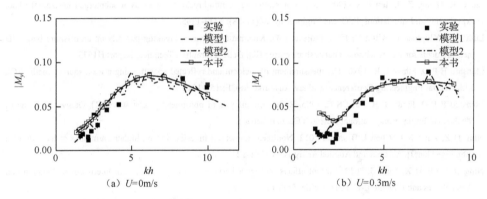

（a）$U=0\text{m/s}$　　　　　　　（b）$U=0.3\text{m/s}$

图 5.55　力矩幅值随 kh 的变化（$|M_y|=M_y/(\rho g A_e B^2)$）

条件下，实验中消波区域的反射变得很小，水平力、垂向力和力矩无明显的振荡变化，本书模型结果与实验结果吻合较好，验证了模型的正确性。水平力、垂向力和力矩随着 kh 的变化呈现出先增大后减小的变化规律。

参 考 文 献

陈丽芬, 宁德志, 滕斌, 等, 2011. 潜堤后高阶自由谐波的研究[J]. 海洋学报(中文版), 33(6): 165-172.

林红星, 宁德志, 滕斌, 等, 2013. 非线性波浪对淹没水平板作用的模拟研究[C]//中国海洋工程学会. 第十六届中国海洋(岸)工程学术讨论会论文集(上册). 北京. 海洋出版社: 569-575.

Beji S, Battjes J A, 1993. Experimental investigation of wave propagation over a bar[J]. Coastal Engineering, 19(1-2): 151-162.

Brossard J, Hemon A, Rivoalen E, 2000. Improved analysis of regular gravity waves and coefficient of reflexion using one or two moving probes[J]. Coastal Engineering, 39(2): 193-212.

Brossard J, Perret G, Blonce L, et al., 2009. Higher harmonics induced by a submerged horizontal plate and a submerged rectangular step in a wave flume[J]. Coastal Engineering, 56(1): 11-22.

Chen L F, Ning D Z, Teng B, et al., 2017. Numerical and experimental investigation of nonlinear wave-current propagation over a submerged breakwater[J]. Journal of Engineering Mechanics, 143(9): 04017061.

Dong G H, Ma X Z, Teng B, et al., 2003. Evolution of wave groups on slope[C]. 13th International Offshore and Polar Engineering Conference, Honolulu, Hawaii: 385-391.

Friis A, Grue J, Palm E, 1991. Application of Fourier transform to the second order 2D wave diffraction problem[R]. Philadelphia, USA: SIAM.

Goda Y, Suzuki T, 1976. Estimation of incident and reflected waves in random wave experiments[C]. 15th Coastal Engineering Conference, Honolulu, Hawaii: ASCE: 828-845.

Grue J, 1992. Nonlinear water waves at a submerged obstacle or bottom topography[J]. Journal of Fluid Mechanics, 244(11): 455-476.

Li F C, Ting C L, 2012. Separation of free and bound harmonics in waves[J]. Coastal Engineering, 67: 29-40.

Lin C Y, Huang C J, 2004. Decomposition of incident and reflected higher harmonic waves using four wave gauges[J]. Coastal Engineering, 51(5-6): 395-406.

Lin H X, Ning D Z, Zou Q P, et al., 2014. Current effects on nonlinear wave scattering by a submerged plate[J]. Journal of Waterway, Port, Coastal, and Ocean Engineering, 140(5): 04014016.

Liu C R, Huang Z H, Tan S K, 2009. Nonlinear scattering of non-breaking waves by a submerged horizontal plate: experiments and simulations[J]. Ocean Engineering, 36(17-18): 1332-1345.

Luth H R, Klopman R, Kitou N, 1994. Projects 13G: Kinematics of waves breaking partially on an offshore bar, LVD measurements for waves without a net onshore current[R]. Delft Hydraulics, Technical Report H1573.

Mansard E P D, Funke E R, 1980. The measurement of incident and reflected spectra using a least squares method[C]. 17th Coastal Engineering Conference, Sydney, Australia: ASCE: 154-172.

Mansard E P D, Funke E R, Sand S E, 1985. Reflection analysis of non-linear regular waves[R]. Ottawa: Division of Mechanical Engineering, National Research Council Canada.

Ning D Z, Zhuo X L, Chen L B, et al., 2012. Nonlinear numerical investigation on higher harmonics at lee side of a submerged bar[J]. Abstract and Applied Analysis, 2012: 1-12.

Ning D Z, Lin H X, Teng B, 2013. Current effects on higher harmonic waves[C]. The 28th International Workshop on Water Waves and Floating Bodies, Marseille, France.

Ning D Z, Lin H X, Teng B, et al., 2014. Higher harmonics induced by waves propagating over a submerged obstacle in the presence of uniform current[J]. China Ocean Engineering, 28(6): 725-738.

Ning D Z, Li Q X, Viola I M, 2015. Numerical investigation of nonlinear wave interaction with a submerged object[C]. 6th International Conference on Computational Methods in Marine Engineering, Rome, Italy.

Ning D Z, Chen L F, Zhao M, et al., 2016. Experimental and numerical investigation of the hydrodynamic charateristics of submerged breakwaters in waves[J]. Journal of Coastal Research, 32(4): 800-813.

Ning D Z, Li Q X, Chen L F, et al., 2017. Higher harmonics induced by dual-submerged structures[J]. Journal of Coastal Research, 33(3): 668-677.

Ning D Z, Li X, Zhang C W, 2018. Nonlinear simulation of focused wave group action on a truncated surface-piercing structure[J]. Journal of Marine Science and Application, 17(3): 362-370.

Ning D Z, Chen L F, Lin H X, et al., 2019. Interaction mechanism among waves, currents and a submerged plate[J]. Applied Ocean Research, 91: 101911.

Patarapanich M, 1984. Maximum and zero reflection from submerged plate[J]. Journal of Waterway, Port, Coastal, and Ocean Engineering, 110(2): 171-181.

Rey V, Touboul J, 2011. Forces and moment on a horizontal plate due to regular and irregular waves in the presence of current[J]. Applied Ocean Research, 33(2): 88-99.

Taylor R E, Chau F P, 1992. Wave diffraction theory: some developments in linear and nonlinear theory[J]. Journal of Offshore Mechanics and Arctic Engineering, 114(3): 185-194.

第6章 波浪作用下多浮体间窄缝内的水体共振

超大型浮式结构是有效利用海洋空间资源的一种重要工程概念，多由若干浮式模块组成，各个模块之间通常存在相对模块特征长度更小的窄缝。缝隙内的水体在某些频率波浪的激励作用下会发生共振现象，诱发很大的波浪爬高和荷载，对浮式结构和海上作业安全带来很大的威胁。窄缝内强烈的水体运动也会影响结构前后的波浪场特性。除此之外，窄缝中的水体共振现象也常见于海上多船体并靠补给、浮式码头、浮式防波堤等场景。研究与多浮体相关的窄缝共振特性对预报海洋建筑物的水动力性能有很重要的现实意义。本章将介绍利用时域高阶边界元方法针对多浮体间窄缝内水体共振问题而开展的研究。

6.1 规则波与双浮箱的相互作用

6.1.1 数值模型验证

国内外学者关于波浪与带窄缝双浮体结构相互作用的问题做了大量研究工作。比如物理模型实验方面，Saitoh 等（2006）对不同入射波作用下两个固定方箱之间窄缝的波高变化进行了实验研究，发现窄缝内最大共振波高可以达到入射波波高的 5 倍，共振频率和共振波高与箱体的吃水和窄缝宽度呈一定的函数关系。Miao 等（2001）采用渐近匹配法研究了带窄缝二维双箱的共振现象，指出了共振频率与方箱的吃水和窄缝宽度的关系。在数值模拟方面，Li 等（2016）研究了双浮体垂荡伴随的窄缝共振现象，提出了一种通过分析窄缝中水体自由振荡来预报窄缝共振频率的方法。

由于窄缝宽度相比于窄缝长度尺度很小，任意截面波浪作用效果基本相同，因此可简化为二维模型。建立如图 6.1 所示的数值波浪水槽。图中 h 为水槽静水深，L 为阻尼区长度，B 为箱体宽度，D 为箱体吃水，两箱体间窄缝的宽度定义为 B_g，N 为箱体个数，$N=2$ 时即为本节考虑的双浮箱问题。考虑问题一般性，假定各个箱体的宽度、吃水和缝隙宽度均相同，考虑规则波浪与具有窄缝的多固定箱体相互作用问题。波浪由域内源造波法产生，造波源所产生的水平流速由二阶斯托克斯速度解析解确定（宁德志等，2017）。

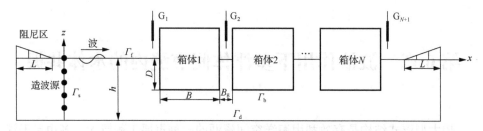

图 6.1　带多个浮体的数值波浪水槽示意图

　　自由水面满足完全非线性动力学和运动学边界条件。本小节采用拉格朗日方法更新自由水面，并在计算域的上游和下游区域的自由水面分别布置阻尼系数为 μ_1 的人工阻尼区来吸收从结构反射回来的波浪与出流波浪。为了模拟由涡旋脱落和流动分离引起的黏性耗散，本小节参照 Kim（2003）模拟自振频率下容器内液体晃荡黏性耗散的方法，在窄缝内布置阻尼系数为 μ_2 的人工阻尼区，来模拟窄缝内由涡旋和分流引起的能量耗散。加入阻尼系数后，自由表面边界条件可以写为

$$\frac{\partial \eta}{\partial t} = -\frac{\partial \phi}{\partial x}\frac{\partial \eta}{\partial x} + \frac{\partial \phi}{\partial z} + \kappa_1\left(-\mu_1\eta\right) + \kappa_2\left(k\mu_2^2\phi\right) \tag{6.1}$$

$$\frac{\partial \phi}{\partial t} = -\frac{1}{2}\nabla\phi\cdot\nabla\phi - g\eta + \kappa_1\left(-\mu_1\phi\right) + \kappa_2\left[-2\mu_2\left(gk\right)^{1/2}\phi\right] \tag{6.2}$$

通过引入 $-\mu_1\eta$ 和 $-\mu_1\phi$ 实现阻尼区的模拟，在阻尼区内取值 $\kappa_1 = 1$，在非阻尼区内取值 $\kappa_1 = 0$。窄缝中的阻尼效应由 $k\mu_2^2\phi$ 和 $-2\mu_2\left(gk\right)^{1/2}\phi$ 决定。其中 μ_2 是阻尼区内的人工阻尼系数。在窄缝内取值 $\kappa_2 = 1$，在窄缝外取值 $\kappa_2 = 0$。

　　本节考虑 Saitoh 等（2006）和 Iwata 等（2007）关于波浪与两箱体以及三箱体相互作用的物理模型实验。选用与模型实验相同的布置，设置水槽静水深 $h = 0.5\text{m}$，箱体宽度 $B = 0.5\text{m}$，吃水 $D = 0.252\text{m}$，入射波波高 $H_0 = 0.024\text{m}$，Iwata 等（2007）的实验中三箱体间两窄缝宽度均为 $B_g = 0.05\text{m}$。在数值模拟中，在窄缝内自由水面布置 2 个单元，计算域长度取 7.5 倍波长，在水槽的左右两端各布置 1.5 倍波长的阻尼区，造波源位于 $x = 0$ 处，箱体 1 左侧面边界位于距离造波源 2.5 倍波长的位置，然后依次按 B_g 调整箱体 2 和箱体 3 的位置。时间步长 $\Delta t = T/60$，每个算例模拟 30 个周期。考虑两箱单缝的情况，即 $N = 2$。图 6.2 给出两箱体间窄缝宽度 $B_g = 0.05\text{m}$ 和 $B_g = 0.07\text{m}$ 时，窄缝内无量纲化波高 H_g/H_0 与入射波波数 kh 的关系，并且与 Saitoh 等（2006）的实验结果以及 Lu 等（2011）黏性流模型的结果进行对比。数值计算中，波数步长选取为 $\Delta kh = 0.1$，在共振频率附近步长

$\Delta kh = 0.05$。窄缝中间水面的人工阻尼系数选取了一系列不同的数值，图中分别给出了 μ_2 =0.02、0.03 和 0.04 三种数值的结果。波高 H_g 为波峰与波谷的差值，即 $H_g = \eta_{cr} - \eta_{tr}$。通过对比可以看出，除了共振频率附近，本书三种阻尼系数的结果基本相同，与实验吻合得都很好，当阻尼系数取为 μ_2 =0.03 时，所得结果与实验结果在共振频率附近吻合得最好。当窄缝宽度 B_g =0.05m 时，两箱体之间窄缝内数值模拟波面高在 kh=1.60 时达到最大，也即窄缝内流体发生共振，波高为入射波波高的 5.2 倍。当窄缝宽度 B_g =0.07m 时，两箱体之间窄缝内数值模拟波面高在 kh=1.50 时达到最大，波高为入射波波高的 5.0 倍。

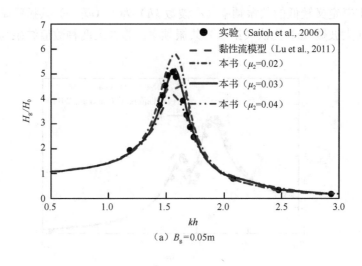

（a）B_g=0.05m

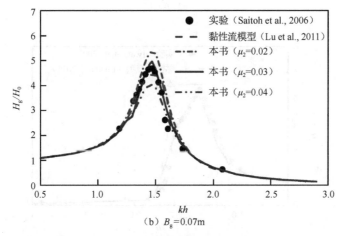

（b）B_g=0.07m

图 6.2　两箱体时窄缝内波高随波数的分布

图 6.3 给出了窄缝宽度 B_g 为 0.05m 情况下三箱体两个窄缝中心位置无量纲化波高 H_g / H_0 随入射波波数 kh 的变化关系，以及本书模型数值结果与 Iwata 等（2007）的实验结果、与 Lu 等（2011）黏性流模型数值结果的比较。通过选取一系列不同人工阻尼系数进行数值模拟，并与实验结果进行对比，确定窄缝中间水面的人工阻尼系数取值为 μ_2 =0.03。从图中可以看出，箱体 1 与箱体 2 之间窄缝（窄缝 1）内数值模拟波面高在 kh=1.35 时达到最大，波高为入射波波高的 4.6 倍。箱体 2 与箱体 3 之间窄缝（窄缝 2）内数值模拟波面高在 kh=1.40 时达到最大，波高为入射波波高的 4.4 倍。同时发现窄缝 1 内出现两个共振频率，这与单缝隙内的共振规律是不同的，也进一步说明浮体数量对窄缝（窄缝 2）内水体运动的重要影响。本书定义较低的共振频率（小波数 kh）为主（第一）共振频率，较高的共振频率（大波数 kh）为次（第二）共振频率。整体上两种数值结果与实验数据

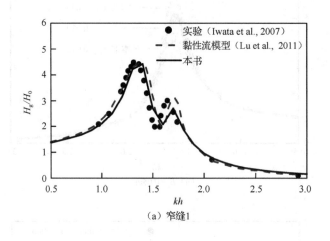

（a）窄缝1

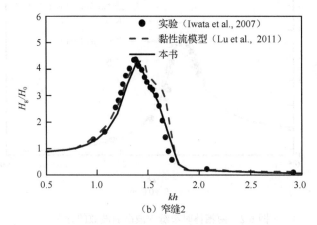

（b）窄缝2

图 6.3　三箱体时两窄缝内波高随波数的分布

均吻合得很好，在个别位置处本书模型结果比黏性流模型结果与实验数据吻合得更好，说明所建立模型在取得合适的人工阻尼系数情况下可以准确模拟多箱体窄缝内流体共振问题。Lu 等（2011）通过一系列数值实验发现，阻尼系数的选取不会随着箱体吃水、宽度的改变而有明显的改变，因此采用此种分析方法所得的结果是可靠的。

图 6.4 和图 6.5 给出了窄缝宽度 B_g 为 0.05m 的两箱体在上述波况下箱体的水平方向和垂直方向的无量纲化波浪力幅值 $F/(\rho g h H_0/2)$ 随波数 kh 的变化，及本书模型结果与黏性流模型和线性势流模型（Lu et al.，2011）结果的对比。图中波浪力幅值以波浪力时间稳定段序列中峰值与相邻谷值和的一半的平均来计算，并除以 $\rho g h H_0/2$ 无量纲化。从图中可以看出，最大波浪力发生在图 6.2 所示的共振频率处。

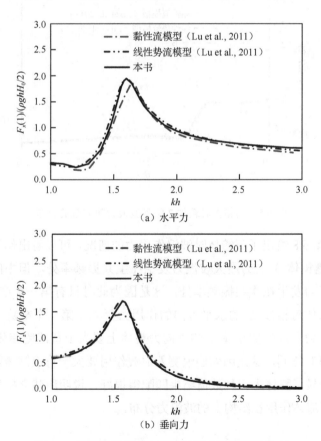

（a）水平力

（b）垂向力

图 6.4　两箱体时箱体 1 所受波浪力随波数的分布

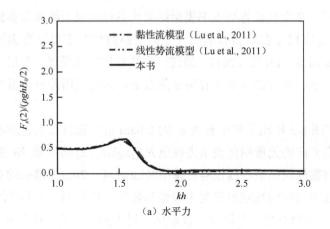

（a）水平力

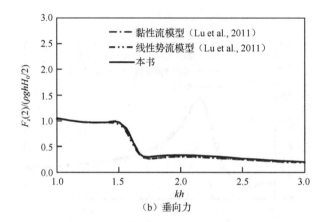

（b）垂向力

图 6.5　两箱体时箱体 2 所受波浪力随波数的分布

　　图 6.6～图 6.8 给出了三箱体时波浪作用力的情况。可以看出作用在迎浪侧箱体 1 和背浪侧箱体 3 上的最大波浪力发生在主共振频率处，但中间位置箱体 2 上的最大水平力发生在次共振频率处，这是因为此时只有第一个窄缝发生共振，大幅运动的水体对箱体 2 的水平方向的作用力要大于第二个窄缝内水体波动对其产生的水平力。迎浪侧箱体 1 的垂向力整体上要大于背浪侧箱体 3 的垂向力［图 6.6（b）和（b）］，这是因为迎浪侧入射波作用要大于背浪侧透射波，特别在高频区更为明显。整体上三种数值结果匹配得很好，说明所建立模型可以准确模拟窄缝内共振流体作用在结构上的波浪力分布。

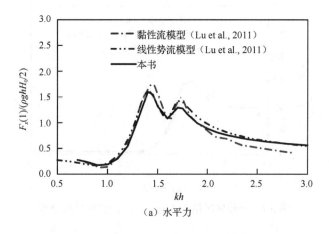

（a）水平力

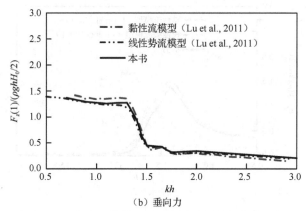

（b）垂向力

图 6.6　三箱体时箱体 1 所受波浪力随波数的分布

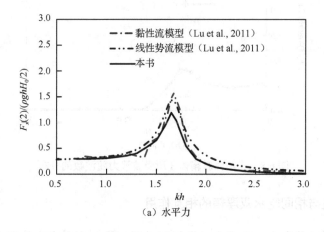

（a）水平力

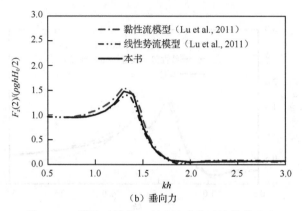

（b）垂向力

图 6.7　三箱体时箱体 2 所受波浪力随波数的分布

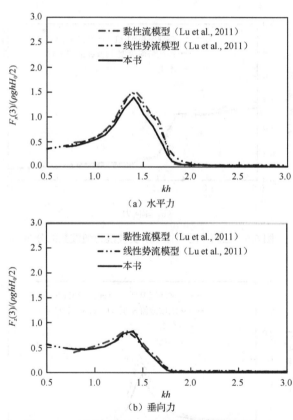

（a）水平力

（b）垂向力

图 6.8　三箱体时箱体 3 所受波浪力随波数的分布

6.1.2　规则波与相同吃水双浮箱的相互作用

物理模型实验在大连理工大学海岸和近海工程国家重点实验室波浪水槽中开

展，研究了不同吃水的双箱体窄缝间的水体共振特性。水槽长 69m、宽 2m、深 1.8m。将波浪水槽用隔板沿宽度方向分割成两部分，一部分的宽度为 0.8m，另一部分的宽度为 1.2m，实验在宽度为 0.8m 的水槽段进行。实验水深为 1.0m，实验工况的波浪周期为 1.01～1.36s，入射波波高为 0.08m，入射波波幅为 0.04m。两箱体具有相同尺度和形状，箱体宽度 B =0.6m，箱体高度 W =0.5m，窄缝宽度 B_g =0.06m，沿着波浪传播方向分别将两个箱体标号为箱体 1 和箱体 2，箱体 1 的吃水记为 d_1，箱体 2 的吃水记为 d_2。下面将对比数值模拟与模型实验结果。实验布置简图如图 6.9 所示。

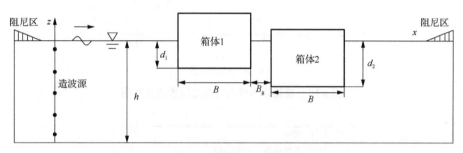

图 6.9　实验装置布置简图（Ning et al.，2018）

图 6.10 和图 6.11 给出了四种相对吃水情况下，窄缝内无量纲化波高 H_g / H_0 与波数 kh 的关系，对比了选取不同阻尼系数 μ_2 时得到的数值结果。对于四种不同吃水的情况，选取一个合适的窄缝间阻尼系数，可模拟出实验结果吻合良好的窄缝间波高。图 6.12 给出了相同吃水和不同吃水条件下窄缝内的波面时间历程。可以看出窄缝内的波面呈现出周期性的变化，选取合适的 μ_2 时，数值计算所得的波面时间历程曲线和实验所测的吻合很好，该数值模型可以准确地模拟出窄缝内的波面变化过程。

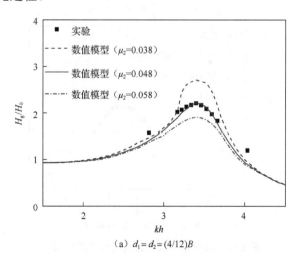

（a）$d_1 = d_2 = (4/12)B$

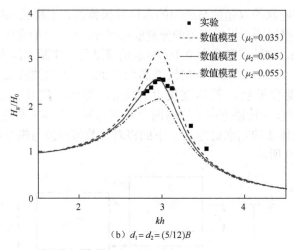

（b）$d_1 = d_2 = (5/12)B$

图 6.10　双箱体窄缝内波高随波数的分布图

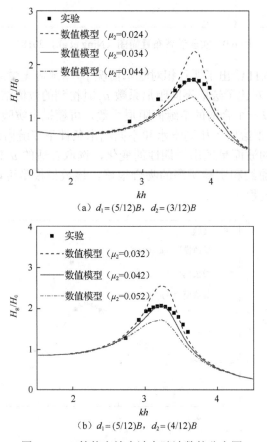

（a）$d_1 = (5/12)B$，$d_2 = (3/12)B$

（b）$d_1 = (5/12)B$，$d_2 = (4/12)B$

图 6.11　双箱体窄缝内波高随波数的分布图

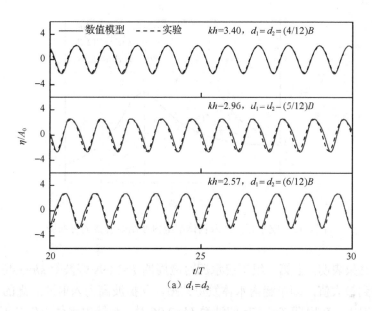

（a）$d_1 = d_2$

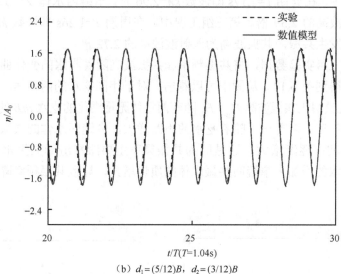

（b）$d_1 = (5/12)B$，$d_2 = (3/12)B$

图 6.12　双箱体间自由表面升高的时间历程曲线

1. 不同吃水的影响

设计三种水深，分别是：①$d_1=0.20\text{m}$，$d_2=0.20\text{m}$；②$d_1=0.25\text{m}$，$d_2=0.25\text{m}$；③$d_1=0.30\text{m}$，$d_2=0.30\text{m}$。通过实验数据确定好数值模型中的阻尼系数后，三组吃水情况下窄缝间的波高变化如图 6.13 所示。

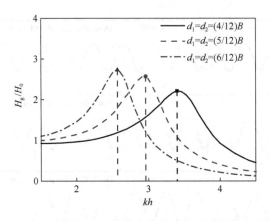

图 6.13　吃水相同的双箱体窄缝内波高随波数的分布图

　　数值结果表明，当第一组工况水深对应周期 T=1.09s 即波数 kh=3.40 时，窄缝内波高达到最大值，即窄缝内水体发生共振，共振波高为入射波波高的 2.20 倍。第二组工况中，在周期 T=1.17s 即波数 kh=2.96 时，窄缝内水体发生共振，共振波高为入射波波高的 2.59 倍。第三组工况中，在周期 T=1.26s 即波数 kh=2.57 时，窄缝内水体发生共振，共振波高为入射波波高的 2.72 倍。

　　利用这三组实验数据，将共振频率和共振波高随着吃水的变化曲线进行近似拟合，可以得到图 6.14。从图中可以看出，对于相同吃水的两箱体，窄缝间共振频率 kh 和无量纲化共振波高 H_g / H_0 随着两箱体无量纲化的吃水 d/B 的变化规律近似拟合曲线；还可以看出，随着吃水的不断增大，窄缝间水体的共振频率不断降低，而共振波高逐渐增大。这是因为共振频率主要跟窄缝间共振水体的质量有关，随着吃水的增加，窄缝间共振水体的质量增大，导致共振频率降低、共振波高增大。

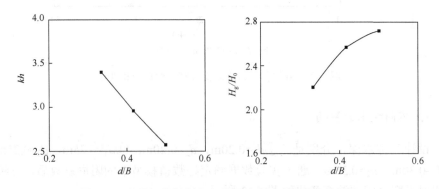

图 6.14　窄缝间共振频率和共振波高随吃水的变化规律

图 6.15 给出了迎浪侧的无量纲化波高 H_g/H_0 随着入射波波数 kh 的变化规律，对应于两个吃水完全一样的箱体的情形。从图中可以看出，随着入射波波数的不断增大，迎浪侧波高均出现先增大、后减小、又增大的波动变化趋势。在低频处随着箱体吃水的增大，迎浪侧波高越大；在高频处则有着相反的趋势。在窄缝水体共振频率附近，迎浪侧波高有明显先减小后增大的趋势，这是入射波和反射波浪共同作用的结果。

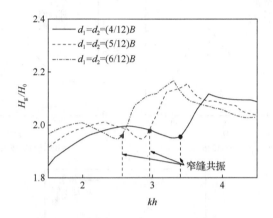

图 6.15　相同吃水下箱体迎浪侧波高变化比较

从图 6.16 可以看出，两个吃水完全一样的箱体，其背浪侧的无量纲化波高 H_g/H_0 随着入射波波数 kh 的变化情况。从图中可以发现，随着入射波波数 kh 的增大，背浪侧波高逐渐变小，且在窄缝水体共振频率附近有显著的降低。在相同的入射波波数下，两箱体吃水越大，其背浪侧波高越小，这是入射波和透射波共同作用的结果。

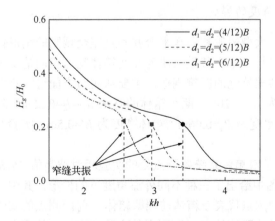

图 6.16　相同吃水下箱体背浪侧波高变化比较

　　图 6.17 给出了在相同吃水下，窄缝内波高、迎浪侧波高以及背浪侧波高随着入射波波数的变化规律。从图中可以看出，随着入射波波数的增大，迎浪侧波高出现波动的变化趋势，而背浪侧的波高则不断减小，此规律和前文一致；窄缝间波高出现峰值，即窄缝流体发生共振，在共振频率附近，迎浪侧波高有明显的先减小后增大的趋势，而背浪侧波高显著降低。

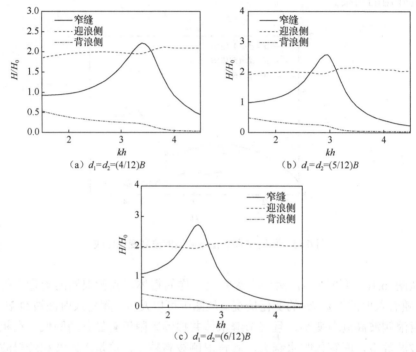

图 6.17　相同吃水下箱体各侧波高变化比较

2. 不同外漂角度的影响

　　实际海洋中，大型船舶和海洋平台并不是完全规则的箱形体，都会出现一定程度的不规则的形状。本小节重点研究在两箱体吃水相同情况下，箱体的外漂角度对窄缝间水体共振特性的影响规律，主要从实验方面进行相关的研究。实验角度 θ 的变化范围为 $0°\sim20°$，两个箱体的吃水 $d_1=d_2=0.25$m，箱体下界面的宽度为 $B=0.6$m，窄缝宽度为 $B_g=0.06$m，箱体高度为 $W=0.5$m。实验布置简图如图 6.18 所示。

　　图 6.19 给出了双箱体系统各测点处的实验相对波高值 H/H_0 随着入射波波数 kh 的变化规律。图中给出了三种不同外漂角度下的情形，其中方点代表窄缝间测点的实验波高值，圆点代表双箱体前端即箱体 1 前面测点的实验波高值，三角点代表双箱体系统后端即箱体 2 后面测点的实验波高值。从图中可以看出，在这三

种角度的情形下，随着入射波波数的增大，窄缝间的波高均出现先增大后减小的趋势，继而会出现峰值，即窄缝内流体产生共振现象，说明在这种带有外漂角度的特殊截面形状下，双箱体窄缝间也会有水体共振现象发生。同时，随着入射波波数的增大，系统前端的实验波高出现先增大后减小的变化规律，而系统后端的实验波高值随着入射波波数的增大而不断减小，这是因为随着入射波波数的增大，入射波的周期越短，其透射性越差，透射过去的波浪越少，所以箱体 2 后面测点的波高值越来越小。

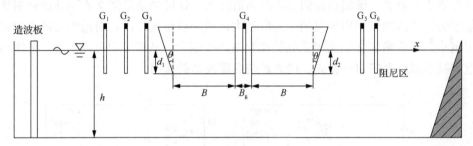

图 6.18　不规则箱体布置图

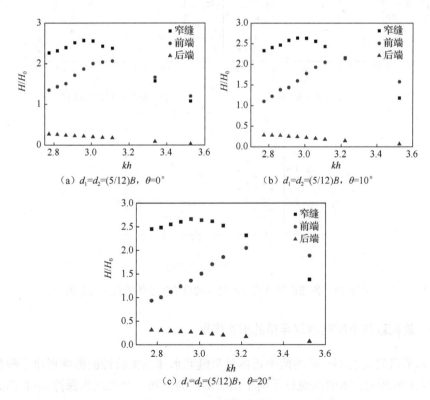

（a）$d_1=d_2=(5/12)B$，$\theta=0°$　　　　（b）$d_1=d_2=(5/12)B$，$\theta=10°$

（c）$d_1=d_2=(5/12)B$，$\theta=20°$

图 6.19　不同外漂角度的双箱体系统各测点处的波高实验值

图 6.20 分别给出了三个测点处不同外漂角度下的实验相对波高值随着入射波波数的变化情况。可以看出，在窄缝处，随着外漂角度的增大，实验所测得的波高值虽然增大幅度很小，但是共振区间范围扩大了。在系统的前端，随着入射波波数的增大，实验波高表现出先增大后减小的波动变化趋势。在共振区间处，箱体外漂角度越大，实验波高值越小，这很可能是因为角度越大，箱体 1 反射回去的波浪越多，入射波和反射波共同作用所导致的。而在系统的后端可以看出，随着入射波波数的增大，实验波高值减小，这和前面得出的结论是一致的，同时箱体外漂角度越大，该测点处的实验波高值越大。这可能是箱体 2 右端截面处对透射过去的波浪的作用所导致的，角度越大，截面坡度越平缓，对透射波的牵制作用越小，导致箱体 2 后面测点处的实验波高值越大。从实验中可以发现，外漂角度有减小双箱系统前端波高、增大系统后端波高的作用。

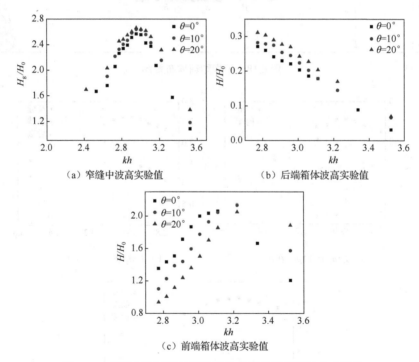

（a）窄缝中波高实验值　　　　（b）后端箱体波高实验值

（c）前端箱体波高实验值

图 6.20　各测点处不同外漂角度的双箱体系统的波高实验值

6.1.3　规则波与不同吃水双浮箱的相互作用

本节研究吃水不一样的两个箱体对窄缝间水体共振特性的影响规律。参数设置如 6.1 节所述。本书共进行了两个组次的实验：第一个组次为保持 $d_1=0.25\text{m}$ 不变，$d_2=0.15\sim0.35\text{m}$；第二个组次为保持 $d_2=0.25\text{m}$ 不变，$d_1=0.15\sim0.35\text{m}$。

　　图 6.21 给出了箱体窄缝间无量纲化波高 H_g/H_0 随着入射波波数变化 kh 的数值计算结果，图中对应于五组不同箱体吃水组合，箱体 1 的吃水 d_1 保持不变，吃水 d_2 逐渐变化。从图中可以看出，在低频处，窄缝内相对波高均在 1 附近，说明长波透射作用很强，且随着 d_2 的增大，窄缝内波高越大。

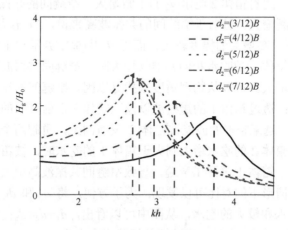

图 6.21　双箱体窄缝内波高随波数的分布图（$d_1=(5/12)B$）

　　图 6.22 给出了双箱体窄缝间无量纲化波高 H_g/H_0 随着入射波波数变化 kh 的数值计算结果，图中对应于五种不同吃水组合，箱体 2 的吃水 d_2 不变，箱体 1 的吃水 d_1 逐渐增大。从图中可以发现，随着入射波波数的不断增大，窄缝内波高均出现了最大值，即水体产生共振现象，且随着箱体 1 的吃水 d_1 的增大，窄缝内共振频率逐渐降低，这主要是因为 d_1 的增大促使窄缝间共振水体质量的增大，从而导致共振频率逐渐降低。而当 d_1 仍小于 d_2 时，窄缝内共振波高不断增大，当两个箱

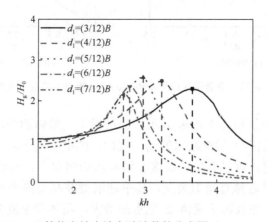

图 6.22　双箱体窄缝内波高随波数的分布图（$d_2=(5/12)B$）

体吃水达到一样即 $d_1=d_2$ 时，窄缝内共振波高达到最大值，此时随着 d_1 的继续增大，窄缝内共振波高逐渐降低。

图 6.23 给出了窄缝间共振频率和共振波高随着箱体 2 的吃水 d_2 的变化规律，为了进行对比，同时给出两个箱体吃水一样的情形。可以发现，保持箱体 1 吃水 d_1 不变的情况下，随着箱体 2 吃水 d_2 的不断增大，窄缝间的共振频率不断降低，而共振波高却不断增大。且对于窄缝间的共振波高来说，当 d_2 从 $(3/12)B$ 增大到 $(5/12)B$ 时，共振波高增大的幅度较大，而当 d_2 从 $(5/12)B$ 到 $(7/12)B$，即当箱体 2 的吃水增大到和箱体 1 的吃水相同并继续增大时，窄缝间共振波高增大趋势明显放缓，只有略微增大。可以从物理角度来找寻原因，窄缝间的流体振动主要是由两个方面引起的：透过箱体 1 的透射波以及经箱体 2 反射回来的波浪，随着箱体 2 的吃水的增加，越来越多的波能被箱体 2 反射回来，引起两个箱体窄缝间波高的不断增大；当箱体 2 的吃水增大到大于箱体 1 的吃水时，被箱体 2 反射回来的一部分波浪透过了箱体 1 离开了窄缝，导致窄缝间共振波高增大趋势变缓。通过和箱体吃水一样情形下的对比可以发现：为了方便，将 d_S 和 d_L 分别记为两个箱体相对较小的吃水和较大的吃水，从图中可以看出，$d_1=d_2=d_S$；窄缝间的共振频率定义为 ω_S，当 $d_1=d_2=d_L$ 时，窄缝间共振频率定义为 ω_L，当 $d_1=d_S$，$d_2=d_L$ 时，窄缝间共振频率定为 ω，则有 $\omega_S > \omega > \omega_L$。

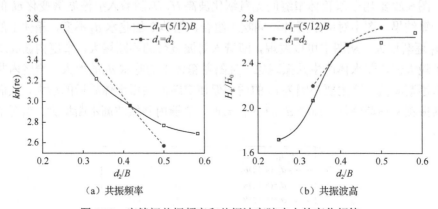

（a）共振频率　　　　　　　　　（b）共振波高

图 6.23　窄缝间共振频率和共振波高随吃水的变化规律

图 6.24 展示出了箱体 1 吃水 d_1 不变的情况下，箱体的迎浪侧和背浪侧的无量纲化波高 H/H_0 随着入射波波数的变化规律。图中给出了对应于箱体 2 的五组不同吃水下的情况。可以看出，在这五组吃水的情况下，迎浪侧波高和背浪侧波高在共振频率附近都有局部突变，其中迎浪侧波高是先变小后变大，背浪侧波高是急剧变小，并且随着箱体 2 吃水的增大，箱体迎浪侧波高的相对最小值减小。

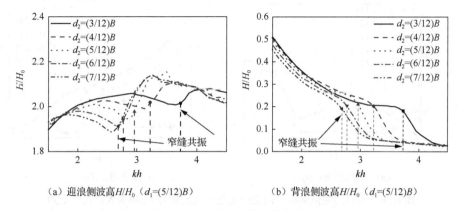

（a）迎浪侧波高H/H_0（$d_1=(5/12)B$）　　　（b）背浪侧波高H/H_0（$d_1=(5/12)B$）

图 6.24　箱体的迎浪侧和背浪侧的无量纲化波高 H/H_0 随着入射波波数的变化规律

　　图 6.25 给出了两组吃水的情况下，窄缝内波高和迎浪侧波高以及背浪侧波高随着波数的变化对比情况，从图中也可以得到和上述一样的结论。

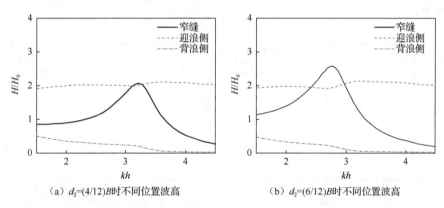

（a）$d_2=(4/12)B$时不同位置波高　　　（b）$d_2=(6/12)B$时不同位置波高

图 6.25　窄缝内波高和迎浪侧波高以及背浪侧波高随着波数的变化对比（$d_1=(5/12)B$）

　　图 6.26 给出了箱体 2 吃水 d_2 不变的情况下，箱体的迎浪侧和背浪侧的无量纲化波高 H/H_0 随着入射波波数的变化规律。图中给出了箱体 1 的五种吃水情形下的变化情况。可以看出，在这五组吃水的情况下，随着入射波波数的增大，背浪侧波高不断减小。迎浪侧波高和背浪侧波高在共振频率附近都有局部突变，其中迎浪侧波高是先变小后变大，背浪侧波高是急剧变小。同时，箱体 1 的吃水越大，迎浪侧相对最低值越小，背浪侧的波高也越小。当入射波波数小于达到共振时的波数时，箱体 1 的吃水越大，系统迎浪侧的波高越大。

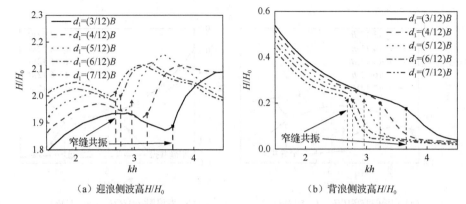

（a）迎浪侧波高H/H_0　　　　　　　　（b）背浪侧波高H/H_0

图 6.26　箱体的迎浪侧和背浪侧的无量纲化波高 H/H_0 随着入射波波数的
变化规律（$d_2=(5/12)B$）

　　图 6.27 给出了两组吃水的情况下，窄缝内波高和迎浪侧波高以及背浪侧波高随着波数的变化对比情况。从图中可以看出，在共振频率点附近反射波波高和透射波波高均有明显减小的趋势，这说明能量从箱体迎浪侧和背浪侧进入箱体窄缝中。

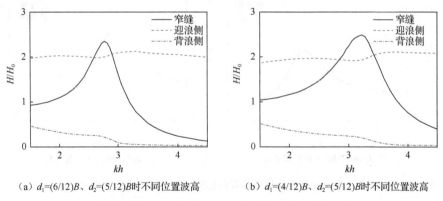

（a）$d_1=(6/12)B$、$d_2=(5/12)B$时不同位置波高　　　（b）$d_1=(4/12)B$、$d_2=(5/12)B$时不同位置波高

图 6.27　窄缝内波高和迎浪侧波高以及背浪侧波高随着波数的变化对比

　　在实际的海洋波浪情况中，产生波浪的波源有很多，波浪的传播方向不是唯一固定不变的，对于同样的带窄缝双箱体系统而言，波浪的产生和传播方向不同，也会对系统窄缝内的共振特性（共振频率和共振波高）、迎浪侧波高和背浪侧波高产生一定的影响。因此，研究波浪的产生和传播方向对窄缝间的共振特性的影响规律具有一定的现实意义。下面研究在一组特定的吃水组合（$d_1=(4/12)B$，$d_2=(5/12)B$）下，两个不同的波浪传播方向（其分别为与 x 轴的正向成 0° 和 180°）对其的影响，如图 6.28 所示。

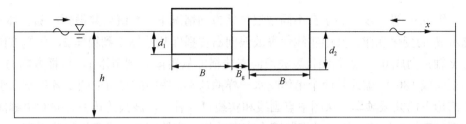

图 6.28 不同浪向时装置布置简图

图 6.29 给出了不同波浪传播方向情况下，一组箱体吃水的波高分布图，$d_1=(4/12)B$，$d_2=(5/12)B$。从图 6.29（a）可以看出，在这两个波浪传播方向下，共振频率基本不变，波浪向右传播时的窄缝内共振波高要大于波浪向左传播时的情形。从图 6.29（b）可以得到，当入射波波数小于共振频率对应的波数时，波浪向右传播时的迎浪侧波高要小于波浪向左传播时的迎浪侧波高，并且在共振频率点附近，迎浪侧波高有明显的先减小后增大的趋势。从图 6.29（c）中可以发现，波浪向右传播时的背浪侧波高要大于波浪向左传播时的背浪侧波高，但相差不是很大，且在共振频率点附近，背浪侧波高均有显著的降低。

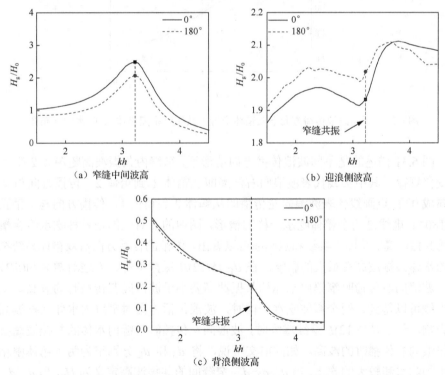

图 6.29 不同波浪传播方向下双箱体系统波高随波数的分布图
（$d_1=(4/12)B$，$d_2=(5/12)B$）

图 6.30 进一步描述了在不同波浪传播方向情况下，窄缝内共振频率随箱体 2 吃水 d_2 的变化规律。其中实线代表波浪向右传播即从箱体 1 到箱体 2，传播方向与 x 轴正向成 $0°$；点画线代表波浪向左传播即从箱体 2 到箱体 1，传播方向与 x 轴正向成 $180°$；虚线是两个箱体吃水一样的情形，图中的点对应的是各种吃水组合情形下的共振频率。从图中点画线和实线可以看出，波浪的传播方向对窄缝间共振频率没有影响，不论波浪从哪个方向传播，窄缝间共振频率均保持不变。这跟实际海洋状况是一致的，在二维情形下，不论波浪从哪个方向传播，窄缝间的共振频率是基本保持不变的。从虚线可以看出，当两个箱体吃水一样时，波浪传播方向对窄缝间共振频率没有影响。

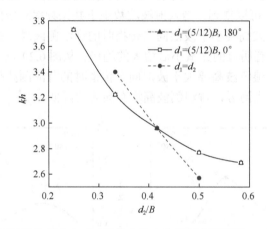

图 6.30　不同波浪传播方向下双箱体窄缝内共振频率随箱体 2 吃水的分布图

图 6.31 描述的是不同波浪传播方向情形下，窄缝内共振波高随箱体 2 吃水 d_2 的变化规律。其中实线代表波浪向右传播即从箱体 1 到箱体 2，传播方向与 x 轴正向成 $0°$；点画线代表波浪向左传播即从箱体 2 到箱体 1，传播方向与 x 轴正向成 $180°$；虚线是两个箱体吃水一样的情形，图中的点对应的是各种吃水组合情形下的共振波高。从图中实线和点画线可以看出，波浪的传播方向对双箱体系统窄缝间的水体共振波高有很大的影响。在 $d_1=(5/12)B$ 保持不变、d_2 逐渐增大到 $(5/12)B$ 时，波浪向右传播时窄缝内水体的共振波高要小于波浪向左传播时的波高。从图中虚线可以得到，两个箱体吃水一样时，波浪传播方向对窄缝内水体共振波高没有影响。当 d_2 从 $(5/12)B$ 继续增大时，波浪向左传播时窄缝内水体的共振波高要小于波浪向右传播时的波高。如同前文所说，将 d_S 和 d_L 分别记为两个箱体中相对较小的吃水和较大的吃水，当 $d_1=d_2=d_S$，窄缝间的共振波高定义为 H_S，当 $d_1=d_2=d_L$ 时，窄缝间共振波高定义为 H_L，当 $d_1=d_S$、$d_2=d_L$ 时，窄缝间共振波高定为 H_{SL}，

当 $d_1=d_L$、$d_2=d_S$ 时，窄缝间的共振波高定义为 H_{LS}，不论波浪从哪个方向传播，均有如下的关系式：

$$H_S > H_{SL}, H_S > H_{LS}, H_S > H_L \qquad (6.3)$$

即两个箱体的吃水均为相对大值时，其窄缝内共振波高最大。同时当波浪传播方向为从较小吃水的箱体传播到较大吃水的箱体时，箱体窄缝内共振波高要大于波浪传播方向相反的情形，即等效于如下关系式：

$$H_{SL} > H_{LS} \qquad (6.4)$$

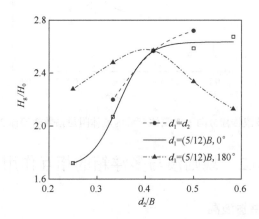

图 6.31　不同波浪传播方向下双箱体窄缝内共振波高随箱体 2 吃水的分布图

图 6.32 给出了不同波浪传播方向情形下，数值模型中窄缝间自由水面人工阻尼的阻尼系数 μ_2 随着箱体 2 吃水 d_2 的变化情况。阻尼系数在一定程度上可以表征出窄缝间的流体黏性效应。其中实线代表波浪向右传播即从箱体 1 到箱体 2，传播方向与 x 轴正向成 0°；点画线代表波浪向左传播即从箱体 2 到箱体 1，传播方向与 x 轴正向成 180°；虚线是两个箱体吃水一样的情形，图中的点对应的是各种吃水组合情形下窄缝间的阻尼系数。可以看出，波浪传播方向对窄缝间流体黏性效应有着很大的影响，随着背浪侧箱体吃水的增加，窄缝间流体黏性效应增强。从图中实线和点画线可以看出，在 $d_1=(5/12)B$ 保持不变、d_2 逐渐增大到 $(5/12)B$ 时，波浪向右传播时窄缝内的流体黏性效应要小于波浪向左传播时的情形。从图中虚线可以得到，两个箱体吃水一样时，波浪传播方向对窄缝内流体黏性效应没有影响。当 d_2 从 $(5/12)B$ 继续增大时，波浪向右传播时窄缝内的流体黏性效应要大于波浪向左传播时的情形。如同前文所示的定义，将 d_S 和 d_L 分别记为两个箱体中相对较小的吃水和较大的吃水，当 $d_1=d_2=d_S$，窄缝间的阻尼系数定义为 μ_S，当 $d_1=d_2=d_L$ 时，窄缝间阻尼系数定义为 μ_L，当迎浪侧箱体的吃水为 d_S、背浪侧箱体吃水为 d_L

时，窄缝间的阻尼系数定义为 μ_{SL}，当迎浪侧箱体吃水为 d_L、背浪侧箱体吃水为 d_S 时，窄缝间的阻尼系数定义为 μ_{LS}，则有如下的关系式：

$$\mu_{SL} > \mu_S > \mu_L > \mu_{LS} \tag{6.5}$$

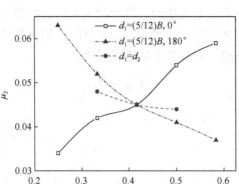

图 6.32　不同波浪传播方向下双箱体窄缝内流体阻尼系数随箱体 2 吃水的分布图

6.2　规则波与多浮箱的相互作用

6.2.1　共振频率和共振波高

本小节主要模拟波浪与多箱体相互作用问题（Ning et al.，2015a），参数设置同 6.1 节。图 6.33（a）～（c）分别给出了当箱体数量 $N=4$、5 和 6 时窄缝内无量纲化的波高 H_g/H_0 随波数 kh 的分布。从图中可以看出，各窄缝的主共振频率相仿，其所对应的共振波高在处于中间位置的窄缝内达到最大。在大于主共振频率的某一频率处，还会有次共振现象发生，且处于两端位置的窄缝内较中间位置的窄缝

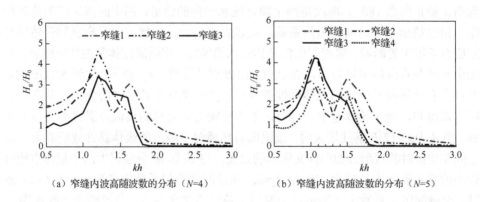

（a）窄缝内波高随波数的分布（$N=4$）　　　　（b）窄缝内波高随波数的分布（$N=5$）

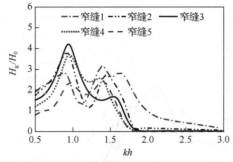

（c）窄缝内波高随波数的分布图（$N=6$）

图 6.33　窄缝内波高随波数的分布图

内次共振现象更为明显。尤为突出的是迎浪侧的窄缝内，在 $N=5$ 时窄缝 1 中次共振频率所对应的共振波高已大于其主共振频率所对应的波高。各窄缝内自振频率下的波浪会向两侧传播并与迎浪侧透射的波浪相互作用，进而发生复杂的波浪干涉现象。

图 6.34 和图 6.35 分别为不同数量箱体时窄缝 1（即迎浪侧第一个窄缝）和窄缝 N-1（背浪侧第一个窄缝）内无量纲化波高随波数的分布情况。从图中可以看出，随着箱体数量的增加，主频共振发生时，窄缝内波高减小，对应的共振频率向低频偏移；并且箱体数量较多时，窄缝会在多个频率发生共振，且高共振频率处的波高随箱体个数的增加而增大。例如，当箱体数 N 为 5 和 6 时，窄缝 1 内高频共振波高大于低共振频率处的波高；当箱体数 $N=6$ 时，窄缝 5（背浪侧窄缝）内高频共振波高也大于低频共振波高。各个工况下窄缝 N-1 内主共振频率都不小于窄缝 1 内主共振频率，而窄缝 1 和窄缝 N-1 内相邻箱体数对应的主频共振频率的差值近似常数（$\Delta kh \approx 0.1$）。

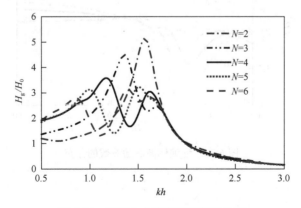

图 6.34　窄缝 1 内波高随波数的分布

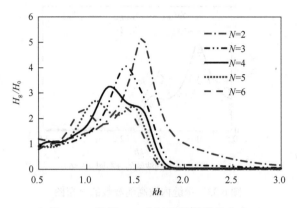

图 6.35 窄缝 $N{-}1$ 内波高随波数的分布

图6.36和图6.37分别给出了结构迎浪侧和背浪侧无量纲化波高随波数的变化关系。从图6.36中可以看出，在窄缝 1 内主频共振频率处，迎浪侧波高出现最小值，且箱体数 N 越大，对应的极值越小（$N{=}6$ 时，最小的 $H_g/H_0{=}1.4$）。在低频处无量纲化波高接近于2，相当于波浪线性化并被全反射，而在高频处无量纲化波高会大于2，这是由于波浪的非线性增强，高阶谐波贡献所致。从图6.37中可以看出，在窄缝 N 内主频共振频率处，背浪侧波高也出现明显的峰值，但其变化规律与图6.36相反，随着箱体数 N 的增大，透射波波高的峰值也增大（$N{=}6$ 时，最大的 $H/H_0{=}0.78$），在高频处，透射波波高接近于0。

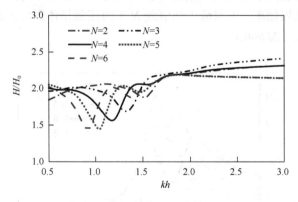

图 6.36 迎浪侧波高随波数的分布

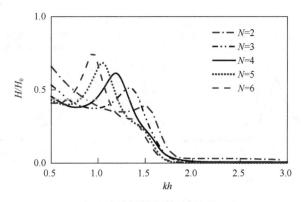

图 6.37　背浪侧波高随波数的分布

6.2.2　波浪力

相比于波浪爬高，实际工程中更加关心直接影响结构安全的波浪力，因此本小节主要研究箱体数量对箱体所受波浪力的影响规律。

图 6.38 和图 6.39 分别是箱体个数 N 为 4 和 5 时各个箱体所受无量纲化波浪力 $F/(\rho gh H_0/2)$ 与波数 kh 的关系。从图 6.39 中可以看出，除了中间的箱体（3 号）外，其他四个箱体的水平力分布都出现了两个共振频率。迎浪侧两个箱体的最大水平力都发生在次共振频率附近，而背浪侧两个箱体最大水平力出现在第一共振频率处，最大垂向力发生在主共振频率附近。对于垂向力［图 6.39（b）］，处于中间位置的箱体 3 共振时达到最大，这与其位于整个系统的对称中心有关，其他四个窄缝内的共振波浪辐射在这里叠加，恰好同相位。处于系统最外侧的两个箱体受力最小，这与迎浪侧的入射波、背浪侧的透射波，以及窄缝内共振水体的辐射波有关。另外，无论是水平力还是垂向力，在高频的时候除了箱体 1 以外都很小，分析原因是高频时对应的短波透射浪很小。

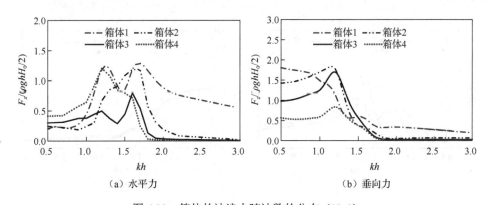

（a）水平力　　　　　　　　　　（b）垂向力

图 6.38　箱体的波浪力随波数的分布（N=4）

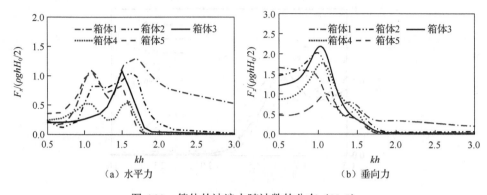

（a）水平力　　　　　　　　　　（b）垂向力

图 6.39　箱体的波浪力随波数的分布（$N=5$）

图 6.40 给出了不同箱体数量情况下迎浪侧第一个箱体受力 $F/(\rho g h H_0/2)$ 随波数 kh 的变化关系。从图 6.40（a）中可以看出，随着箱体数量的增加，水平力会在多个频率处出现峰值，箱体数量小于 4 时在主共振频率处有最大值，大于 4 时在次共振频率处有最大值，等于 4 时两个共振频率处的幅值相当。并且随着箱体数量的增加，最大水平力减小。与之相比，垂向力的变化趋势有很大不同。从图 6.40（b）中可以看出，在低频处箱体上垂向力较大，高频处垂向力较小，在主共振频率下出现峰值，但其值小于低频时的最大垂向力。无论水平力还是垂向力，在波数很小和波数很大两个极端情况下，箱体个数对作用在第一个箱体上的力变化影响很小。这是因为波数较小时，对应长波透射性更好，所以水平力趋于 0，而垂向力达到最大；当波数很大时，对应短波透射性差，所以垂向力趋于 0，而水平力因近似全反射而较大。从图 6.41 中可以看出，不同箱体数量情况下背浪侧第一个箱体受力随波数 kh 的变化规律基本与迎浪侧相同，但在高频区域由于短波基本被系统完全反射，因此作用在背浪侧第一个箱体两个方向的波浪力都很小，几乎为 0。

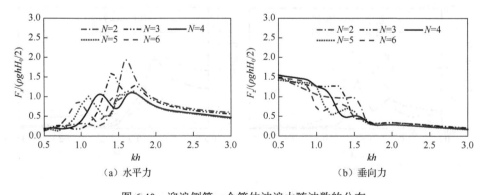

（a）水平力　　　　　　　　　　（b）垂向力

图 6.40　迎浪侧第一个箱体波浪力随波数的分布

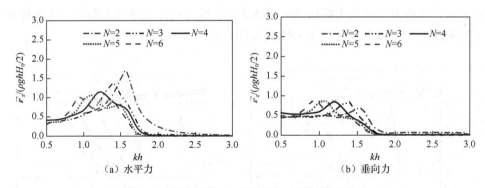

图 6.41　背浪侧第一个箱体波浪力随波数的分布

为了弄清箱体数量对波浪力的影响规律，图 6.42 给出了各箱体在主共振频率处两个方向波浪力分布的对比。从图中可以看出，当 $N>3$ 时，水平力从中间位置箱体向两侧箱体逐渐增大，且随着箱体数量的增加而减小。相反地，垂向力从中间箱体向两侧减小，且箱体数量越多，各箱体所受垂向力越大。分析其原因是中间箱体处在对称位置上，当窄缝内水体共振发生时，受两侧水体大幅运动的影响，竖直方向作用力同向，水平方向作用力反向，导致箱体垂向力很大，而水平力很小。还可以看出，中间窄缝两侧对称位置上的箱体受力情况基本相同，但迎浪侧方向上的箱体所受波浪力略大于背浪侧方向。

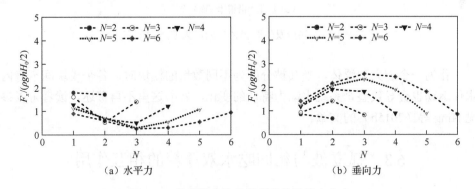

图 6.42　各箱体在主共振频率处波浪力分布

图 6.43 给出了当箱体数 $N=6$、共振发生时，沿箱体各面最大波压力的分布。从图 6.43（a）中可以看出，箱体 4 迎浪侧波压力最大，而入射浪首先作用的箱体 1 波压力最小。从图 6.43（b）中可以看出，箱体 3 背浪侧波压力最大，箱体 6 最小。从图 6.43（c）中可以看出，箱体 1、2、3 底面波压力由迎浪侧向背浪侧逐渐增大，而箱体 4、5、6 底面波压力则由迎浪侧向背浪侧逐渐减小。从这些结果可

以看出，窄缝内水体的大幅运动对箱体各面波压力的分布有很大影响，这也解释了为何波浪力分布会呈现出图 6.42 所示的趋势。

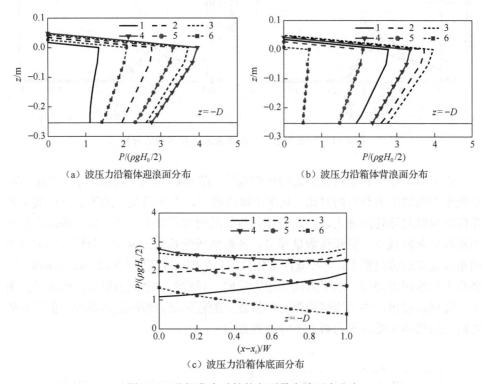

（a）波压力沿箱体迎浪面分布　　　　　　（b）波压力沿箱体背浪面分布

（c）波压力沿箱体底面分布

图 6.43　共振发生时箱体各面最大波压力分布

作为一个超大型浮体，当其被分解为不同数量的模块时，各个模块间窄缝内水体运动也会导致整个系统水动力特性的变化，本书这里不再赘述，读者可以参见 Ning 等（2015b）的文章。

6.3　孤立波与相同吃水双浮箱的相互作用

实际海域的环境很复杂，除一般常见的规则波外，还有很多种波浪会出现。海啸是由海底地震、火山爆发、海底滑坡等引起的破坏性极大的海浪，其波长可达数百公里，可以传播几千公里而能量损失很小。在大洋中波高不足 1m，但当到达海岸浅水地带时，波长减短而波高急剧增高，波高可达数十米。如此大的巨浪含有惊人的能量、破坏力极大，对海洋结构的安全产生巨大危害。为了方便有效地研究海啸，可以将其近似为只有单一波峰、周期无限大的孤立波。

6.3.1 数值模型验证

考虑孤立波与带窄缝双箱相互作用的问题时，采用活塞式推板造波机生成孤立波。基于瑞利-布西内斯克理论（Rayleigh-Boussinesq theory），孤立波波面方程为

$$\eta(x) = \frac{H_0}{\cosh^2\left[K(ct-x)\right]} \tag{6.6}$$

式中，K 为外传衰减系数；c 为相速度。两个参数定义如下：

$$K = \sqrt{\frac{3H_0}{4h^2(H_0+h)}}, \quad c = \sqrt{g(H_0+h)} \tag{6.7}$$

为了提供特定的参数定义孤立波，Lo 等（2013）提出了孤立波有效波长和有效周期的概念，定义如下：

$$\lambda_e = \frac{2\pi}{K}, \quad T_e = \frac{2\pi}{Kc} \tag{6.8}$$

在水槽的入射边界，造波板的运动方程以及在各瞬时位置处的运动速度参考 Katell 等（2002）和 He 等（2012）的方法，并经修改，可表示为

$$X(t^*) = \frac{H_0}{K}\frac{\sinh(2Kct^*)}{h+2H_0+h\cosh(2Kct^*)} \tag{6.9}$$

造单孤立波时，$t^*=t$（t 代表时间）。造时间间隔为 T 的双孤立波，当 $t \leqslant T$ 时，造第一个孤立波，此时 $t^*=t$；当 $t > T$ 时，开始造第二个孤立波，此时 $t^*=t-T$。

为验证本书数值模型造孤立波的功能，首先考虑简单的孤立波与直墙相互作用模型。水槽水深设定为 $h=0.5\text{m}$，孤立波波高 $H_0=0.05\text{m}$。计算域长度取为 70m，造波机位于水槽左侧 $x=0$ 处，直墙位于水槽右侧 $x=70\text{m}$ 处。经过收敛性实验，自由水面划分 140 个网格，沿水深方向布置 20 个网格。每个工况模拟 200s，时间步长取为 $\Delta t = 0.1\sqrt{H/g}$。图 6.44 给出了孤立波在直墙前的无量纲化爬高 $H_{\max}/h$ 与无量纲化入射波波高 H_0/h 的关系，并且给出了 Maxworthy（1976）和 Chen（2015）关于孤立波与直墙相互作用的模型实验的测量结果，Cooker 等（1997）数值模型的模拟结果，以及 Su 等（1980）关于孤立波在直墙前爬高的三阶理论公式：

$$\frac{H_{\max}}{h} = 2\frac{H}{h} + \frac{1}{2}\left(\frac{H}{h}\right)^2 + \frac{3}{4}\left(\frac{H}{h}\right)^3 \tag{6.10}$$

式中，H_{max} 表示孤立波在直墙前的最大爬高，即波峰距离静水面的高度；h 为水深；H 为入射孤立波波高。从图 6.44 中可以看出，本书模型结果与实验结果很接近，尤其随着 H_0/h 的增大，最大爬高和入射波波高不再保持简单的二倍关系，体现出很强的非线性，说明本书模型可以准确模拟孤立波在直墙上的爬高问题，得出准确的爬高。

进一步验证本模型模拟孤立波与直墙作用时产生的波浪力。图 6.45 给出了孤立波作用于直墙的无量纲化波浪力 $F_{x(total)}/(\rho g h^2)$（其中 $F_{x(total)}$ 为静水压力与波浪动力之和）与无量纲化入射波波高 H_0/h 的关系，同时给出了 Maiti 等（1999）的数值模型模拟的结果以及 Fention 等（1982）给出的孤立波作用于直墙水平方向波浪力二阶理论公式的结果进行对比。理论公式表示为

$$\frac{F}{\rho g h^2} = \frac{1}{2} + 2.25\frac{H}{h} + 0.42\left(\frac{H}{h}\right)^2 \tag{6.11}$$

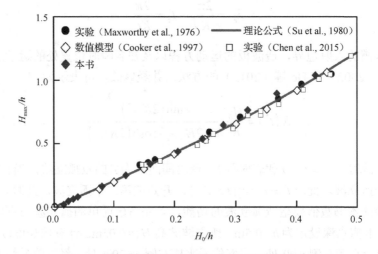

图 6.44　孤立波爬高与无量纲化入射波波高的关系

从图 6.45 中可以看出，当入射波波高较小的时候本书模型的结果与 Fentoin 等（1982）的理论公式结果以及 Maiti 等（1999）的数值模型模拟的结果基本吻合，但当入射波波高较大的时候，相比于 Maiti 等（1999）的数值结果，本书模型的结果更加接近于理论值。通过这些对比研究，说明本书模型可以造出稳定的孤立波，并且可以准确模拟孤立波与结构相互作用问题，求出精确的波浪力。

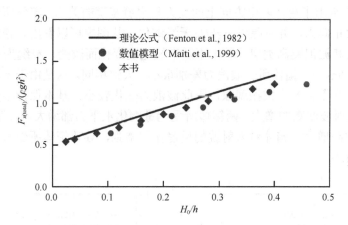

图 6.45　作用在直墙上波浪力随无量纲化波高的分布

6.3.2　孤立波与带有窄缝的两固定箱体相互作用

下面模拟单孤立波与带有窄缝的两固定箱体相互作用问题。选取水槽静水深 h =0.5m，入射波波高分别为 H_0 =0.012m、0.05m、0.1m，箱体宽度 W =0.5m，箱体吃水 D =0.252m。孤立波周期近似于无限大，相当于低频长波，因此计算的时候忽略窄缝内的线性耗散，阻尼系数 μ_2 取值为 0。图 6.46 给出了当窄缝宽度 W_g =0.05m、入射波波高 H_0 =0.05m 时，不同时刻水槽的波面分布情况。从图中可以看出，孤立波作用于箱体后，会发生反射和透射。由于孤立波是长波，波形受结构影响较小，因此作用于箱体时，波形基本保持不变（如 t = $33T_e$ 时刻所示）。从 t = $38T_e$ 时刻的波形可以看出，透过两箱体的波高要远大于反射波，这是因为孤立波的波长很大，透射能力强。由于两个箱体的反射作用，反射波波形由一个不完全对称的波峰和波谷组成，这种情况与孤立波在直墙前反射是不同的。孤立波经直墙反射后，基本以原来波形向相反方向传播。

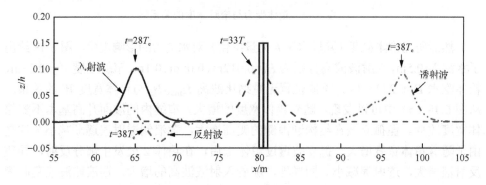

图 6.46　不同时刻沿水槽的波面分布

　　图 6.47 给出了箱体两个方向上的受力与窄缝宽度的关系。箱体所受力为箱体所受的最大正向力，并且除以 $\rho g h H_0$ 无量纲化。从图中可以看出，箱体所受水平力及垂向力和波浪爬高类似，基本不随窄缝宽度变化而改变，窄缝为 0.04m 与窄缝宽度为 0.5m 时，箱体所受波浪力差别很小，大致相同。这是由于无论窄缝宽度如何变化，都不会产生共振现象，因此波浪力变化较小，基本保持不变。可以看出，随着入射波波高的增大，两箱体所受无量纲化水平力都增大，而垂向力减小。这是因为波高增大，箱体对入射波的反射作用增强，导致箱体所受水平力较大，而垂向力较小。

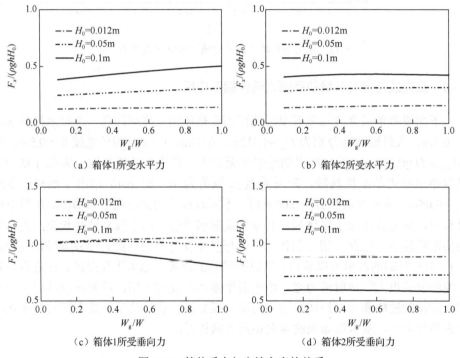

图 6.47　箱体受力与窄缝宽度的关系

　　然后研究箱体宽度（除以水深 h 无量纲化）对水动力的影响规律。图 6.48 给出了水深 h=0.5m，入射波波高分别为 H_0=0.012m、0.05m、0.1m，窄缝宽度 W_g=0.05m，箱体吃水 D=0.252m 时，不同位置无量纲化波高 H_{max}/H_0 与箱体宽度 W 的关系。从图 6.48（b）中可以发现，随着箱体宽度的增大，窄缝内的波面升高基本不随箱体宽度改变。但孤立波在结构迎浪侧的爬高增大，背浪侧透射浪逐渐减小。这是由于随着箱体宽度增大，孤立波透过箱体 1 后，在箱体 2 处发生部分反射，导致反射浪增大，透射浪减小。同样地，随着入射波波高的增大，迎浪侧波浪爬高增大，背浪侧透射波波高减小。

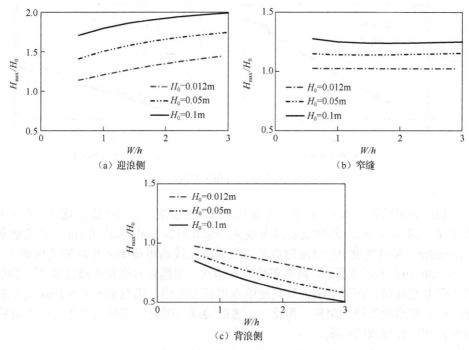

图 6.48　无量纲化波浪爬高 H_{max}/H_0 与箱体宽度的关系

图 6.49 给出了两箱体两个方向上的无量纲化波浪力与箱体宽度的关系。从图中可以看出，随着箱体宽度的增大，水平力和垂向力都有增大的趋势，但垂向力增大的程度更明显，尤其是箱体 1 上的垂向力。这是由于随着箱体宽度增大，竖直方向的受力面积增大。除此之外，两个箱体对孤立波的反射作用增强，透射浪减小，也会导致箱体 1 上的垂向力要远大于箱体 2 上的垂向力。两箱体水平方向上的波浪力相差不大。除此之外，随着入射波波高的增大，作用于箱体 1 上的垂向力基本不变，这与箱体 2 上的规律是不同的。

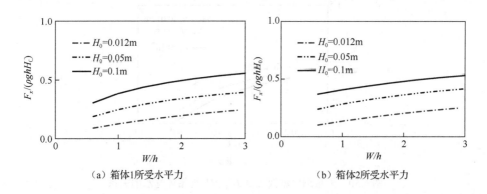

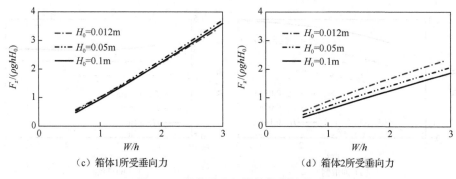

（c）箱体1所受垂向力　　　　（d）箱体2所受垂向力

图 6.49　箱体受力与箱体宽度的关系

最后研究箱体吃水（除以水深 h 无量纲化）对系统水动力的影响规律。图 6.50 给出了水深 h=0.5m，入射波波高分别为 H_0=0.012m、0.05m、0.1m，窄缝宽度 W_g=0.05m，箱体宽度 W=0.5m 时各位置无量纲化波高随箱体吃水 D 的变化规律。从图 6.50（b）中可以看出，随着箱体吃水增加，窄缝内波高有小幅度增大。当吃水小于 0.25m 时，箱体前波浪爬高随吃水增长很缓慢，当吃水大于 0.25m 且逐渐增大时，波浪爬高增大明显，相反地，透射浪减小明显，这是箱体 2 对孤立波的反射作用增强导致的结果。

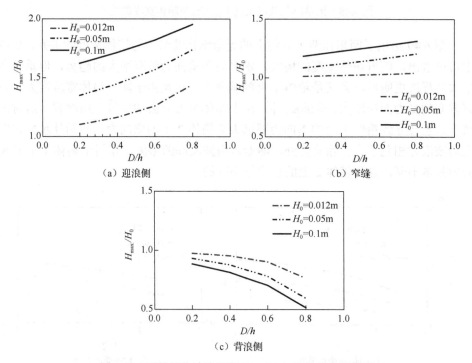

（a）迎浪侧　　　　（b）窄缝

（c）背浪侧

图 6.50　无量纲化波浪爬高 H_{max}/H_0 与箱体吃水的关系

图 6.51 给出了箱体受力与箱体吃水的关系可以看出，两箱体所受的水平力基本相等，随着吃水的增加水平方向受力面积增大，因而水平力增大。箱体 1 所受垂向力大于箱体 2。随着吃水的增大，箱体 1 所受垂向力基本不变，箱体 2 所受垂向力减小，这是因为箱体吃水增大，箱体 1 对孤立波的反射作用增强，透射浪减小，导致作用于箱体 2 上的垂向力减小。随着入射波波高的增大，箱体上的无量纲化水平力增大，而垂向力减小。

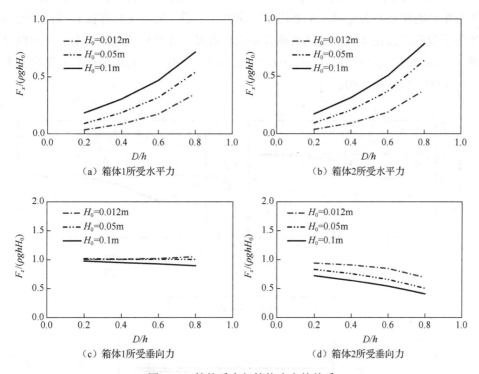

图 6.51　箱体受力与箱体吃水的关系

6.3.3　双孤立波与带有窄缝的两固定箱体相互作用

本小节主要研究双孤立波与带窄缝双箱体相互作用问题，主要目的是研究双孤立波与带窄缝双箱相互作用时，两波时间间隔对孤立波在结构迎浪侧、窄缝、背浪侧的爬高以及箱体波浪力的影响规律。

首先，研究时间间隔为 T/T_e 的双孤立波在不同位置的爬高情况。参数的选取为 $h=0.5\text{m}$，$H_0=0.012\text{m}$，$D=0.252\text{m}$，$W=0.5\text{m}$，$W_g=0.05\text{m}$。图 6.52 给出了无量纲化波高 $H_{\max}/H_0$ 随时间间隔 T/T_e 的分布关系。R 代表单孤立波作用时在各个位置

的爬高，R_1 和 R_2 分别代表入射波为双孤立波时两个波各自的爬高。从图中可以看出，第一个波在各位置的爬高与时间间隔没有关系，并且与单孤立波所得的结果相同，说明第一个波的爬高不受第二个波的影响。但是，第二个波的爬高受第一个波经结构反射后的影响且随时间间隔的变化呈现出"勺子"形变化的趋势，即：当时间间隔 T 大约为 2 倍的孤立波有效周期时，达到一个最小值；随着时间间隔继续减小，第二个波的爬高又逐渐增大，基本等同于第一个波爬高 R_1。当时间间隔较大时，第二个波爬高 R_2 与第一个波爬高 R_1 基本相同，这是由于两波相距较远，第二个波的爬高不会受第一个波影响。这种"勺子"形变化趋势在 Lo 等（2013）的关于双孤立波在缓坡上爬高的研究中也出现过。在结构迎浪侧、窄缝位置以及背浪侧的爬高最小值分别是 H_{max}/H_0=1.00、0.82 和 0.71，对应的时间间隔分别为 T/T_e=1.99、1.89 和 1.80。

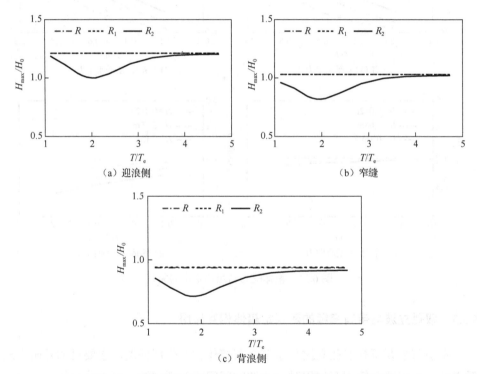

图 6.52 无量纲化波浪爬高 H_{max}/H_0 与时间间隔 T/T_e 的关系

为了解释第二个波的爬高为何在时间间隔 T/T_e 等于 2 附近出现峰值，图 6.53 给出了一系列结构迎浪侧水面变化的时间历程来进行说明。图中给出了三种不同时间间隔的情况，其中 T/T_e=1.99 是第二个波爬高出现最小值的时候。同时，图中也给出了单孤立波作用时的时间历程。可以看出，当 T/T_e=1.42、1.99 和 2.37 时，第二个波与第一个波的反射波重合，此时第二个波的爬高为波峰与第一个波的反射波叠加，因此导致了第二个波爬高的减小，当 T/T_e=1.99，第二个波波峰恰好与第一个波反射波波谷完全重合时，达到最小值。这里提出一个猜想：如果两波时间间隔很小，使第二个波与第一个波反射后的波峰（图 6.46）叠加，第二个波的爬高甚至会大于第一个波。

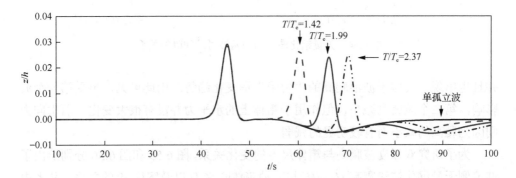

图 6.53　不同时间间隔时结构迎浪侧波面时间历程

　　图 6.54 给出了双波作用时，各个箱体上无量纲化波浪力随时间间隔 T/T_e 的变化趋势。F 代表单孤立波作用于箱体上的波浪力，F_1 和 F_2 分别代表双孤立波两个波峰分别作用于箱体上的波浪力。从图 6.54（a）和（b）中可以看出，第一个波作用在两箱体上的水平力与单孤立波效果相同，第二个波产生的波浪力与第一个波也基本相同，个别情况下有一些很小的差距（最大差距也小于 15%）。从图 6.54（c）和（d）可以看出，第一个波作用于两箱体上的垂向力也与单孤立波相同，但第二个波产生的垂向力在某些时间间隔处小于第一个波产生的波浪力，

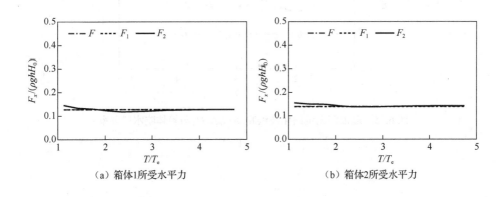

（a）箱体1所受水平力　　　　　　　　　　（b）箱体2所受水平力

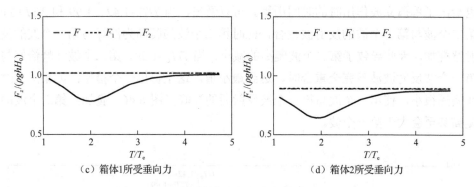

（c）箱体1所受垂向力　　　　　　　　　（d）箱体2所受垂向力

图 6.54　无量纲化波浪力与两波时间间隔的关系

并且也出现了类似于波浪爬高的"勺子"形变化趋势。由此可见，虽受第一个波影响，第二个波爬高减小，但作用于箱体上的水平力并没有很大变化，而垂向力则因为爬高的减小而有较明显的减弱。

为了研究双孤立波爬高与箱体尺度的变化关系，图 6.55 和图 6.56 分别给出了迎浪侧无量纲化波浪爬高 H_{max}/H_0 与三种箱体吃水 D 以及宽度 W 的关系。从图中可以看出，随着箱体吃水和宽度的增大，对孤立波的反射作用增强，第二个波在箱体前的爬高也增大。当吃水 D 增大时，第二个波爬高所对应的最小时间间隔有增大的趋势。三种吃水对应的时间间隔分别为 T/T_e=1.96、1.99 和 2.19。随着宽度 W 的改变，对应的时间间隔稍微增大，但不明显。

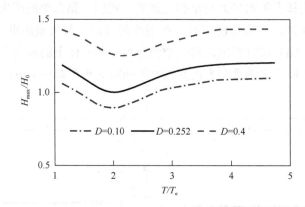

图 6.55　迎浪侧无量纲化波浪爬高 H_{max}/H_0 与箱体吃水的关系

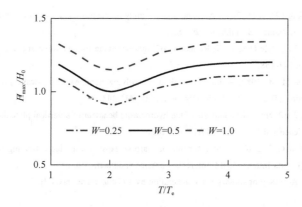

图 6.56　迎浪侧无量纲化波浪爬高 H_{max}/H_0 与箱体宽度的关系

图 6.57 给出了三种不同入射波波高时，迎浪侧无量纲化波浪爬高 H_{max}/H_0 与入射波波高 H_0 的关系。从图中可以看出，随着入射波波高增大，孤立波在箱体前的反射波波高也增大。第二个波箱前爬高最小值对应的无量纲化时间间隔也逐渐增大，并且趋势很明显，但是与第一个波爬高的差距逐渐减小。三种入射波波高对应的爬高最小值分别是 H_{max}/H_0=1.00、1.22 和 1.42，对应的时间间隔分别为 T/T_e=1.99、2.99 和 3.50。分析其原因，可能是相比于第二个波波高，第一个波经箱体反射后的波高尺度较小，随着入射波波高增大，其对第二个波的影响效果也逐渐减弱。

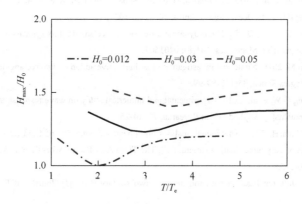

图 6.57　迎浪侧无量纲化波浪爬高 H_{max}/H_0 与入射波波高的关系

参 考 文 献

宁德志, 苏晓杰, 滕斌, 2017. 波浪与带有窄缝结构相互作用的非线性数值模拟[J]. 船舶力学, 21(2): 143-151.

苏晓杰, 宁德志, 滕斌, 2016. 孤立波与带有窄缝结构作用的数值模拟研究[J]. 哈尔滨工程大学学报, 37(1): 86-91.

Chen Y Y, Kharif C, Yang J H, et al., 2015. An experimental study of steep solitary wave reflection at a vertical wall[J]. European Journal of Mechanics: B/Fluids, 49: 20-28.

Cooker M J, Weidman P D, Bale D S, 1997. Reflection of high-amplitude solitary wave at a vertical wall[J]. Journal of Fluid Mechanics, 342: 141-158.

Fenton J D, Rienecker M M, 1982. A Fourier method for solving nonlinear water-wave problems: application to solitary-wave interactions[J]. Journal of Fluid Mechanics, 118: 411-443.

He G H, Kashiwagi M, 2012. Numerical analysis of the hydroelastic behavior of a vertical plate due to solitary waves[J]. Journal of Marine Science and Technology, 17(2): 154-167.

Iwata H, Saitoh T, Miao G P, 2007. Fluid resonance in narrow gaps of very large floating structure composed of rectangular modules[C]. 4th International Conference on Asian and Pacific Coasts.

Katell G, Eric B, 2002. Accuracy of solitary wave generation by a piston wave maker[J]. Journal of Hydraulic Research, 40(3): 321-331.

Kim Y W, 2003. Artificial damping in water wave problems I: constant damping[J]. International Journal of Offshore and Polar Engineering, 13(2): 88-93.

Li Y J, Zhang C W, 2016. Analysis of wave resonance in gap between two heaving barges[J]. Ocean Engineering, 117: 210-220.

Lo H Y, Park Y S, Liu P L, 2013. On the run-up and back-wash processes of single and double solitary waves: an experimental study[J]. Coastal Engineering, 80: 1-14.

Lu L, Teng B, Cheng L, et al., 2011. Modelling of multi-bodies in close proximity under water waves-fluid resonance in narrow gaps[J]. Science China (Physics, Mechanics and Astronomy), 54(1): 16-25.

Maiti S, Sen D, 1999. Computation of solitary waves during propagation and runup on a slope[J]. Ocean Engineering, 26(11): 1063-1083.

Maxworthy T, 1976. Experiments on collisions between solitary waves[J]. Journal of Fluid Mechanics, 76(1): 177-186.

Miao G P, Saitoh T, Ishida H, 2001. Water wave interaction of twin large scale caissons with a small gap between[J]. Coastal Engineering Journal, 43(1): 39-58.

Ning D Z, Su X J, Zhao M, et al., 2015a. Numerical study of resonance induced by wave action on multiple rectangular boxes with narrow gaps[J]. Acta Oceanologica Sinica, 34(5): 92-102.

Ning D Z, Su X J, Zhao M, et al., 2015b. Hydrodynamic difference of rectangular-box systems with and without narrow gaps[J]. Journal of Engineering Mechanics, 141(8): 04015023.

Ning D Z, Su X J, Zhao M, 2016. Numerical investigation of solitary wave action on two rectangular boxes with a narrow gap[J]. Acta Oceanologica Sinica, 35(12): 89-99.

Ning D Z, Zhu Y, Zhang C W, et al., 2018. Experimental and numerical study on wave response at the gap between two barges of different draughts[J]. Applied Ocean Research, 77: 14-25.

Saitoh T, Miao G P, Ishida H, 2006. Theoretical analysis on appearance condition of fluid resonance in a narrow gap between two modules of very large floating structure[C]. The Third Asia-Pacific Workshop on Marine Hydrodynamics, Shanghai, China: 170-175.

Su C H, Mirie R M, 1980. On head-on collision between two solitary waves[J]. Journal of Fluid Mechanics, 98(3): 509-525.

第7章 非线性液舱晃荡

　　液体晃荡是一种非常普遍的物理现象，它是指在部分充满液体的容器内发生自由表面波动的现象。液舱晃荡现象在航空航天工程、船舶与海洋工程和土木工程等领域普遍存在。例如，航天飞机的液态燃料、液罐车中的液货、陆上或海上储油罐、液化天然气船中的液货以及核反应堆中的冷却水等，在外界激励或自身运动的情况下都会发生液体晃荡。对于海上航行的液货船、浮式生产储卸平台和浮式液化天然气平台而言，液舱内的液体晃荡是一个不可避免的问题。特别是在海上复杂环境中，外部波浪激励可以导致液舱内的液体产生剧烈的晃荡，巨大液体冲击力可能造成液舱内部结构的破坏，还会影响船和平台的运动稳定性。本章将介绍时域高阶边界元方法在非线性液舱晃荡模拟问题中的应用。

7.1　数　学　模　型

　　在固定于液舱的动坐标系下考虑液舱晃荡问题，会给计算带来很大方便。对于一个给定液舱，建立两个符合右手定则的直角坐标系：大地坐标系 O_0-$x_0y_0z_0$ 和固定于液舱的动坐标系 O-xyz。大地坐标系与第 2 章定义相同，以 z_0 轴垂直向上为正。动坐标系的原点 O 位于液舱的质心位置处。液舱的任意运动可分解为液舱质心的平移运动与其绕质心的旋转运动。本章用下标 o 表示大地坐标系下的物理量，无下标 o 的变量为动坐标系下的物理量。物理量的空间偏导数和时间偏导数在两个坐标系下的转换关系为

$$\nabla = \nabla_o$$
$$\frac{\partial}{\partial t} = \left(\frac{\partial}{\partial t}\right)_o + (\boldsymbol{v}_c + \boldsymbol{\Omega} \times \boldsymbol{r}) \cdot \nabla \tag{7.1}$$

式中，$\boldsymbol{v}_c$ 为液舱质心的平移速度；$\boldsymbol{\Omega}$ 为液舱的角速度；$\boldsymbol{r}$ 为动坐标系下一点的坐标向量。由此，在动坐标系下舱内液体速度势函数的边值问题可表示为

$$\nabla^2 \phi = 0, \text{ 在} V \text{内满足} \tag{7.2}$$

$$\frac{\partial \phi}{\partial n} = (\boldsymbol{v}_c + \boldsymbol{\Omega} \times \boldsymbol{r}) \cdot \boldsymbol{n}, \text{ 在} S_{\mathrm{w}} \text{上满足} \tag{7.3}$$

$$\frac{\partial \eta}{\partial t} = -(\boldsymbol{v}_c + \boldsymbol{\Omega} \times \boldsymbol{r}) \cdot \left[-\frac{\partial \eta}{\partial x}, -\frac{\partial \eta}{\partial y}, 1\right] - \frac{\partial \phi}{\partial x}\frac{\partial \eta}{\partial x} - \frac{\partial \phi}{\partial y}\frac{\partial \eta}{\partial y} + \frac{\partial \phi}{\partial z}, \ 在 S_F 上满足$$

$$(7.4)$$

$$\frac{\partial \phi}{\partial t} = (\boldsymbol{v}_c + \boldsymbol{\Omega} \times \boldsymbol{r}) \cdot \nabla \phi - \frac{1}{2}\nabla \phi \cdot \nabla \phi - gz_c - g(T_{31}x + T_{32}y + T_{33}\eta), \ 在 S_F 上满足 \quad (7.5)$$

式中，V 表示舱内流域；S_F 表示液舱内自由表面；S_W 表示舱壁湿表面；$T_{31} = -\cos\alpha_1\sin\alpha_2\cos\alpha_3 + \sin\alpha_1\sin\alpha_3$，$T_{32} = \cos\alpha_1\sin\alpha_2\sin\alpha_3 + \sin\alpha_1\cos\alpha_3$，$T_{33} = \cos\alpha_1\cos\alpha_2$，$\alpha_1$、$\alpha_2$ 和 α_3 为表征物体旋转运动的三个欧拉角；z_c 为大地坐标系下观测到的动坐标系原点的垂向坐标；η 为动坐标系下自由表面上各点的 z 坐标。

在本书中考虑以大地坐标系为参考系的固定液舱的晃荡问题，采用半欧拉-拉格朗日方法使自由表面水质点可以做沿着速度垂直方向的运动，

$$\frac{\delta \phi}{\delta t} = -\frac{1}{2}\nabla \phi \cdot \nabla \phi - g\eta + \frac{\delta \eta}{\delta t}\cdot\frac{\delta \phi}{\delta z}, \ 在 S_F 上满足 \quad (7.6)$$

$$\frac{\delta \eta}{\delta t} = -\frac{\partial \phi}{\partial x}\frac{\partial \eta}{\partial x} - \frac{\partial \phi}{\partial y}\frac{\partial \eta}{\partial y} + \frac{\partial \phi}{\partial z}, \ 在 S_F 上满足 \quad (7.7)$$

将速度势 φ 转换到大地坐标系 $O_0\text{-}x_0y_0z_0$：

$$\phi = \varphi + ux + vy + wz \quad (7.8)$$

式中，u、v、w 分别为速度 U 在 x、y、z 方向的速度分量。将自由表面边界条件式（7.7）和式（7.8）替换式（7.4）和式（7.5），将式（7.8）代入式（7.1）和式（7.2），可以得到

$$\nabla^2 \varphi = 0, \ 在 V 内满足 \quad (7.9)$$

$$\partial \varphi / \partial n = 0, \ 在 S_W 上满足 \quad (7.10)$$

$$\frac{\delta \varphi}{\delta t} = -\frac{1}{2}\nabla \varphi \cdot \nabla \varphi - g\eta + \frac{\delta \eta}{\delta t}\cdot\frac{\delta \phi}{\delta z} - x\frac{\mathrm{d}u}{\mathrm{d}t} - y\frac{\mathrm{d}v}{\mathrm{d}t} - \eta\frac{\mathrm{d}w}{\mathrm{d}t}, \ 在 S_F 上满足 \quad (7.11)$$

$$\frac{\delta \eta}{\delta t} = -\frac{\partial \varphi}{\partial x}\frac{\partial \eta}{\partial x} - \frac{\partial \varphi}{\partial y}\frac{\partial \eta}{\partial y} + \frac{\partial \varphi}{\partial z}, \ 在 S_F 上满足 \quad (7.12)$$

液舱内液体在开始定义为不受扰动的静水面，因此此初始条件可以写成

$$\phi = 0, \ \eta(x_0, y_0, 0) = \eta_0, \ t=0 时满足 \quad (7.13)$$

$$\varphi = -xu(0) - yv(0) - \eta_0 w(0), \ \eta(x, y, 0) = \eta_0, \ t=0 时满足 \quad (7.14)$$

采用三维高阶边界元求解上述边值问题。为了减少计算量、提高计算速度，本章采用镜像格林函数方法来避免在四个侧壁和底面上的积分。考虑一个长度为 L、宽度为 B、水深为 H 的刚性箱形液舱，则镜像格林函数可写成如下形式（Newman，1992；Breit，1991）：

$$
\begin{aligned}
G(\boldsymbol{x}_0,\boldsymbol{x}) = & G_0\left(x-x_0,y-y_0,z-z_0\right) + G_0\left(x-x_0,y-y_0,z-z_0+2H\right) \\
& + G_0\left(x-x_0,y+y_0,z-z_0\right) + G_0\left(x-x_0,y+y_0,z-z_0+2H\right) \\
& + G_0\left(x+x_0,y-y_0,z-z_0\right) + G_0\left(x+x_0,y-y_0,z-z_0+2H\right) \\
& + G_0\left(x+x_0,y+y_0,z-z_0\right) + G_0\left(x+x_0,y+y_0,z-z_0+2H\right)
\end{aligned}
\tag{7.15}
$$

式中，

$$
\begin{aligned}
G_0(X,Y,Z) = & \frac{1}{\sqrt{X^2+Y^2+Z^2}} + \sum_{m=-\infty}^{\infty}\sum_{n=-\infty}^{\infty}\left\{\left[(X+2mL)^2+(Y+2nB)^2+Z^2\right]^{-1/2}\right. \\
& \left. -\left[(2mL)^2+(2nB)^2\right]^{-1/2}\right\}, \quad |m|+|n|>0
\end{aligned}
\tag{7.16}
$$

7.2 固定液舱的自由晃荡

本节对箱形液舱中的自由晃荡问题进行模拟，考虑一个长和宽均为 4.8m 的正方形水槽，其中静水深为 0.3m。将坐标原点置于水池的一角，如果给定水池内一初始水面，可以通过特征函数展开法，得到其线性理论分析解（Wei et al.，1995）为

$$
\zeta(x,y,t) = \sum_{n=0}^{\infty}\sum_{m=0}^{\infty}\zeta_{nm}\mathrm{e}^{-\mathrm{i}\omega_{nm}t}\cos(n\lambda x)\cos(n\lambda y)
\tag{7.17}
$$

式中，$\lambda=\pi/L_x=\pi/L_y$ 为第一波数；ω_{nm} 为第 (n,m) 模态的频率，即

$$
\omega_{nm}^2 = gk\tanh(k_{nm}h)
\tag{7.18}
$$

k_{nm} 为第 (n,m) 模态的波数，

$$
k_{nm}^2 = (n\lambda)^2 + (m\lambda)^2
\tag{7.19}
$$

系数 ζ_{nm} 由初始条件确定，

$$
\zeta_{nm} = \frac{1}{(1+\delta_{n0})(1+\delta_{m0})L_xL_y}\int_{-L_x}^{L_y}\int_{-L_y}^{L_y}\zeta_0(x,y)\cos(n\lambda x)\cos(n\lambda y)\mathrm{d}x\mathrm{d}y
\tag{7.20}
$$

其中，δ_{n0} 和 δ_{m0} 为克罗内克符号函数。初始波面 $\zeta_0(x,y)$ 取为高斯形状，

$$
\zeta_0(x,y) = H_0\exp\left\{-\beta\left[(x-L/2)^2+(y-W/2)^2\right]\right\}
\tag{7.21}
$$

式中，H_0 是液面初始幅值；β 是峰值增强因子。利用初始条件和余弦函数的正交性，就可求得待定系数，进而求得满足此条件的线性理论波面解析解。

7.2.1 数值模型验证

取初始幅值 $H_0 = 0.03\text{m}$，时间步长取 $\Delta t = 0.05\text{s}$。图 7.1 是在自由水面分别满足线性和完全非线性自由表面条件情况下，液舱角点处 $(0,0)$ 和液舱中心处 $(2.4,2.4)$ 的波面时间历程图及与解析解的对比。从图中可以看出，三种情况的波面值均吻合得很好，一方面说明了本书数学模型的正确性，另一方面说明了在初始幅值 H_0 较小的情况下，非线性效果很弱，完全非线性波面与线性波面没有什么

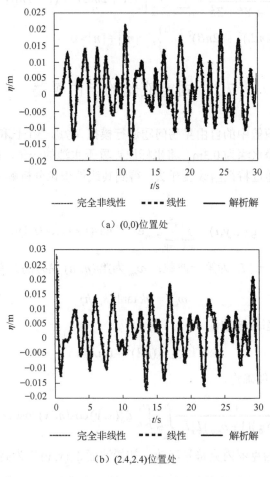

（a）(0,0)位置处

（b）(2.4,2.4)位置处

图 7.1 液舱波面时间历程图和与解析解的对比

区别。图 7.2 分别是 0.0s、5.0s、10.0s、15.0s、20.0s 和 25.0s 时液舱内自由表面的波面变化图。图中反映出了水体在各个时刻仅受重力作用所发生的变化过程，从图中可以看出，液舱的四个角点处的波面变化呈对称性分布。

图 7.3 是在初始幅值 $H_0 = 0.3\text{m}$ 时，自由水面满足完全非线性边界条件下，本书模型计算的液舱角点处 $(0,0)$ 和液舱中心处 $(2.4,2.4)$ 的非线性波面时间历程及与解析解的对比。从图中可以看出，初始幅值增大，导致非线性增强，非线性波面不再与解析波面保持一致，自由表面随时间变化的峰值和相位都发生了变化，这

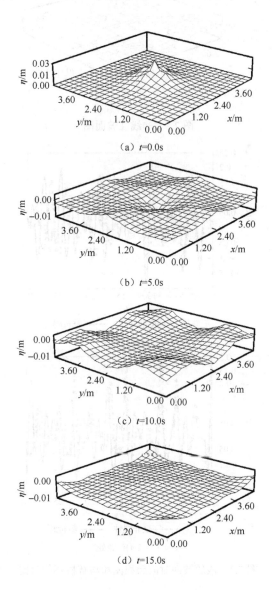

（a）$t=0.0\text{s}$

（b）$t=5.0\text{s}$

（c）$t=10.0\text{s}$

（d）$t=15.0\text{s}$

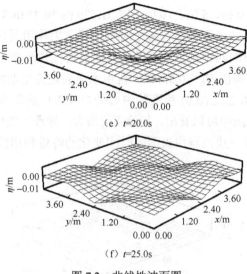

(e) t=20.0s

(f) t=25.0s

图 7.2 非线性波面图

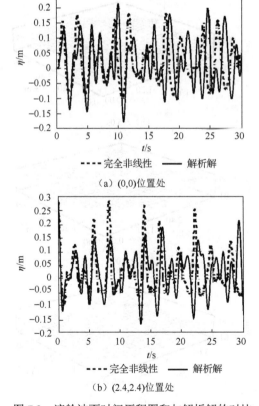

------- 完全非线性 ——— 解析解

（a）(0,0)位置处

------- 完全非线性 ——— 解析解

（b）(2.4,2.4)位置处

图 7.3 液舱波面时间历程图和与解析解的对比

种现象与 Wei 等（1995）的差分法模拟结果以及柳淑学等（2000）的有限元法模拟结果相一致。由此可见，在非线性很强的情况下，用线性模型近似计算工程问题是不全面的，也是不准确的。

7.2.2　不同初始波面情况计算及分析

当固定容器中的液体做自由晃荡时，只有固有频率对其有影响。因此，下面将针对固定容器内具有不同形式的初始波面情况进行模拟研究，然后利用傅里叶变换方法对某一点的波面时间历程进行频谱分析，从而得出液体自由晃荡过程中各固有频率的成分，进而总结分析各固有频率对液体自由晃荡的影响（宁德志等，2012）。

1.　初始波面为一阶模态

首先，考虑初始波面为一阶模态形式的情况：$\eta = A\sin(\pi x/L)$。选取波陡 ε 分别为 0.005、0.05、0.1 和 0.2。通过数值模拟得到容器左侧壁处的波面时间历程，如图 7.4 所示。由图可知：当波陡 $\varepsilon=0.005$ 和 0.05 时，初始波面幅值很小，液体晃荡的非线性很弱，波峰和波谷大致相当，呈现出很好的对称性；当波陡增大至0.1 和 0.2 时，初始波面幅值也相应地增大，从而使液体晃荡的强度增加，非线性增强，出现波峰变高、波谷变缓的非线性现象，并且波陡越大，非线性现象越明显。

接下来，采用傅里叶变换的方法对图 7.4 所示的无量纲化波面时间历程进行频谱分析，得到不同波陡情况下的频谱图，结果如图 7.5 所示。从图中可以看出：当 $\varepsilon=0.005$ 时，液体运动的非线性很弱，起主导作用的只有一阶固有频率 ω_1；随着波陡增大，当 $\varepsilon=0.05$ 和 0.1 时，除一阶固有频率 ω_1 之外，二阶固有频率 ω_2 和二倍频 $2\omega_1$ 的作用突显；当波陡继续增大到 0.2 时，除上述三个频率以外，三阶固有频率 ω_3 也开始有贡献。同时，各阶固有频率间的相互作用加强，一阶、二阶

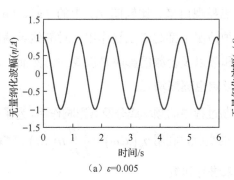

（a）$\varepsilon=0.005$

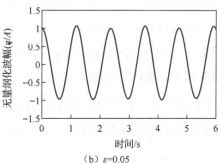

（b）$\varepsilon=0.05$

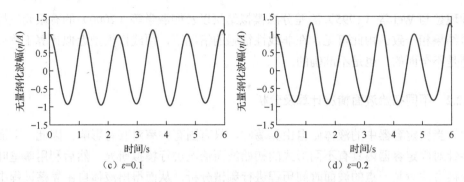

（c）ε=0.1　　　　　　　　　　　　　（d）ε=0.2

图 7.4　不同波陡情况下容器左侧壁处的波面时间历程图

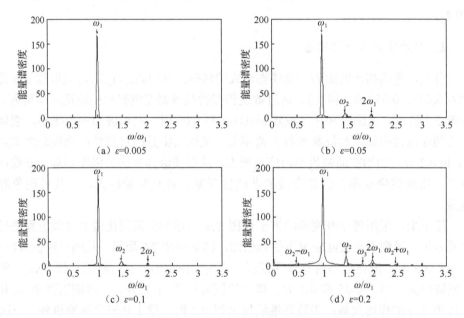

（a）ε=0.005　　　　　　　　　　　（b）ε=0.05

（c）ε=0.1　　　　　　　　　　　　　（d）ε=0.2

图 7.5　不同波陡情况下容器左侧壁波面时间历程的频谱分析结果

固有频率间的和频 $\omega_1+\omega_2$、差频 $\omega_2-\omega_1$ 也显现出来。比较图 7.5 中的（a）、（b）、（c）、（d）可知，一阶固有频率 ω_1 在各种情况下都起着主导作用，对液体晃荡的影响最大，其他阶次固有频率、倍频、和频以及差频的影响是次要的。然而，随着波陡增大，非线性增强，次要频率的影响也逐渐增强。

图 7.5 中只分析了容器中液体自由晃荡过程中的频率成分及其影响作用，为了更清楚全面地看出各频率对容器内液体晃荡的贡献，利用 $\eta_n\left(x,\omega\right)=\dfrac{2}{T}\displaystyle\int_0^T\eta\left(x,t\right)\mathrm{e}^{-in\omega t}\mathrm{d}t$ 将波幅中的各频率所对应的幅值分离出来进行研究。

　　图 7.6 给出了初始波面为一阶模态形式的情况下不同波陡液体晃荡中频率 ω_1、ω_2 和 $2\omega_1$ 所对应的波幅分布情况。从图 7.6（a）中可知，ω_1 对应的波面幅值左右对称，在容器两侧的幅值最大，在容器中间处的幅值最小，数值为 0。当波陡增大时，ω_1 对应的波面幅值没有变化。这与图 7.5 中不同波陡情况下 ω_1 所对应的能量谱密度值相等的结果是一致的。在图 7.6（b）中，$2\omega_1$ 所对应的波面幅值以 $x=0$ 对称分布，并且波陡越大，波面幅值也越大。这与图 7.5 中不同波陡情况下 $2\omega_2$ 所对应能量谱密度值变化趋势是一致的。在图 7.6（c）中，ω_2 所对应的波面幅值在波陡 $\varepsilon=0.005$ 时呈对称性分布，与图 7.6（a）相同。然而随着波陡增大，液体晃荡非线性增强，ω_2 所对应的波面幅值分布也随着发生了变化，对称点左移，同时对称性失衡。对比分析图 7.6 中的（a）、（b）、（c）可知，容器两侧波面幅值主要取决于一阶固有频率，而中间位置处一阶固有频率贡献为 0，反而要取决于高阶固有频率和基频的多倍频。

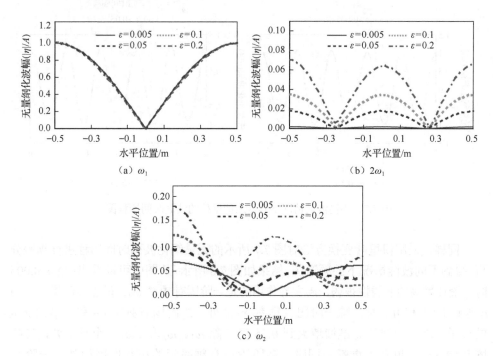

图 7.6　各波陡情况下不同频率所对应的波面幅值

2. 初始波面为二阶模态

　　然后，考虑初始波面为二阶模态形式的情况，选取波陡 ε 分别为 0.005、0.05、0.1 和 0.25 四种情况进行模拟。图 7.7 给出了四种情况下容器左侧壁处的波面时间历程。由图可知：当波陡 ε=0.005 和 0.05 时，初始的波面幅值很小，液体运动的非线性很弱，波峰和波谷大致相等，呈现出良好的对称性；当波陡增大到 0.1 和 0.25 时，初始波面幅值也相应地增大，从而使液体晃荡强度增加，非线性增强，出现了波峰变高、波谷变缓的非线性现象，并且波陡越大，液体晃荡的非线性越明显。上述现象与初始波面为一阶模态形式的情况一致。

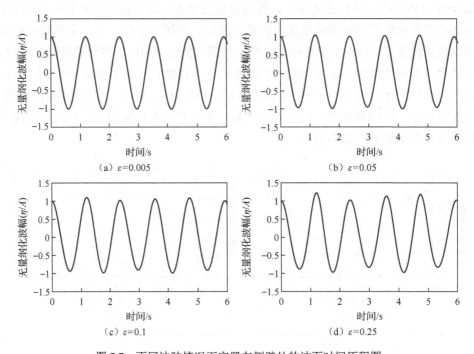

图 7.7　不同波陡情况下容器左侧壁处的波面时间历程图

同样，采用傅里叶变换方法对图 7.7 所示的无量纲化波面时间历程进行频谱分析，得到不同波陡情况下的频谱图，结果如图 7.8 所示。从图中可以看出：当 ε=0.005 时，液体晃荡的非线性很弱，起主导作用的是一阶固有频率 ω_1；随着波陡增大，当 ε 达到 0.05 和 0.1 时，除一阶固有频率 ω_1 之外，二阶固有频率 ω_2 和二倍频 $2\omega_1$ 的作用显现；当波陡 ε 继续增大到 0.25 时，除 ω_1、ω_2 和 $2\omega_1$ 三个频率外，三阶固有频率 ω_3 也有了贡献，同时，各阶次固有频率间的相互作用加强，一阶、二阶固有频率间的和频 $\omega_1+\omega_2$、差频 $\omega_2-\omega_1$ 也显现了。比较四幅频谱图可知，一阶固有频率 ω_1 在四种波陡情况下都起着主导作用，对液体晃荡的影响最大，其他阶固有频率、倍频、和频以及差频的影响都是次要的。然而，随着波陡增大，非线性增强，次要频率的影响也逐渐增强，不容忽视。如图 7.8（d）所示，除一阶固有频率之外，其他高阶次固有频率、倍频、和频以及差频的总体贡献已达到 27%。

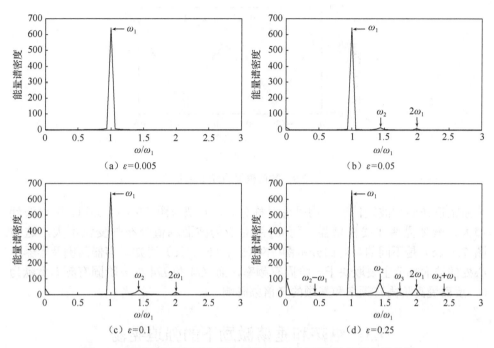

图 7.8　不同波陡情况下容器左侧壁波面时间历程的频谱分析结果

图 7.9 给出了初始波面为二阶模态形式时不同波陡情况下 ω_1、ω_2 和 $2\omega_1$ 所对应的波面幅值分布。从图 7.9（a）中可知，ω_1 对应的波面幅值左右对称，在容器两侧和容器中心处的波面幅值最大，在容器 $-L/4$ 和 $L/4$ 处幅值最小，数值为 0。当波陡增大时，ω_1 对应的波面幅值没有变化。这与图中不同波陡情况时 ω_1 所对应能量谱密度值相等的结果是一致的。在图 7.9（b）中，$2\omega_1$ 所对应的波面幅值以 $x=0$ 对称分布，并且波陡越大，波面幅值也越大。这与图 7.8 中不同波陡情况时 $2\omega_2$ 所对应能量谱密度值的变化趋势相吻合。在图 7.9（c）中，ω_2 所对应的

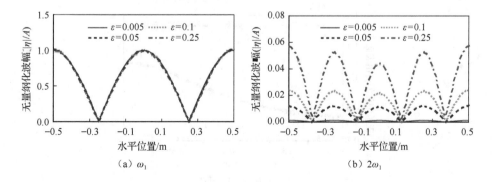

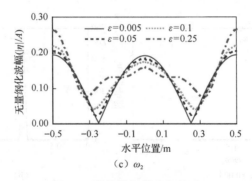

（c）ω_2

图 7.9 数值模拟的分离结果

波面幅值在四种波陡情况下均呈现对称分布，波型与图 7.9（a）类似。随着波陡增大，液体晃荡非线性增强，而 ω_2 所对应的波面幅值分布却变化不大，这与图 7.6（c）是不同的。对比分析图 7.9（a）、（b）、（c）可知，容器两侧及容器中心处的波面幅值主要取决于一阶固有频率，而 $-L/4$ 和 $L/4$ 处一阶固有频率贡献为 0，反而受高阶固有频率和基频的多倍频影响。

7.3 纵荡和垂荡激励下的强迫晃荡

7.3.1 数值模型验证

本节关注纵荡和垂荡激励下的液体晃荡现象。由于不考虑横荡的作用，可以将问题简化为二维模型。选定液舱的长度和水深分别为 2.0m 和 1.0m。对于液舱只做纵荡运动的情况，初始自由表面是水平静止的，纵荡位移表示为 $x_b(t) = A_h\cos(\omega_h t)$。图 7.10 给出了 $A_h =0.0186$m 和 $\omega_h = 0.999\omega_1$ 情况下 $t/(h/G)^{0.5} =13.0667$ 和 $t/(h/G)^{0.5} =15.725$ 两个时刻的波面分布图以及本书数值结果与实验数据、有限元法计算结果的对比。图中纵坐标表示波面到容器底部的距离。高阶边界元数值结果与实验数据、已发表有限元法结果的吻合良好。

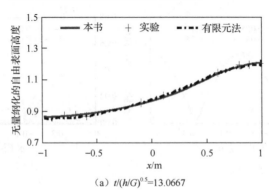

（a）$t/(h/G)^{0.5}$=13.0667

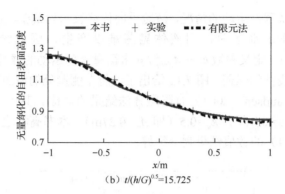

（b）$t/(h/G)^{0.5}$=15.725

图 7.10　纵荡激励下两个时刻的波面分布图

　　然后，对只做纵荡运动的液舱中动水压力的准确性进行验证。激励幅度和频率分别为 A_h =0.00186m 和 ω_h =5.3rad/s。由于激励幅度 A_h 很小，液体晃荡可以认为是线性问题。图 7.11 显示了当前结果与线性解析解（Wu et al.，1998）在自由表面和液舱左壁底部流体动水压力的比较。可以发现，目前的结果和线性解析解具有很好的一致性，动水压力趋势为共振。

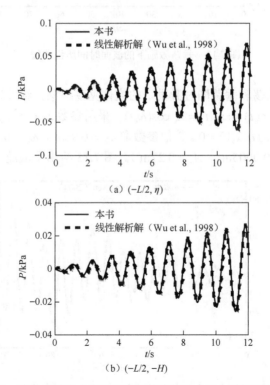

（a）$(-L/2, \eta)$

（b）$(-L/2, -H)$

图 7.11　液舱左壁自由表面和底部的流体动水压力时间历程曲线

对于液舱只做垂荡运动的情况，液舱垂向位移表示为 $z(t) = A_v \cos(\omega_v t)$。如果初始波面仍是静止水平面，则液体晃荡难以产生，因此给定初始波面为 $\eta(x) = a\sin(\pi x / L)$。定义参数 $k_v = A_v \omega_v^2 / g$ 来衡量垂荡运动的强度，$\varepsilon = a\omega_1^2 / g$ 来衡量初始波面非线性的强弱。图 7.12 给出了液舱左侧壁处的波面时间历程以及本书数值结果和 Frandsen（2004）有限差分法结果的对比。其中，$\varepsilon = 0.0014$（即 $a = 0.00049$m），$\omega = 0.8\,\omega_1$，$k_v = 0.5$（即 $A_v = 0.27$m）。本书高阶边界元的数值结果与 Frandsen（2004）的数值结果吻合很好。

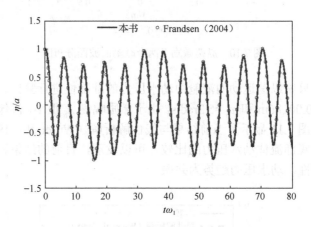

图 7.12 垂荡激励下的波面时间历程曲线

最后，考虑纵荡和垂荡同时激励下的液体晃荡现象。纵荡运动和垂荡运动分别为 $x_h(t) = A_h \cos(\omega_h t)$ 和 $z_b(t) = A_v \cos(\omega_v t)$。采用参数 $k_h = A_h^2 / g$ 表示纵荡运动的强度。初始波面取为 $\eta(x,0) = 0$。其他参数取 $\omega_h = 0.98\omega_1$，$\omega_v = 0.8\omega_1$，$k_h = 0.0014$，$k_v = 0.5$（即 $A_h = 0.0005$m，$A_v = 0.27$m）。图 7.13 给出了液舱左侧壁处的波面时

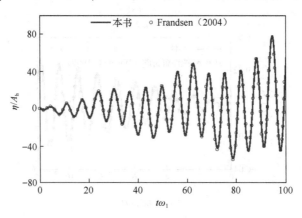

图 7.13 纵荡和垂荡激励下的波面时历曲线

间历程以及本书数值结果与 Frandsen（2004）数值结果的对比。本书高阶边界元的数值结果依然与 Frandsen（2004）的数值结果吻合很好。

7.3.2 纵荡运动情况

通过数值收敛性验证，选取时间步长和网格大小分别为 Δt =0.01s 和 $\Delta x = \Delta z$ =0.05m。首先研究不同运动频率对液体晃荡的影响规律。为此，本小节给定水平位移幅值 A_h 保持为一个固定值 0.001m，选择运动频率分别为容器各阶模态固有频率 ω_1、ω_2、ω_3、ω_4、ω_5 和 ω_6。图 7.14 给出了不同运动频率作用下容器左侧壁处波面时间历程图。图中纵坐标为无量纲化的波面值 η/A_h。

整体看来，随着固有频率的阶次增大，液体晃荡的频率也增大。其中，图 7.14（a）、（c）、（e）的波面幅值随时间逐渐增大，而图 7.14（b）、（d）、（f）的波面幅值随时间不规则变化。这说明奇数阶固有频率比偶数阶固有频率更容易引起容器中液体的晃荡。

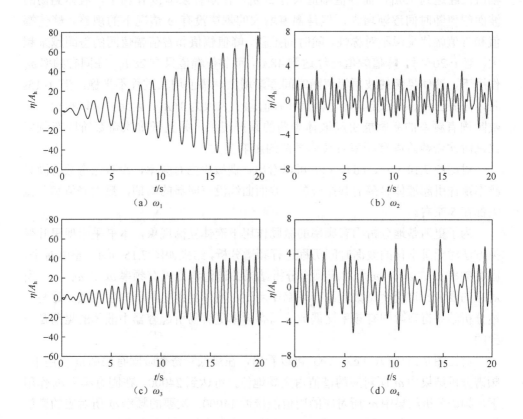

(a) ω_1

(b) ω_2

(c) ω_3

(d) ω_4

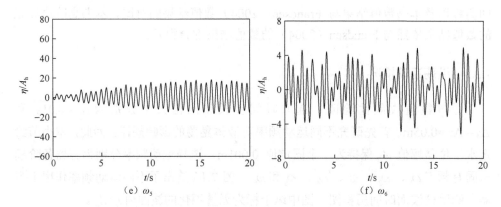

（e）ω_5　　　　　　　　　　　　　（f）ω_6

图 7.14　不同运动频率激励作用下容器左侧壁处的波面时间历程图

　　对比图 7.14（a）、（c）、（e）可以看出，在最低阶奇数阶固有频率 ω_1 作用下，液体晃荡的波面幅值随时间逐渐增大，呈现良好的线性关系。当 $t=20$s 时，峰值幅值已经达到 $75A_h$，而谷值幅值只有 $50A_h$。在固有频率 ω_3 作用下，液体晃荡的波面幅值随时间逐渐增大，但是幅值增大的规律没有 ω_1 情况下的规整。峰值幅值和谷值幅值呈现不对称性，随时间推移，峰值幅值和谷值幅值间的差距越来越大。当 $t=20$s 时，峰值幅值已经达到 $48A_h$，而谷值幅值只有 $28A_h$。在固有频率 ω_5 作用下，液体晃荡的波面幅值随时间逐渐增大，幅值增大过程不平稳。当 $t=15$s 时，幅值已经基本稳定，峰值幅值和谷值幅值大致为 $16A_h$。因此，可以得出，奇数阶固有频率的激励能引起液体晃荡的共振现象，并且低阶次奇数阶固有频率比高阶次奇数阶固有频率对液体晃荡的影响要大。

　　对比图 7.14（b）、（d）、（f）可以看出，偶数阶固有频率，没有像奇数阶固有频率那样引起液体晃荡的共振现象，波面曲线没有明显的周期，最大峰值和谷值大都在 5 左右。

　　为了更清楚地分析固有频率的激励作用下液体晃荡现象，本书采用傅里叶变换方法对无量纲化的波面时间历程进行频谱分析，结果如图 7.15 所示。整体看来，固有频率 ω_1、ω_3、ω_5 所对应频谱分析结果的谱值都比固有频率 ω_2、ω_4、ω_6 所对应的要大。这说明奇数阶固有频率作用下，液体晃荡更易于产生共振。这与上述分析结果奇数阶固有频率比偶数阶固有频率更容易引起容器中液体的晃荡是一致的。

　　对比图 7.15（a）、（c）、（e）可以看出，在最低阶奇数阶固有频率 ω_1 作用下，频谱分析结果中 ω_1 所对应的谱值占主导地位，可达到 24000。在固有频率 ω_3 作用下，频谱分析结果中 ω_3 所对应的谱值能接近 14000。次要的频率 ω_1 所对应的谱值只有 1400。在固有频率 ω_5 作用下，频谱分析结果中，除占主导地位的 ω_5 之外，

还有 ω_1、ω_3。因此可知，在奇数阶固有频率作用下，液体晃荡过程中只激发出了奇数阶固有频率，并且外界奇数阶固有频率的阶次越低，所引起的液体晃荡越剧烈。

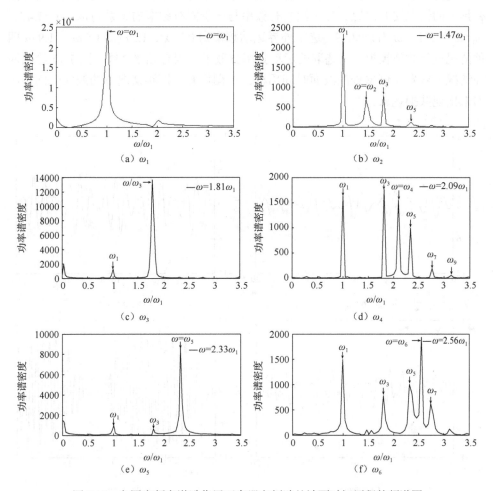

图 7.15　各固有频率激励作用下容器左侧壁处波面时间历程的频谱图

　　对比图 7.15（b）、（d）、（f）可以看出，在偶数阶固有频率作用下，液体晃荡过程中只激发出了奇数阶固有频率。如图 7.15（b）所示，当偶数阶固有频率为 ω_2 时，频谱分析结果中 ω_1 占主导，ω_3 为次要频率，而 ω_2 的谱值比 ω_1、ω_3 都小。这说明，和偶数阶固有频率相邻的两个奇数阶固有频率中，低阶次的更容易被激发出来。图 7.15（d）中，外界运动频率为 ω_4，频谱分析结果中 ω_3 对应的谱值大于 ω_1 的谱值，占主导地位。图 7.15（f）中，外界激励 ω_6 对应的谱值占主导地位。

其他奇数阶固有频率中，ω_1 的谱值最大，并且 ω_5 的谱值大于 ω_3 对应的谱值。结合图 7.15（d）和（f），可以得出偶数阶固有频率激励作用下，靠近运动频率和低阶次的奇数阶固有频率更容易被激发出来。

　　为验证上述结论的正确性和普遍性，本小节进一步针对外界运动频率为非固有频率的情况展开研究。各阶次固有频率与一阶固有频率的关系为 $\omega_2/\omega_1=1.47$、$\omega_3/\omega_1=1.81$、$\omega_4/\omega_1=2.09$。选定外界运动频率为 $0.7\omega_1$、$1.3\omega_1$、$1.6\omega_1$、$1.9\omega_1$ 四种情况进行数值模拟。所选取的运动频率分散于各固有频率之间。图 7.16 给出四种情况下容器左侧壁处的波面时间历程。由图可知，四种情况下的波面时间历程均未出现共振现象。

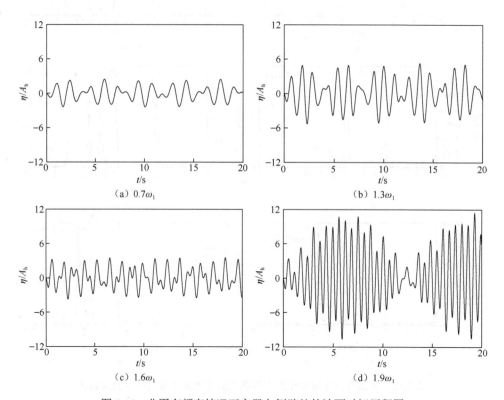

图 7.16　非固有频率情况下容器左侧壁处的波面时间历程图

　　然后分别对各种情况下容器左侧壁处波面时间历程进行频谱分析，结果如图 7.17 所示。由图可知，在非固有频率外界激励作用下，液体晃荡过程中仍旧只激发出了奇数阶固有频率。在同偶数阶固有频率相邻的两个奇数阶固有频率中，低阶次的更容易被激发出来。靠近运动频率和低阶次的奇数阶固有频率更容易被激发出来。这同上述部分的结论是一致的，这充分说明上述结论存在的普遍性。

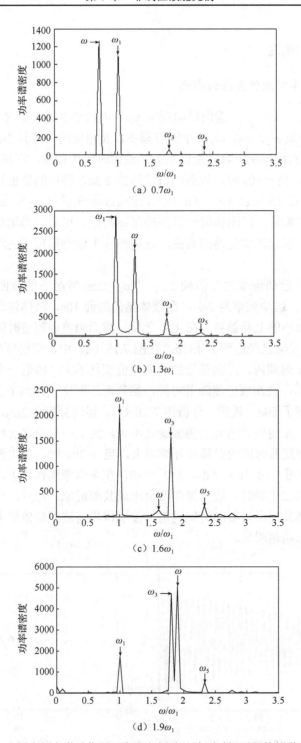

（a）$0.7\omega_1$

（b）$1.3\omega_1$

（c）$1.6\omega_1$

（d）$1.9\omega_1$

图 7.17　非固有频率激励作用下容器左侧壁处波面时间历程的频谱分析结果

7.3.3　垂荡运动情况

1. 运动频率对液体晃荡的影响

首先，针对 ε、k_v 一定，垂向运动频率 ω_v 不同的情况进行研究。选取 $\varepsilon=0.001$、$k_v=0.2$，ω_v 分别取 ω_1、ω_2、ω_3 三个固有频率以及相应的二倍频 $2\omega_1$、$2\omega_2$、$2\omega_3$。图 7.18 给出了六种情况下容器左侧壁处的波面时间历程图。在图 7.18（a）中，运动频率为 ω_1，当 $t=40$s 时，波面幅值才达到 2.5a，谷值幅值也只有 2.0a，液体晃荡强度不剧烈。图 7.18（c）、（e）中，运动频率分别为 ω_2 和 ω_3，波面时间历程呈现很好的周期性，波面幅值一直保持在 a 附近。可见，当运动频率为容器固有频率时，不会引起液体晃荡的共振，这同纯水平激励作用下的液体晃荡规律有所不同。

然后，分析运动频率为二倍频 $2\omega_1$、$2\omega_2$、$2\omega_3$ 情况下的波面时间历程。在图 7.18（b）中，运动频率为 $2\omega_1$，在液体晃荡的前 10s，液体运动的波面幅值变化不大，呈现微小的上升趋势，在 10s 之后，波面幅值便随着时间急剧增大。当 $t=20$s 时，最大波幅已经达到了 135a。在图 7.18（d）中，运动频率为 $2\omega_2$，在液体晃荡的前 22s 时间内，左侧壁处的波面幅值变化不大，接近一个平稳的周期运动，在 22s 之后，波面幅值便随着时间的推移而逐渐增大，当 $t=30$s 时，最大波面幅值已经达到了 80a。最后，分析图 7.18（f），运动频率为 $2\omega_3$，在液体晃荡的前 25s 时间内，左侧壁处的波面幅值变化不大，处于一个稳定的状态，在 25s 之后，波面幅值便随着时间的推移才开始增大，当 $t=30$s 时，最大波面幅值已经达到了 50a。综合图 7.18（b）、（d）、（f）可知，在垂直激励作用下，当运动频率为容器固有频率的二倍频时，液体晃荡便会出现共振现象。此外，外界运动频率越小，其激发液体共振所需的时间越短，使液体晃荡波面幅值增大的速度越快，对液体晃荡的影响越明显。

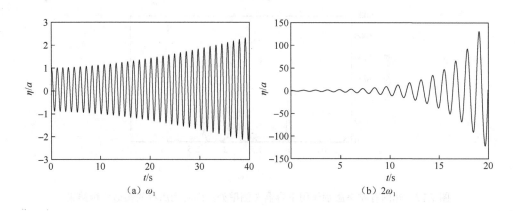

（a）ω_1　　　　　　　　　　　　　　　　（b）$2\omega_1$

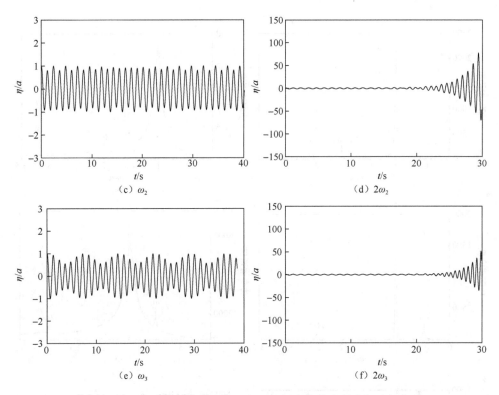

图 7.18　不同运动频率情况下容器左侧壁处的波面时间历程图

　　接下来采用傅里叶变换方法对上述无量纲化的波面时间历程进行频谱分析，得到各情况下的频谱图，如图 7.19 所示。观察图 7.19（a）、（c）、（e），当垂直运动频率为容器固有频率时，其频谱图中主要有三个主要频率：一阶固有频率、运动频率、一阶固有频率的和频与差频。其中，容器的一阶固有频率绝对占优。值得注意的是，外界运动频率在频谱图中没有出现，而是以与一阶固有频率的和频、差频形式出现。

　　然后，分析图 7.19（b）、（d）、（f），当垂直运动频率为容器固有频率的二倍频时，其频谱图中也主要有三个成分：一阶固有频率、外界运动频率及外界运动频率的一半。其中，绝对占优的是外界运动频率的一半，一阶固有频率和外界运动频率反而处于非常次要的地位。其实，这种情况下出现的共振就是法拉第（Faraday）波，它是法拉第在 1831 年由实验观察而得到的。法拉第波指的是容器在垂直激励作用下运动，当外界运动频率是容器固有频率的二倍时，容器内液体便会以运动频率一半的频率出现共振。

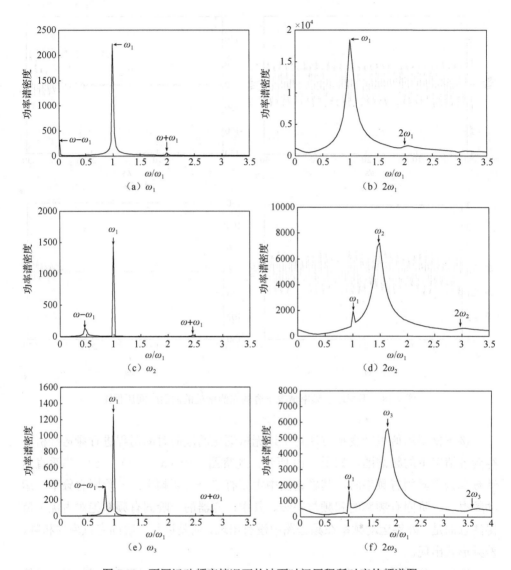

图 7.19　不同运动频率情况下的波面时间历程所对应的频谱图

下面分别针对 ω_v 为 ω_1、ω_2 时，ε 和 k_v 取不同值的液体晃荡情况进行模拟，研究分析 ε 和 k_v 对液体晃荡的影响。

2. 波陡对液体晃荡的影响

图 7.20 给出了 ω_v、k_v 一定，波陡 ε 不同的情况下容器左侧壁处波面时间历程的对比图。图 7.20（a）给出了 $\omega_v=\omega_1$、$k_v=0.2$、ε 分别为 0.001 和 0.05 时波面

时间历程对比图。由图可知，不同波陡情况下波面时间历程的相位是一样的，而波陡为 0.05 的波面时间历程比波陡为 0.001 的出现更大的波峰和更小的波谷。这是因为初始波面的波陡越大，液体晃荡的非线性越强。图 7.20（b）给出了 $\omega_v=\omega_2$、$k_v=0.2$、ε 分别为 0.001 和 0.1 时波面时间历程对比图。由图可知，从 $t=30\mathrm{s}$ 到 $t=40\mathrm{s}$ 这段时间内，时间历程整体没有相位差，但有一半的波峰和波谷所在的相位在波陡较大的情况下出现了一定的偏移，并且偏移发生时对应的波峰变得更大，波谷变得更小。整体分析图 7.20 可以看出，初始波面的波陡对液体晃荡的影响是较小的。

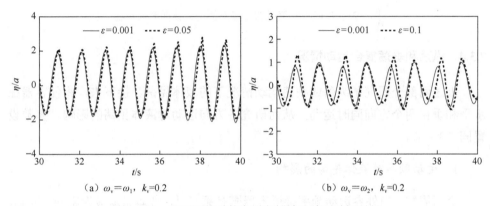

图 7.20　ε 取不同值时的容器左侧壁处波面时间历程

3. 运动强度对液体晃荡的影响

下面分别针对 ω_v、ε 一定，k_v 取不同值的液体晃荡情况进行研究分析。选定 $\omega_v=\omega_1$ 和 ω_2，$\varepsilon=0.05$，k_v 分别为 0.2 和 0.3 两种情况进行研究。图 7.21（a）给出 $\omega_v=\omega_1$、$\varepsilon=0.05$、k_v 分别为 0.2 和 0.3 情况下容器左侧壁处波面时间历程对比图。由图可知，两种情况的相位是一致的。当 t 大于 5s 后，$k_v=0.3$ 的波面幅值开始增大，比 $k_v=0.2$ 的情况有更大的波峰和波谷。图 7.21（b）给出 $\omega_v=\omega_2$、$\varepsilon=0.05$、k_v 分别为 0.2 和 0.3 情况下容器左侧壁处波面时间历程对比图。由图可知，当 t 小于 20s 时，两种情况的相位和幅值没有太大的差距；当 t 大于 20s 后，$k_v=0.3$ 的波面幅值开始增大，相较于 $k_v=0.2$ 的情况出现更大的波峰和波谷。同时，由于 $k_v=0.3$ 情况波面幅值的不断增大，液体晃荡的非线性增强，相位相对 $k_v=0.2$ 情况有所前移。整体分析图 7.21 可以得出，k_v 值对垂向激励作用下的液体晃荡有着显著影响。

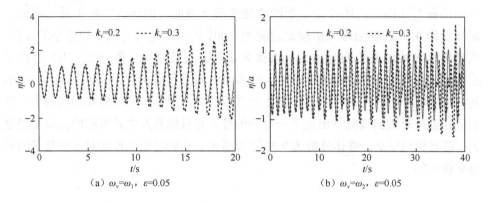

（a）$\omega_v = \omega_1$，$\varepsilon = 0.05$　　　　　　　（b）$\omega_v = \omega_2$，$\varepsilon = 0.05$

图 7.21　k_v 取不同值时的容器左侧壁处波面时间历程

7.3.4　纵荡和垂荡复合运动情况

上述两部分研究了纵荡或垂荡运动情况下的液体晃荡。接下来，将使容器在水平和垂直两个方向同时运动，从而研究各方向运动对液体晃荡的影响。参数设置同 7.3.1 节。

1. 运动频率对液体晃荡的影响

众所周知，当外界运动频率接近容器固有频率时，液体晃荡最为剧烈。因此，下面针对外界运动频率等于固有频率的情况进行研究，其中有一个或两个外界运动频率等于固有频率。此处，给出三个算例：① $\omega_h = \omega_v = \omega_1$，$k_h = 0.003$ 和 $k_v = 0.2$（即 $A_h = 0.001$m 和 $A_v = 0.069$m）；② $\omega_h = \omega_1$，$\omega_v = 0.7\omega_1$，$k_h = 0.003$ 和 $k_v = 0.2$（即 $A_h = 0.001$m 和 $A_v = 0.142$m）；③ $\omega_h = 0.7\omega_1$，$\omega_v = \omega_1$，$k_h = 0.0014$ 和 $k_v = 0.2$（即 $A_h = 0.001$m 和 $A_v = 0.069$m）。

图 7.22 给出了容器左侧壁处的波面时间历程及其相应的频谱分析结果。在图 7.22（a）、（b）中，液体晃荡出现了共振，这是由于水平激励是一阶固有频率所引起的，同时可以看出，水平激励所对应的频率起着重要的作用。在图 7.22（b）中，垂直运动频率没有单独出现，而是以与水平运动频率间和频、差频的形式出现。在图 7.22（c）中，虽然垂直运动频率等于一阶固有频率，但是水平激励远离容器固有频率。因此，液体晃荡处于一种稳定的状态。

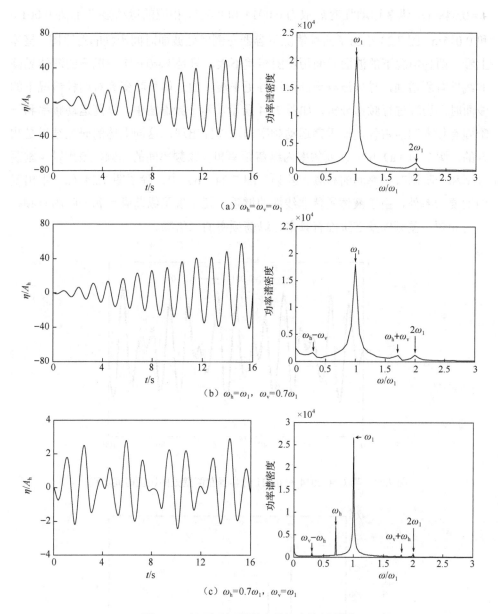

图 7.22 波面时间历程及其相应的频谱图

2. 运动强度对液体晃荡的影响

容器运动的强度在很大程度上决定着液体晃荡的非线性强弱，因此，下面针对纵荡的运动强度进行研究分析。给定 $\omega_h = 0.7\omega_1$、$\omega_v = 1.2\omega_1$、$k_v = 0.2$（即

A_v=0.048m)。纵荡运动强度 k_h 取为 0.0014 和 0.021，相应的运动幅值 A_h 为 0.001m 和 0.015m。图 7.23 给出了两种情况下容器左侧壁处波面时间历程的对比图。整体上看，两种情况下的波面时间历程图相差不大，只是 k_h=0.021 情况下的液体晃荡非线性有所增强，导致波峰更陡而波谷更平缓。通过傅里叶变换对两种情况下的波面时间历程进行频谱分析，如图 7.24 所示。两个频谱图中，纵荡运动频率和一阶固有频率明显占优，而垂荡运动频率却未单独出现，这同上述的研究结果是吻合的。图 7.24（a）中，次要频率为纵荡频率和垂荡频率间的和频、差频以及垂荡频率和一阶固有频率间的和频、差频。图 7.24（b）中，除了图 7.24（a）中出现的次要频率外，由于液体晃荡非线性的增强，还出现了纵荡频率和一阶固有频率间的和频、差频以及三阶固有频率、纵荡频率的二倍频。

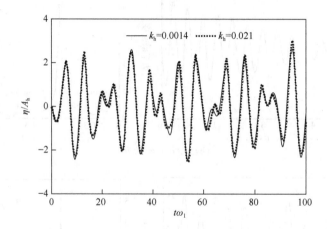

图 7.23　当 k_h=0.0014 和 0.021 时容器左侧壁处的波面时间历程

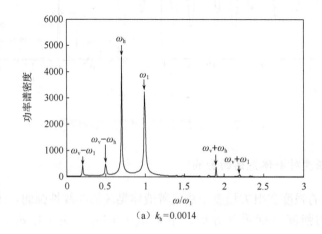

（a）k_h=0.0014

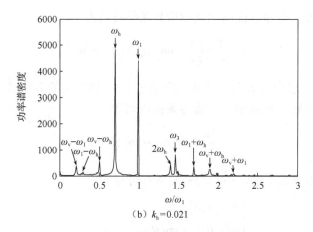

（b）$k_h = 0.021$

图 7.24　不同激振频率强度下容器左侧壁处波面时间历程的频谱分析结果

7.4　纵摇激励下的强迫晃荡

7.4.1　数值模型验证

考虑一个长度为 L、水深为 H 的箱形液舱在外界激励作用下绕 O 点进行纵摇运动。定义两个直角坐标系：一个是大地坐标系 $O_0\text{-}x_0y_0$；另一个是运动的随体坐标系 $O\text{-}xy$。其中，x 轴平行于液舱静止时的自由水面且向右为正方向，y 轴和液舱的中心线重合且向上为正方向。当液舱静止时，两个坐标系是重合的。同时，定义静止水面和 x 轴间的距离为 e，且当 x 轴在静止水面以下时 e 值取为正。描述流体运动的速度势 ϕ 满足拉普拉斯方程：

$$\nabla^2\phi = 0 \tag{7.22}$$

运动角速度 $\omega(t)$ 定义为

$$\omega(t) = \frac{\mathrm{d}\theta(t)}{\mathrm{d}t} \tag{7.23}$$

式中，$\theta(t)$ 表示液舱偏离静止位置的角度，且顺时针偏离为正值。

同时假设：一是自由表面上的压强等于大气压强的自由表面边界条件；二是自由表面上的流体质点将始终保持在自由表面上。本节将大气压强设定为 0。基于第一条假设，自由表面的动力学边界条件可写为

$$\frac{\partial\phi}{\partial t} + \frac{1}{2}\left[\left(\frac{\partial\phi}{\partial x}\right)^2 + \left(\frac{\partial\phi}{\partial z}\right)^2\right] + \omega\left[x\frac{\partial\phi}{\partial z} - (\eta+e)\frac{\partial\phi}{\partial x}\right] + g(\eta\cos\theta - x\sin\theta) = 0 \tag{7.24}$$

基于第二条假设，自由表面的运动学边界条件可写为

$$n_y \frac{\partial \eta}{\partial t} = \frac{\partial \phi}{\partial n} + \omega \left[xn_y - (\eta + e)n_x \right] \tag{7.25}$$

式中，n_x 和 n_y 表示自由表面上的外法向量与 x、y 轴夹角的余弦值；$\partial / \partial n$ 表示在外法向上的偏导数。在固壁上，边界条件可写为

$$\frac{\partial \phi}{\partial n} + \omega \left(xn_z - zn_x \right) = 0 \tag{7.26}$$

当 $t=0$ 时，液舱静止不动，相应的初始条件可写为

$$\begin{cases} \phi(x,y,0) = 0 \\ \eta(x,0) = x\tan\theta + e \\ \left(\dfrac{\partial \phi}{\partial t} \right)_{t=0} = -g\left(\eta\cos\theta - x\sin\theta \right) \\ \left(\dfrac{\partial \eta}{\partial t} \right)_{t=0} = 0 \end{cases} \tag{7.27}$$

除此之外，作用在液舱上的动水压力可由伯努利方程求得

$$P = -\frac{\partial \phi}{\partial t} - \frac{1}{2} \nabla\phi \cdot \nabla\phi - \omega \left(x\frac{\partial \phi}{\partial y} - y\frac{\partial \phi}{\partial x} \right) + g\left[(y+e)\cos\theta + x\sin\theta \right] \tag{7.28}$$

进而通过积分便能求出液舱上的作用力。

　　作为算例，考虑一个长度为 0.9m、水深为 0.6m 的箱形液舱。液舱仅做纵摇运动，转动中心设定在静止水面中心处，角位移方程为 $\theta = \theta_0 \cos(\omega t)$，其中，$\theta_0$ 是运动的角度幅值，ω 是运动频率。选取 $\theta_0 = 0.8°$ 和 $\omega = 5.5 \mathrm{rad/s}$。当 $t = 0$ 时，液舱有一个 0.8° 的倾角，初始波面静止不动。通过数值收敛性分析，选取时间步长和网格大小为 $t = 0.01\mathrm{s}$、$\delta x = 0.045\mathrm{m}$、$\delta z = 0.05\mathrm{m}$。图 7.25 给出了液舱右侧壁处的波面时间历程图以及本书数值结果与 Nakayama 等（1980）数值结果的对比，本书高阶边界元数值结果与 Nakayama 等（1980）的数值结果吻合很好。

　　再考虑一个算例，选取液舱长度 $L = 0.92\,\mathrm{m}$、水深 $H = 0.31\mathrm{m}$。液舱运动方程为 $\theta = \theta_0 \sin(\omega t)$，其中，$\theta_0$ 是运动的角度幅值，ω 是运动频率。选取 $\theta_0 = 8.0°$ 和 $\omega = 2\mathrm{rad/s}$。转动中心设定在静止水面中心点位置处，初始波面是静止不动的。图 7.26 给出了液舱右侧壁处的波面时间历程图，本书数值结果与 Akyildiz（2012）实验数据及其黏性模型的数值计算结果进行了对比。本书高阶边界元方法计算结果与实验数据吻合良好。

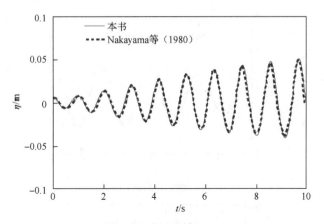

图 7.25　纵摇激励下液舱右壁处的波面时间历程

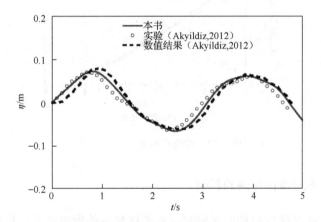

图 7.26　纵摇和垂荡激励下的波面时历曲线

　　作用在液舱上的压力是设计时考虑的重要因素之一。在上述波面验证的基础上，下例将对数值模型计算得到的压力值进行验证。选取液舱长度 L =1.0m，水深 H =0.35m，θ_0 = 5.0°，ω = 5.19rad/s。转动中心在静止水面以下 0.1m。图 7.27（a）给出了容器右侧壁上距离容器底 0.075m 位置处压力的时间历程图，以及本书数值结果与 Nakayama 等（1980）数值结果的对比。图 7.27（b）给出了 t =5.52s 时容器右侧壁上的压力分布图，并将结果与 Nakayama 等（1980）数值结果和 Higuchi 等（1976）的实验数据进行对比。对比显示，本书数值结果与 Nakayama 等（1980）的数值结果吻合很好，且五个实验数据点中有四个值吻合良好。

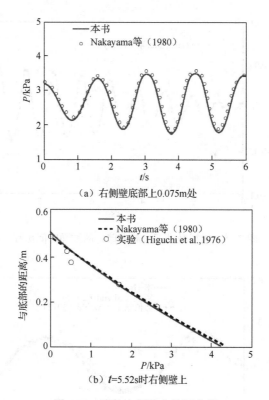

（a）右侧壁底部上0.075m处

（b）t=5.52s时右侧壁上

图 7.27　液舱右侧壁上的压力值

7.4.2　运动频率对液体晃荡的影响

　　本小节将针对纵摇运动的运动频率对液体晃荡的影响进行模拟研究。一般情况下，液体晃荡的强度主要通过波面幅值和作用在结构上的动水压力来反映。在本小节中，容器左侧壁处的波面幅值和作用在容器上的水平力将被用来衡量液体晃荡强度。长度与水深比值为2。容器运动方程为$\theta = \theta_0 \sin(\omega t)$，初始波面为静止水面。通过数值收敛性验证，时间步长和网格分别为$\Delta t = 0.01$s 和$\Delta x = \Delta z = 0.05$m。

　　当运动频率接近固有频率时，液体晃荡将会趋于共振，在结构上产生极大的作用力。因此，下面将针对外界运动频率是固有频率的情况进行模拟分析。选取6 个固有频率作为运动频率，分别为ω_1、ω_2、ω_3、ω_4、ω_5 和ω_6。转角幅值统一为 1.0°。转动中心固定在静止水面上。图 7.28 给出了 6 个运动频率下容器左侧壁处波面时间历程图。在图 7.28 （a）、（c）、（e）中，波面幅值随着时间逐渐增大，运动频率越大，波面幅值增大的速度越小，波面幅值与时间的线性关系越差。在图 7.28 （b）、（d）、（f）中，波面幅值随着时间没有增大的趋势，而是保持在一个稳定的数值。因此，相对于偶数阶固有频率来说，液体晃荡对奇数阶固有频率更为敏感，并且当运动频率是奇数阶固有频率时，频率越小，其对液体晃荡的影响越大。

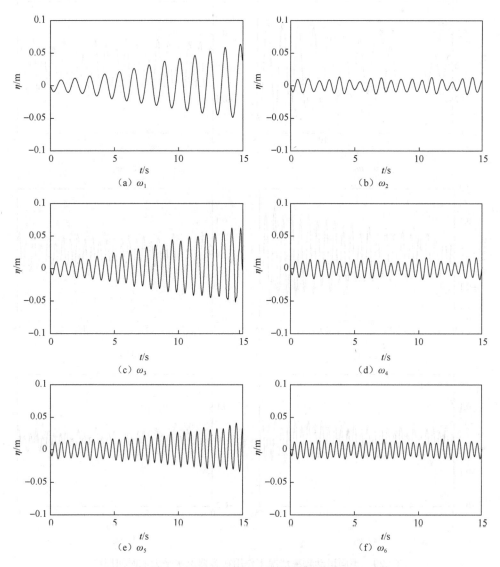

图 7.28　不同运动频率情况下容器左侧壁处波面时间历程

图 7.29 给出了 6 种情况下作用在容器上的水平力时间历程。由图 7.29（a）、（c）、（e）可知，当运动频率是奇数阶固有频率时，水平力随着时间逐渐增大，并

且运动频率越小，产生的水平力越大。然而，当运动频率是偶数阶固有频率时，水平力保持在一个稳定的状态，如图 7.29（b）、（d）、（f）所示。这同图 7.28 所表述的现象是一致的。

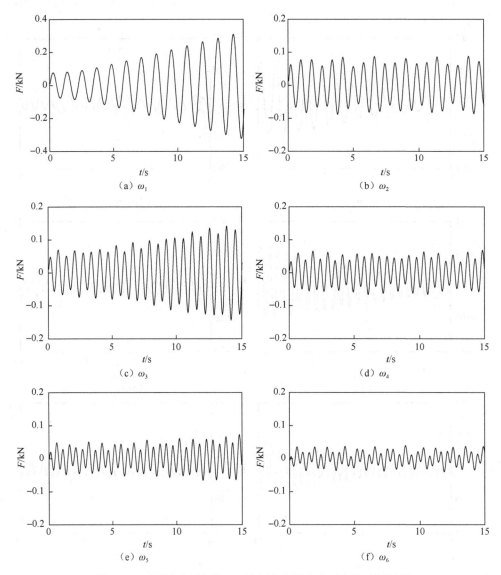

图 7.29　不同运动频率情况下作用在容器上水平力的时间历程

7.4.3　转动中心对液体晃荡的影响

本小节将模拟不同转动中心情况下纵摇运动容器中的液体晃荡过程，从而研究转动中心的影响作用。不同转动中心情况下的纵摇运动可看作是平动运动和纵摇运动的复合，如图 7.30 所示。将纵摇的转动中心固定在容器中心线与静水面的交点处。平动运动包括纵荡运动和垂荡运动，经过转化后为

$$u(t) = e\omega\theta_0 \cos(\omega t)\cos\big[\theta_0\sin(\omega t)\big] \text{ 和 } w(t) = e\omega\theta_0\cos(\omega t)\sin\big[\theta_0\sin(\omega t)\big]$$

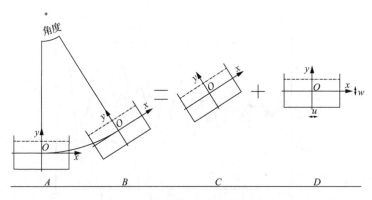

图 7.30　纵摇运动分解示意图

此处，选定三种有代表性的情况进行研究，e 分别为-0.2m、0、0.2m。运动频率 ω 和转角幅值分别为 ω_1（容器的一阶固有频率 5.316rad/s）和 1.0°。图 7.31 给出了三种情况下容器左侧壁处波面时间历程。由图可知，当转动中心在静止水面（$e=0$）时，容器左侧壁处的波面幅值最小。当转动中心距离静止水面 0.2m 时，转动中心在静止水面以上（$e=-0.2$m）情况下容器左侧壁处的波面幅值要远远大于转动中心在静止水面以下（$e=0.2$m）情况下的波面幅值。

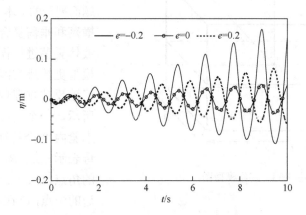

图 7.31　不同转动中心下容器左侧壁处波面时间历程

同时，图 7.32 给出了作用在容器上水平力的时间历程图。这里指出，水平力指向 x 轴正方向为正。图中，转动中心在静止水面（$e=0$）时的水平力最小。当转动中心距离静止水面 0.2m 时，转动中心在静止水面以上（$e=-0.2$m）情况下的水平力要明显大于转动中心在静止水面以下（$e=0.2$m）情况下的水平力，这同图 7.31 反映了同样的实质，即转动中心在静止水面以上更能激起容器中的液体晃荡。

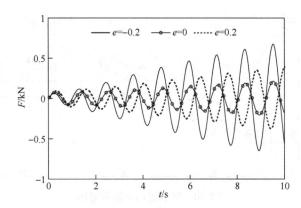

图 7.32　不同转动中心下作用在容器上水平力的时间历程

7.5　纵荡、横荡和垂荡复合运动容器中的液体晃荡

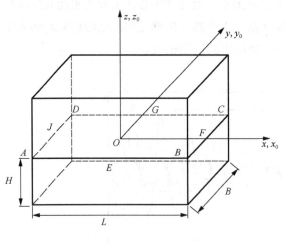

图 7.33　三维模型图

前面几节针对容器固定、纵摇和纵荡垂荡复合运动情况下的液体晃荡进行了研究。实质上，上述研究只是针对二维问题而展开的。本节将针对纵荡、横荡和垂荡复合运动容器中的液体晃荡进行模拟研究。三维模型更接近实际工程，能够更好地反映物理现象。如图 7.33 所示，一个三维箱形液舱，考虑舱内 9 个特征位置分别用字母表示，A、B、C、D 在容器的角点，E、F、G、J 在容器各边的中点，O 在容器的中心处。

7.5.1　数值模型验证

　　首先，考虑运动容器中液体晃荡的验证。给定容器沿着 DB 方向运动，与 x 轴成 45° 夹角。容器的运动方程为 $x = -A_x \cos 45° \sin(\omega_x t)$ 和 $y = A_y \sin 45° \sin(\omega_y t)$。容器的几何尺寸为 $L=W=1.0\mathrm{m}$，$H=0.25\mathrm{m}$。初始波面假定为静止水面。通过数值收敛性分析，时间步长和网格大小分别为 $\Delta t=0.02\mathrm{s}$，$\Delta x=\Delta y=0.056\mathrm{m}$，$\Delta z=0.061\mathrm{m}$。运动参数给定为 $A_x/L=A_y/L=0.005$ 和 $\omega_x=\omega_y=0.9\omega_1$。图 7.34 给出了点 $D(-0.5,0.5)$、点 $G(0,0.5)$、点 $B(0.5,-0.5)$ 和点 $A(-0.5,-0.5)$ 处的波面时间历程以及本书数值结果与有限差分法（finite difference method，FDM）（Wu et al.，2009）的对比。由图可知，两种结果吻合良好。

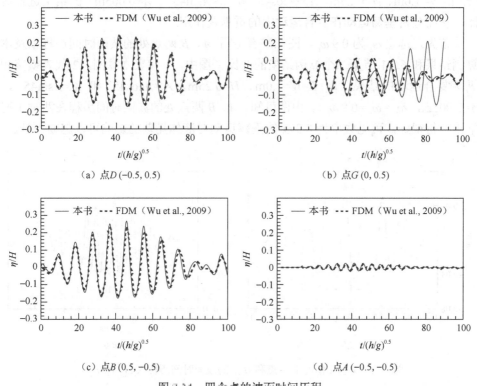

　　　　（a）点 D (-0.5, 0.5)　　　　　　　　　　（b）点 G (0, 0.5)

　　　　（c）点 B (0.5, -0.5)　　　　　　　　　　（d）点 A (-0.5, -0.5)

图 7.34　四个点的波面时间历程

7.5.2　纵荡、横荡和垂荡复合运动情况

　　本小节针对纵荡、横荡和垂荡复合运动容器中的液体晃荡进行研究。选取容器长度、宽度相等和不等两种情况，分析各方向固有频率对液体晃荡的影响。容器在 x、y 方向上的运动方程为 $x = A_x \sin(\omega_x t)$ 和 $y = A_y \sin(\omega_y t)$，容器在水平面上

的运动幅值 A 为 0.005m，则 x、y 方向上的运动幅值与运动方向有关。假设容器运动方向与 x 轴的夹角为 α，那么 x、y 方向上的运动幅值分别为 $A_x=A\cos\alpha$ 和 $A_y=A\sin\alpha$。容器在 z 方向上的运动方程为 $z=A_z\sin(\omega_z t)$，其中 A_z 为 0.005m。

1. 正方形底面情况下的液体晃荡

选定容器尺寸为 $L=W=1.0\text{m}$、$H=0.25\text{m}$。通过数值收敛性验证，时间步长和网格大小分别为 $\Delta t=0.02\text{s}$ 和 $\Delta x=\Delta y=0.056\text{m}$、$\Delta z=0.061\text{m}$。考虑容器沿与 x 轴成 45° 的方向运动。x、y 方向的运动幅值则分别为 $A_x=A\cos45°$ 和 $A_y=A\sin45°$，垂荡运动的幅值 A_z 为 0.005m。运动频率 ω_x 和 ω_y 都为 $0.9\omega_1$。考虑垂荡运动频率不同情况下的液体晃荡过程，将三个方向复合运动结果与纵荡和横荡两个方向复合运动（即 $L=W=1.0\text{m}$、$H=0.25\text{m}$，$A_x=A\cos45°$ 和 $A_y=A\sin45°$，$A=0.005\text{m}$）的结果进行对比，从而分析垂荡运动在复合运动中的贡献及作用。

首先，选定 ω_z 为 $0.9\omega_1$。图 7.35 给出了 A、B 两点处的波面时间历程以及本算例结果和 6.2.1 节第二个算例结果的对比。图中，1 代表本算例，2 代表横荡和纵荡复合运动的结果（即 $L=W=1.0\text{m}$、$H=0.25\text{m}$，$A_x=A\cos45°$ 和 $A_y=A\sin45°$，$A=0.005\text{m}$，$\omega_x=\omega_y=0.9\omega_1$）。由图可知，$A$、$B$ 两点处的波面时间历程在两种工况下重合得很好，可见频率为 $0.9\omega_1$ 的垂荡运动对液体晃荡的影响可以忽略不计。

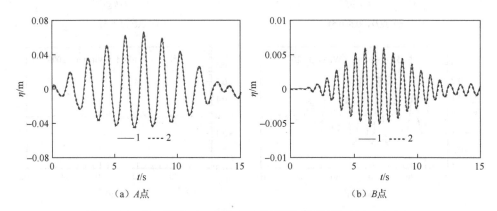

（a）A点　　　　　　　　　　　　　　（b）B点

图 7.35　1 和 2 情况下 A 点和 B 点的波面时间历程（$\omega_z=0.9\omega_1$）

然后，选定垂荡运动的频率 ω_z 为 ω_1。图 7.36 给出了 A、B 两点处的波面时间历程以及横荡和纵荡复合运动结果的对比。图中，1 代表本算例，2 代表横荡和纵荡复合运动结果（即 $L=W=1.0\text{m}$、$H=0.25\text{m}$，$A_x=A\cos45°$ 和 $A_y=A\sin45°$，$A=0.005\text{m}$，$\omega_x=\omega_y=0.9\omega_1$）。由图可知，$A$、$B$ 两点处的波面时间历程在两种工况下重合得很好，可见频率为容器一阶固有频率的垂荡运动对液体晃荡的影响也不明显。

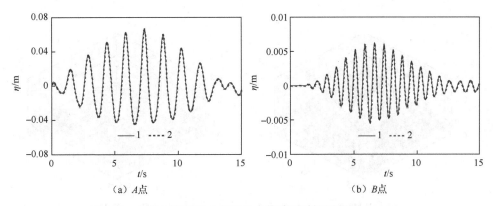

图 7.36　1 和 2 情况下 A 点和 B 点的波面时间历程（$\omega_z=\omega_1$）

接下来，选定 ω_z 为 $2\omega_1$。图 7.37 给出了 A、B 两点处的波面时间历程以及本算例结果与横荡和纵荡复合运动结果的对比。图中，1 代表本算例，2 代表横荡和纵荡复合运动结果（即 $L=W=1.0\text{m}$、$H=0.25\text{m}$，$A_x=A\cos45°$ 和 $A_y=A\sin45°$，$A=0.005\text{m}$，$\omega_x=\omega_y=0.9\omega_1$）。由图可知，当垂荡运动的频率为 $2\omega_1$ 时，液体晃荡在 $t=15\text{s}$ 后开始剧烈运动，波面幅值急剧增大，呈现共振的趋势。即当垂荡运动频率为二倍固有频率时，液体晃荡便会出现共振趋势。

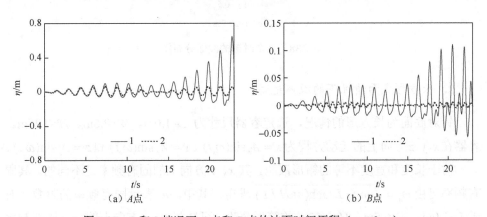

图 7.37　1 和 2 情况下 A 点和 B 点的波面时间历程（$\omega_z=2\omega_1$）

针对垂荡运动频率为 $2\omega_1$ 的情况，下面将给出 A 点波高分别为最小（$t=21.86\text{s}$）、0（$t=22.42\text{s}$）和最大（$t=22.76\text{s}$）时的波面分布图，如图 7.38 所示。当 A 点波高最小时，C 点波高大约只有 0.2m，明显不是最大值。同时，波面分布也不再沿 AD 对角线对称分布。当 A 点波高为 0 时，整体波面分布不在 0 附近大致相等，而是出现明显的差异，这是液体晃荡过于剧烈造成的。当 A 点波高最大时，波面分布也没有沿 AD 对角线对称分布。

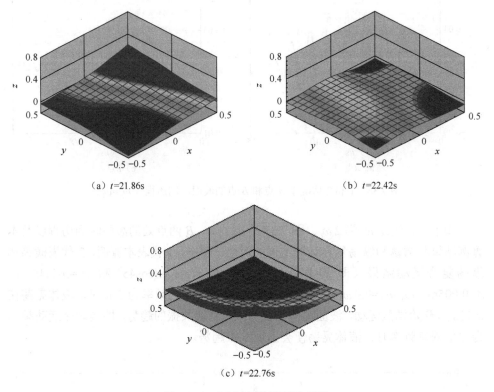

（a）t=21.86s　　　　　　　　　　（b）t=22.42s

（c）t=22.76s

图 7.38　三个时刻的波面分布图

2. 长方形底面情况下的液体晃荡

针对底面为长方形的情况，选定容器尺寸为 L=1.0m、W=0.5m、H=0.25m。容器在 x、y、z 方向上的运动方程为 $x = A_x \sin(\omega_x t)$、$y = A_y \sin(\omega_y t)$ 和 $z = A_z \sin(\omega_z t)$。

对于长度和宽度不等的箱形液舱，其 x、y 方向上的固有频率是不同的。其固有频率可由 $\omega_n = \sqrt{gn\pi / L \tanh(n\pi H / L)}$ 求得。其中，n 表示固有频率的阶数。对于 L=1.0m、W=0.5m、H=0.25m 的箱形液舱，可知其 x、y 方向上的一阶固有频率分别为 ω_{x1} =4.49rad/s 和 ω_{y1} =7.52rad/s。考虑容器沿与 x 轴成 26.6° 方向运动，即 AC 对角线方向。选定容器水平面上的运动幅值 A 为 0.005m，x、y 方向的运动幅值则分别为 A_x=Acos26.6° 和 A_y=Asin26.6°，垂荡运动的幅值 A_z 为 0.005m。运动频率 ω_x 和 ω_y 都为 0.9ω_{x1}。

考虑到垂荡频率为二倍固有频率时便出现了液体晃荡的共振趋势，因此，本节主要针对垂荡频率为二倍固有频率的情况进行计算分析。因容器长度和宽度不等，造成其在 x、y 方向上具有不同的固有频率。下面将分别对垂荡频率为 $2\omega_{x1}$ 和 $2\omega_{y1}$ 的情况进行计算。

首先，选定垂荡频率为 $2\omega_{x1}$。图 7.39 给出了 A、B 两点处的波面时间历程。图中，1 代表本算例，2 代表横荡和纵荡复合运动的结果（即 $L=1.0$m，$W=0.5$m $H=0.25$m，$A_x=A\cos26.6°$ 和 $A_y=A\sin26.6°$，$A=0.005$m，$\omega_x=\omega_y=0.9\omega_{x1}$）。由图可知，$A$、$B$ 两点处的波面时间历程在两种工况下明显出现了差距。在频率为 $2\omega_{x1}$ 垂荡运动情况下，液体晃荡随着时间推移越来越剧烈，相对于 0.25m 的水深出现了 0.4m 的波高，呈现出共振的趋势。

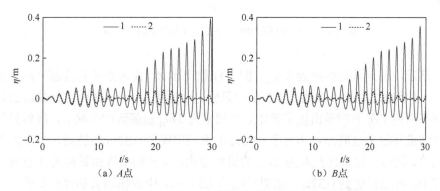

（a）A点　　　　　　　　　　　　　（b）B点

图 7.39　1 和 2 情况下 A 点和 B 点的波面时间历程（垂荡频率为 $2\omega_{x1}$）

下面将给出 A 点波高分别为最小（$t=28.96$s）、0（$t=29.32$s）和最大（$t=29.64$s）时刻的波面分布图，如图 7.40 所示。由图可知，在三个时刻的波面分布都很规整，波面等高线几乎与 y 轴平行。当液体晃荡强度增强时，x 方向的波面变化远远大于 y 方向的波面变化。

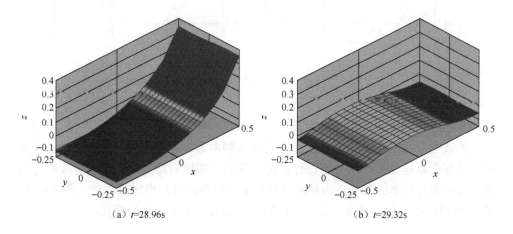

（a）$t=28.96$s　　　　　　　　　　　　（b）$t=29.32$s

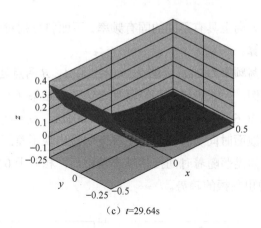

(c) $t=29.64$s

图 7.40　三个时刻的波面分布图（垂荡频率为 $2\omega_{x1}$）

　　然后，选定垂荡频率为 $2\omega_{y1}$。图 7.41 给出了 A、B 两点处的波面时间历程。图中，1 代表本算例，2 代表 6.2 节中算例。由图可知，A、B 两点处的波面时间历程在两种工况下明显出现了差距。在频率为 $2\omega_{y1}$ 垂荡运动情况下，液体晃荡随着时间推移越来越剧烈，相对于 0.25m 的水深出现了 0.32m 的波高，呈现出共振的趋势。同时，与垂荡频率为 $2\omega_{x1}$ 的情况相比，本算例中液体晃荡的 A 点波面幅值在 10s 时已经达到 0.32m，这明显比图 7.39（a）中波幅增大的速度要快。

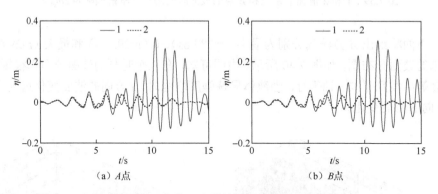

(a) A 点　　　　　　　　　　　　　　(b) B 点

图 7.41　1 和 2 情况下 A 点和 B 点的波面时间历程（垂荡频率为 $2\omega_{y1}$）

　　下面将给出 A 点波高分别为最小（$t=9.84$s）、0（$t=10.04$s）和最大（$t=10.34$s）时刻的波面分布图，如图 7.42 所示。当垂荡频率为容器固有频率的二倍时，容器中液体便会以垂荡频率的一半进行晃荡，并呈现共振的趋势。由于垂荡频率为容器 y 方向固有频率的二倍，因此液体便以 y 方向的固有频率进行运动。图 7.42 与图 7.40 不同之处在于波面沿着 y 方向的变化远远大于 x 方向的变化。

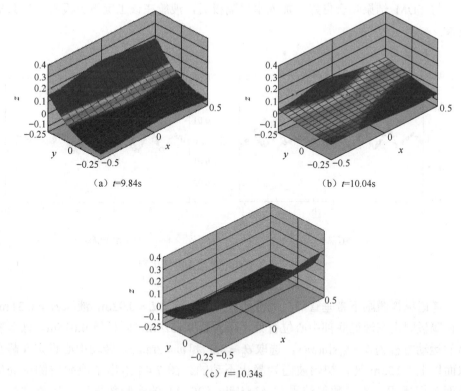

（a）t=9.84s　　　　　　　　　　　　（b）t=10.04s

（c）t=10.34s

图 7.42　三个时刻的波面分布图（垂荡频率为 $2\omega_{y1}$）

7.6　液舱存在隔板的情况

7.6.1　数值模型验证

本节考虑带隔板液舱晃荡的数值模拟。图 7.43（a）是液舱内布置一垂直隔板情况下的右侧壁处波面时间历程，本书模型与 Liu 等（2009）中采用 VOF 方法得到的计算结果进行了对比。其中，隔板高度 $H_b = 0.75H$，隔板厚度 $B = 0.01\text{m}$，位于液舱底部中间位置处，液舱做幅值为 $a = 0.002\text{m}$ 和固有频率为 $\omega = 5.3\text{rad/s}$ 的正弦纵荡运动：$x(t) = -a\sin(\omega t)$。由图可知，两种方法的结果吻合很好，加入隔板后液舱的原有固有频率发生改变，因此该条件下未发生共振现象。

图 7.43（b）是液舱中对称布置两个水平隔板时液舱右侧壁处波面时间历程图，本书模型与 Biswal 等（2006）FDM 得到的结果进行了对比。其中隔板长度 $W = 0.3L$，隔板上表面到液舱底距离 $H_w = 0.9H$，隔板厚度 $B = 0.005L$。液舱做幅值为 $a = 0.002\text{m}$ 和固有频率为 $\omega = 5.3\text{rad/s}$ 的正弦运动。由图可知，本书模型

结果与 FDM 结果吻合良好，加入水平隔板后，液舱在该工况下也没有发生共振现象。

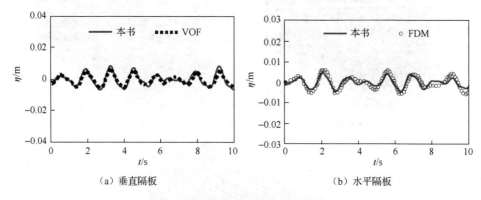

（a）垂直隔板　　　　　　　　　　（b）水平隔板

图 7.43　液舱右侧壁处波面时间历程

考虑纵摇激励下带垂直隔板的液舱模型。液舱长 $L = 0.92\text{m}$，液深 $H = 0.31\,\text{m}$，垂直隔板固定在液舱底部中心位置处，隔板长 0.1524m，隔板厚 0.015m。液舱容器的运动方程为 $\theta = \theta_0 \sin(\omega t)$。选取 $\theta_0 = 8.0°$ 和 $\omega = 2\text{rad/s}$。转动中心设定在静止水面以上 0.155m 处，初始波面为静止不动的。图 7.44 给出了液舱右侧壁处的波面时间历程，本书数值结果与 Akyildiz（2012）的实验数据和黏性模型数值结果进行了对比。与 Akyildiz（2012）的数值结果相比，本书数值结果更接近实验数据。

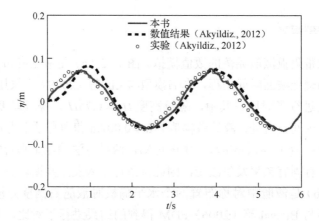

图 7.44　纵摇激励下带垂直隔板液舱的右侧壁处波面时间历程

7.6.2　水平隔板对液体晃荡的影响

本节将针对水平隔板的液体晃荡进行研究。容器在水平方向做简谐运动：$x_h(t) = A_h \cos(\omega_h t)$。幅值 $A_h = 0.002$m，运动频率 $\omega_h = 5.29$rad/s（运动频率接近无隔板容器的一阶固有频率）。容器尺寸统一定为：长度 $L = 1.0$m，水深 $H = 0.5$m。在容器中加上两个对称水平隔板，布置示意图如图 7.45 所示。隔板长度定义为 w'，隔板上表面与容器底部的距离定义为 H_w，隔板厚度统一为 0.01m。

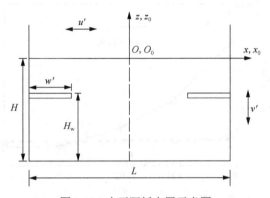

图 7.45　水平隔板布置示意图

给定隔板三个不同的高度位置：$H_w = 0.5H$、$0.6H$ 和 $0.7H$。在每个高度位置情况下，选取不同的隔板长度 w' 进行模拟研究。由图 7.46 可知，H_w 越大，即隔板离自由水面越近，隔板对液体晃荡的抑制效果越明显。同时，隔板长度 w' 越大，左右侧壁处的最大波面值越小，液体晃荡越不剧烈。当 w' 大于 $0.35L$ 后，隔板长度的增加对抑制液体晃荡的作用已经不明显。

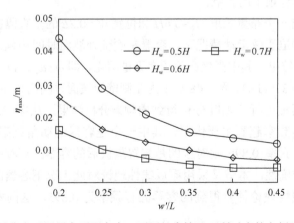

图 7.46　两个对称水平隔板在不同高度、不同长度情况下所对应的左侧壁处最大波面值

在上述针对最大波面值的研究后，对容器所受的动力荷载进行数值模拟分析。图 7.47 给出隔板高度 H_w 为 $0.6H$、不同水平隔板长度情况下，容器所受的最大水平力 $F_{x\max}$ 和隔板所受的最大垂向力 $F_{z\max}$ 分布情况。从图中可以看出，由于隔板的减晃作用，容器的最大水平力随着隔板长度的增加而减小，且在 w' 大于 $0.35L$ 后趋于平缓，这与图 7.46 的结论是相同的；而隔板的垂向力尽管也有减小趋势，但变化不大，基本趋于常值。

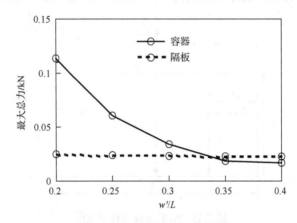

图 7.47　隔板高度 H_w 为 $0.6H$、不同水平隔板长度情况下容器和隔板所受的
最大水平力和垂向力

　　在容器内装置隔板，通过抑制液体运动来达到减晃的目的。而其本质是隔板改变了容器的固有频率，使之远离外界运动频率，从而起到减晃作用。后文针对装置隔板后的容器固有频率展开分析，并与无隔板时容器固有频率进行对比，研究隔板对容器固有频率的影响。

　　图 7.48 给出一个布置长度 $H_w=0.6H$ 和位置 $w'=0.2L$ 的垂直隔板容器以角频率 $\omega=5.3\text{rad/s}$ 做强迫正弦运动情况下，容器左侧壁处波面时间历程以及相应的傅里叶变换频谱分析结果，其中横坐标角频率无量纲化，即 ω/ω_1，ω_1 为无隔板容器的固有频率（$\omega_1=5.32\text{rad/s}$）。图 7.48（a）为左侧壁处波面时间历程曲线，图 7.48（b）为对波面时间历程进行傅里叶分析得到内频谱分析结果。从图 7.48（b）中可以看出，有两个角频率起到主要作用，其中一个是容器运动角频率 $\omega/\omega_1=0.994$，另一个无量纲化频率 0.896 则对应的是装置隔板后的容器固有频率。为进一步确定分析结果的准确性，本节又采用频域线性理论对此工况下容器的固有频率进行分析，经频域线性理论计算得到的容器固有频率为 0.895，这同本章分析结果是一致的。

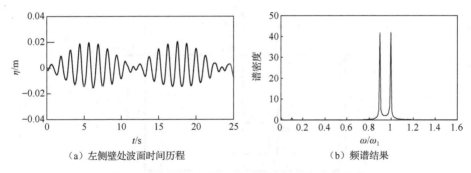

（a）左侧壁处波面时间历程　　　　　　　（b）频谱结果

图 7.48　容器左侧波面时间历程及对应的频谱分析

　　图 7.49 给出水平对称隔板长度 w'=0.3L 和高度位置 H_w=0.8H 分别一定的情况下，容器固有频率随水平隔板高度位置和长度的变化关系。图 7.49（a）中，水平隔板长度 w'=0.3L，隔板高度 H_w 分别为 0.2H～0.9H。从图中可以看出，隔板高度 H_w 越大、隔板长度 w' 越大，容器固有频率越远离无隔板容器固有频率，进而解释了水平隔板的减晃机理。

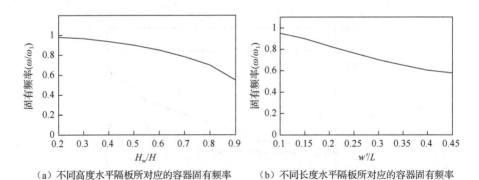

（a）不同高度水平隔板所对应的容器固有频率　　　（b）不同长度水平隔板所对应的容器固有频率

图 7.49　具有水平对称隔板容器固有频率随隔板高度位置和长度的变化关系

7.6.3　垂直隔板对液体晃荡的影响

1. 垂荡运动情况

　　在上述水平隔板对液体晃荡的影响研究基础上，将展开针对垂直隔板对液体晃荡的研究分析。垂荡位移为 $z(t)=A_v\cos(\omega_v t)$，幅值 A_h=0.002m，运动频率 ω_v=5.29rad/s（运动频率接近无隔板容器的一阶固有频率）。容器尺寸统一定为：长度 L=1.0m，水深 H=0.5m。如图 7.50 所示，在容器中加上一个垂直隔板的情况，隔板长度定义为 H_b，隔板中心与容器中心的距离定义为 D。

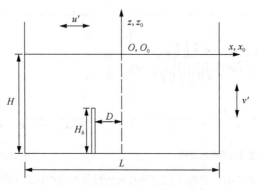

图 7.50　垂直隔板布置示意图

　　首先给定隔板长度，研究隔板位置 D 对液体晃荡的影响。本算例中，隔板长度 H_b=0.375m。图 7.51 给出隔板在中心线左侧不同位置 D 时容器左侧壁和右侧壁处最大波面分布情况。从图中可以看出，隔板水平位置距离容器中间位置越近减晃效果越好。

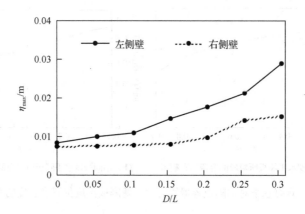

图 7.51　隔板长度为 H_b=0.65H 情况下不同隔板位置所对应的左右侧壁处最大波面值

　　图 7.52 是竖直隔板布置在容器中间位置 D=0 时容器左右侧壁最大波面随隔板长度变化的分布。可以看出，左右侧壁的波面保持一致，即隔板左右两侧的液体运动是对称的，且减晃效果随隔板长度增加而显著，隔板长度由 0.5H 增大到 0.6H，最大波面值减小了 0.028H，而隔板长度由 0.8H 增加相同的数值到 0.9H，最大波面值只减小了 0.006H，说明当隔板长度增大到一定程度时，再增加隔板高度来提高抑制液体晃荡效果将会不明显。

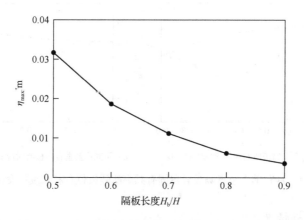

图 7.52　$D=0$ 时左侧壁处最大波面值随隔板长度变化

　　图 7.53 给出隔板位于容器中心处不同隔板长度情况时容器和隔板所受的最大水平力。由图可知，随着隔板长度增加，作用在容器上的水平力急剧减小；然而，随着隔板长度增加，其对水平力的减小作用趋于平缓。例如，隔板长度由 $0.7H$ 增加到 $0.8H$，容器所受的最大水平力变化很小；隔板长度由 $0.8H$ 增加到 $0.9H$，容器所受的最大水平力反而增大。同时，作用在隔板上的水平力在隔板长度增加过程中变化不大，呈现较缓的变化趋势。

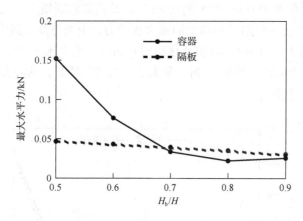

图 7.53　$D=0$ 时不同隔板长度情况下容器和隔板所受的最大水平力

　　下面针对不同长度、位置垂直隔板情况下容器固有频率的变化进行系统分析。图 7.54 给出垂直隔板位置 $D=0$ 和长度 $H_b=0.75H$ 情况下，容器固有频率随竖直隔板长度和位置的变化关系。从图中可以看出，隔板越长，隔板越靠近容器中心，容器固有频率越远离无隔板容器固有频率，这样进一步解释了竖直隔板减晃的原理。

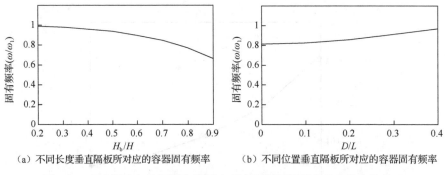

(a) 不同长度垂直隔板所对应的容器固有频率　　　(b) 不同位置垂直隔板所对应的容器固有频率

图 7.54　具有单个竖直隔板容器固有频率随隔板位置和长度的变化关系

2. 纵摇运动情况

本小节主要考虑垂直隔板对纵摇容器中液体晃荡的影响。如前所述，将分别针对隔板位置和隔板长度的影响展开分析讨论。

隔板长度为 H_b=0.3m、厚为 0.01m。隔板是刚性的，固定在容器底部的左侧。运动频率 ω 为无隔板容器的一阶固有频率 ω_1，转角幅值为 1.0°。隔板上的网格大小为 Δx =0.01m 和 Δz =0.02m。图 7.55 给出隔板在不同位置 D 情况下左右侧壁处的最大波面高度。由图可知，左侧壁处的波高大于右侧壁处。两侧壁处的波高都随着 D 的增大而逐渐增大。当隔板位置由 0 移动到 0.3m 时，波高只增大很小的幅度。而当隔板位置由 0.3m 增大到 0.4m 时，波高却急剧增大。图 7.56 给出隔板在不同位置 D 情况下作用在容器上的最大水平力。由图可知，最大水平力随着 D 的增大而逐渐增大。当隔板位置由 0 移动到 0.3m 时，最大水平力增大的幅度很小。当隔板位置从 0.3m 增大到 0.4m 时，最大水平力增幅明显。这与图 7.55 波面高度与 D 的关系是一致的。

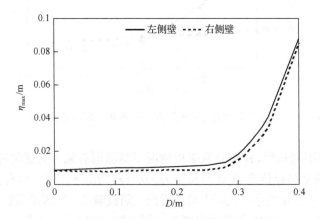

图 7.55　不同 D 情况下的左右侧壁处最大波面高度

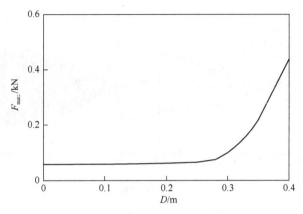

图 7.56　不同 D 情况下的容器所受的最大水平力

因此，当隔板位置在区间 $(0, 0.3L)$ 内时，其位置对液体晃荡的影响不太明显。当隔板位置大于 $0.3L$ 时，液体晃荡将对其位置非常敏感。

接下来，将针对隔板长度对纵摇容器中液体晃荡的影响开展研究。选取运动频率 ω 为无隔板容器的一阶固有频率 ω_1，转角幅值为 $1.0°$。运动周期 $T = 2\pi/\omega$。隔板固定在容器中心处，厚度为 0.01m，其网格大小为 $\Delta x = 0.01$m 和 $\Delta z = 0.02$m。选取隔板长度 H_b 分别为 0、0.1m 和 0.2m。图 7.57 给出三种情况下三个不同时刻的波面分布图。三个时刻分别是：左侧波高为 0、左侧波高为最大波峰、左侧波高为最大波谷。同时，还给出了三种情况下容器所受水平力的时间历程图。图 7.57（a）中，液体晃荡最为剧烈，最大波高达到了 0.2m。同时，波面分布呈现不对称性，波峰值大约是波谷值的 2 倍，这说明液体晃荡具有极强的非线性。图 7.57（a）中，容器所受水平力的时间历程呈现对称性，并且最大水平力达到了 0.72kN。

当隔板长度增加到 0.1m 时，液体晃荡的剧烈程度就有所降低。最大波峰值减小到 0.1m，波峰值大约为波谷值的 1.5 倍。图 7.57（b）中，最大水平力减小到 0.45kN。这说明隔板明显抑制了液体晃荡幅度。

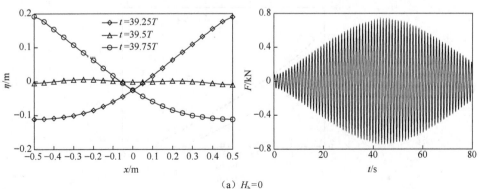

（a）$H_b = 0$

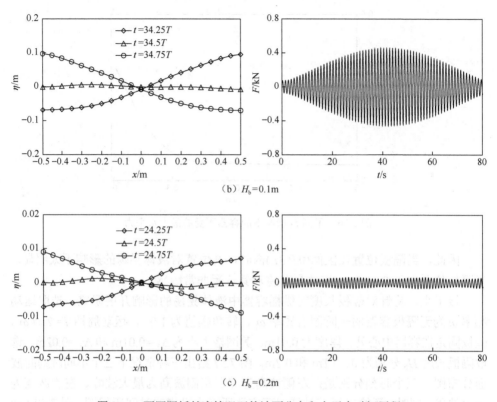

（b）H_b=0.1m

（c）H_b=0.2m

图 7.57　不同隔板长度情况下的波面分布和水平力时间历程

　　当隔板长度继续增加到 0.2m 时，隔板的作用更加明显，波面高度和水平力比隔板长度为 0.1m 时的数值小了一个数量级。最大波峰值减小为 0.009m，并且波峰值和波谷值间的差距更加小。同时，水平力也降低到 0.1kN 以下。

　　接下来，继续分析三种情况下左侧壁上的压强分布。选取左侧壁处是波峰和波谷两个极值时刻的压强分布。如图 7.58 所示，横坐标为压强，纵坐标为左侧壁

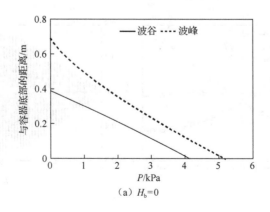

（a）H_b=0

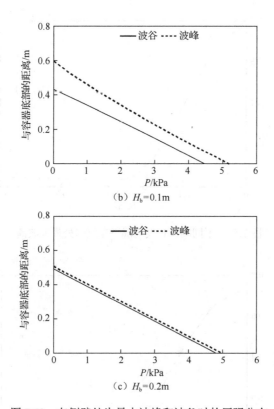

图 7.58　左侧壁处为最大波峰和波谷时的压强分布

上的点到容器底部的距离。由图可知，压强和距离大致呈线性关系，并且随着隔板长度的增加，波峰时的压强逐渐减小，而波谷时的压强逐渐增大。同时，波峰和波谷情况下的压强分布也越来越接近。

　　如同前面一样，图 7.59 和图 7.60 给出不同隔板长度情况下左侧壁处最大波高和容器所受最大水平力。由图 7.59 可知，当隔板长度从 0 增加到 0.2m，最大波高随之减小，最大波高与隔板长度大致呈线性关系。当隔板长度大于 0.2m 后，最大波高几乎维持在一个稳定的值。图 7.60 给出了最大水平力随隔板长度的变化趋势。在图 7.60 中，当隔板长度在 0 和 0.2m 范围内变化时，最大水平力和隔板长度呈近线性关系。当隔板长度大于 0.2m 后，最大水平力几乎处于一个稳定的状态。

　　隔板主要是用于液舱内液体晃荡的抑制，本书只对几种简单隔板形式下的液舱晃荡问题进行了初步模拟。其他隔板形式及其他液舱晃荡抑制形式方面的研究工作也可参见相关文献（Saghi et al.，2020；Ning et al.，2019；Zhang et al.，2019；宁德志等，2019）。

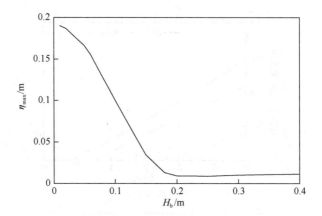

图 7.59　不同隔板长度情况下左侧壁处最大波高

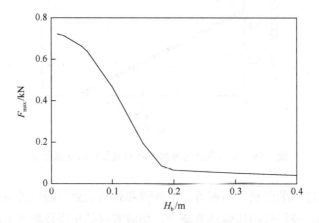

图 7.60　不同隔板长度情况下的最大水平力

参 考 文 献

柳淑学, 俞聿修, 赖国章, 等, 2000. 数值求解 Boussinesq 方程的有限元法[J]. 水动力学研究与进展(A 辑), 15(4): 399-410.

宁德志, 宋伟华, 滕斌, 等, 2012. 容器固有频率对液体晃荡的影响[J]. 海洋科学进展, 30(1): 45-53.

宁德志, 苏朋, 张崇伟, 等, 2019. 三维液舱内浮子式减晃荡结构的水动力特性[J]. 哈尔滨工程大学学报, 40(1): 154-161.

宋伟华, 宁德志, 刘玉龙, 等, 2012. 具有隔板容器中液体晃荡的数值模拟[J]. 水动力学研究与进展(A 辑), 27(1): 54-61.

Akyildiz H, 2012. A numerical study of the effects of the vertical baffle on liquid sloshing in two-dimensional rectangular container[J]. Journal of Sound and Vibration, 331(1): 41-52.

Biswal K C, Bhattacharyya S K, Sinha P K, 2006. Non-linear sloshing in partially liquid filled containers with baffles[J]. International Journal for Numerical Methods in Engineering, 68(3): 317-337.

Breit S R, 1991. The potential of a Rankine source between parallel planes and in a rectangular cylinder[J]. Journal of Engineering Mathematics, 25(2): 151-163.

Frandsen J B, 2004. Sloshing motions in excited containers[J]. Journal of Computational Physics, 196(1): 53-87.

Higuchi M, Tanaka T, Endo S, 1976. Study on hull vibration-induced tank liquid sloshing in LPG containers[R]. Nippon Kokan Technology Report: 111-122.

Liu D M, Lin P Z, 2009. Three-dimensional liquid sloshing in a tank with baffles[J]. Ocean Engineering, 36(2): 202-212.

Nakayama T, Washizu K, 1980. Nonlinear analysis of liquid motion in a container subjected to forced pitching oscillation[J]. International Journal for Numerical Methods in Engineering, 15(8): 1207-1220.

Newman J N, 1992. The Green function for potential flow in a rectangular channel[J]. Journal of Engineering Mathematics, 26(1): 51-59.

Ning D Z, Song W H, Teng B, et al., 2011. Numerical simulation of sloshing waves in a 3D tank based on an image Green function method[C]. The 21st International Offshore and Polar Engineering Conference, Maui, Hawaii, USA.

Ning D Z, Song W H, Liu Y L, et al., 2012. A boundary element investigation of liquid sloshing in coupled horizontal and vertical excitation[J]. Journal of Applied Mathematics, 2012: 1-20.

Ning D Z, Su P, Zhang C W, 2019. Experimental study on a sloshing mitigation concept using floating layers of solid foam elements[J]. China Ocean Engineering, 33(1): 34-43.

Saghi H, Ning D Z, Cong P W, et al., 2020. Optimization of baffled rectangular and prismatic storage tank against the sloshing phenomenon[J]. China Ocean Engineering, 34(5): 664-676.

Wei G, Kirby T, 1995. Time-dependent numerical code for extended Boussinesq equation[J]. Journal of Waterway, Port Coast and Ocean Engineering, 121(5): 251-261.

Wu C H, Chen B F, 2009. Sloshing waves and resonance modes of fluid in a 3D tank by a time-independent finite difference method[J]. Ocean Engineering, 36(6-7): 500-510.

Wu G X, Ma Q W, Taylor R E, 1998. Numerical simulation of sloshing waves in a 3D tank based on a finite element method[J]. Applied Ocean Research, 20(6): 337-355.

Zhang C W, Su P, Ning D Z, 2019. Hydrodynamic study of an anti-sloshing technique using floating foams[J]. Ocean Engineering, 175: 62-70.

第 8 章　波物作用问题

　　目前国内外在波浪与结构相互作用方面已经开展了许多工作，随着研究的不断深入和问题本身的复杂化，纯粹的理论分析受到了很大的限制，很多实验研究在实施中也遇到很多困难且成本昂贵，利用计算机开展数值模拟研究波物相互作用问题已经成为一种重要的研究手段。本章以波浪与直立圆柱、柱群和潜体等模型的相互作用问题为例，介绍时域高阶边界元方法在模拟波物作用问题中的一些初步应用。

8.1　直立圆柱的波浪绕射

　　圆柱是海洋工程中常见的结构，人们对波浪与圆柱的作用进行了许多研究工作。Yeung（1981）应用分离变量法建立了单个截断直立圆柱辐射问题的解析解。Kagemoto 等（1986）建立了多个截断直立圆柱绕射和辐射问题的解析解。Utsunomiya 等（2000）建立了多个弹性连接直立圆柱绕射和辐射问题的解析解。本节将开展数值水槽中完全非线性波浪对直立圆柱的绕射作用，研究圆柱所受的波浪力及所引起的波浪爬高。考虑一半径为 a 的直立圆柱，直立于一水深为 h 的水槽中央，建立符合右手定则的直角坐标系，坐标原点在静水面上，z 轴垂直向上为正且与圆柱中心线重合，圆柱与水槽入射端距离和出流边界距离分别记为 X_{left} 和 X_{right}，距水槽两侧壁距离记为 Y_{top} 和 Y_{down}，如图 8.1 所示。

　　为了与开敞水域频域二阶斯托克斯解析解结果进行比较，这里选取圆柱与水槽两侧壁距离 $Y_{\text{top}} = Y_{\text{down}} = 8a$，进而可以忽略水槽边壁的影响，圆柱与入流边界和出流边界的距离分别为 $X_{\text{left}} = X_{\text{right}} = 7a$，水深与圆柱半径比值 $d/a=1.0$，考虑一波数 $ka=1.25$、波幅 $A=d/25$ 的二阶斯托克斯入射波对圆柱的波浪力和力矩，时间步长 $\Delta t = T/40$。在本算例中，圆柱共划分 96 个网格单元，自由水面划分了 928 个网格单元，水槽其他侧壁共划分了 1104 个网格单元，如图 8.2 所示。

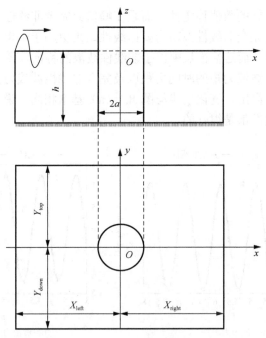

图 8.1　波浪对直立圆柱绕射示意图

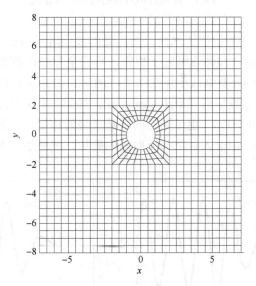

图 8.2　网格剖分图

图 8.3（a）是圆柱所受水平方向无量纲化波浪力的时间历程以及完全非线性结果与线性结果的比较。由于初始两个周期采用了缓冲函数，故这里从第三个周期开始给出波浪力的结果。从图中可以看出，无论是完全非线性波浪力还是线性

结果，都能保持很好的数值稳定性，而且在峰值处完全非线性波浪力要比线性结果更高，在谷值处完全非线性波浪力要比线性结果更趋于平坦，当波高更大时这种现象将更加明显，而这恰恰反映出了非线性波浪的特征。图 8.3（b）给出作用在圆柱上无量纲化波浪力矩的时间历程以及完全非线性波浪力力矩与线性结果的对比。从图中可以得出，变化规律与图 8.3（a）基本相同，说明本书模型计算结果的准确性和稳定性都是很好的。

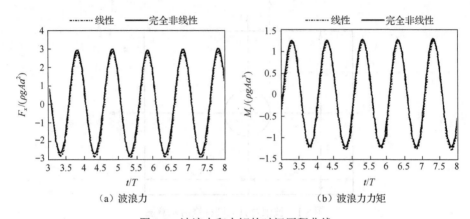

（a）波浪力　　　　　　　　　　　（b）波浪力力矩

图 8.3　波浪力和力矩的时间历程曲线

图 8.4（a）和（b）给出了水面上两点处的波面时间历程。从图中可以看出，经过一段缓冲时间后，波面逐渐趋于稳定，且完全非线性波面在峰值处要略高于线性结果，而在谷值处要略低于线性结果。图 8.5 给出了圆柱圆周不同角度各点的线性波浪爬高及与频域解（Malenica et al.，1995）的对比。从图中可以看出，在圆柱的背浪侧（$\theta = 0°$），由于圆柱的屏蔽及绕射作用，波面较小，而在圆柱的迎浪侧（$\theta = 180°$），由于入射波与反射波的叠加，波面达到最大值。

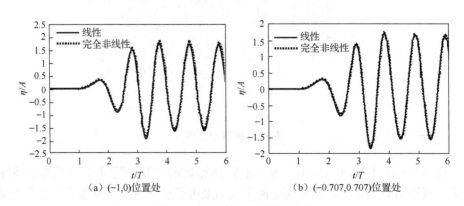

（a）(−1,0)位置处　　　　　　　　　（b）(−0.707,0.707)位置处

图 8.4　波面变化时间历程曲线

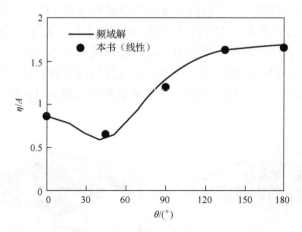

图 8.5　圆柱圆周各点的波浪爬高

图 8.6 是 $t = 6T$、$7T$ 和 $8T$ 时在 $y = 2.0$ 处的完全非线性波面变化图。从图中可以看出，$7T$ 和 $8T$ 时的波面线已经基本重合，说明这时波面已经趋于稳定。在距离入射边界（左侧）一个波长范围内，其波面幅值基本仍保持入射波波高未变，说明在此范围内布置的阻尼区真正达到了吸收反射回来波浪的效果。而在与圆柱位置对应处，可以看到波面幅值较入射波波高变大了许多，这主要是由于圆柱对波浪绕射的作用。

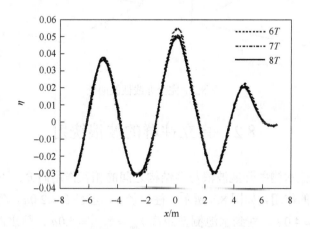

图 8.6　不同时刻 $y = 2.0$ 处波面变化的时间历程

图 8.7（a）～（d）分别是 $t = 2T$、$4T$、$5T$ 和 $8T$ 时整个计算域波面变化图。从图中可以看出，在波浪传到圆柱之前，波面在横向（y 向）保持了很好的均一性，

　　而在波浪遇到圆柱以后，由于圆柱对波浪的绕射和反射作用，波面在横向（y 向）开始逐渐偏离，这种效果在 $4T$ 时已经变得非常明显了。为了防止波浪在出流边界发生反射和在入射边界发生二次反射，在计算域前和后都布置了一个波长的阻尼区，分别来吸收传播出去的波浪和消除由圆柱反射回来的波浪，可以看出，消波效果还是很明显的，在入射边界和出流边界处波面在横向（y 向）都保持了很好的一致性。

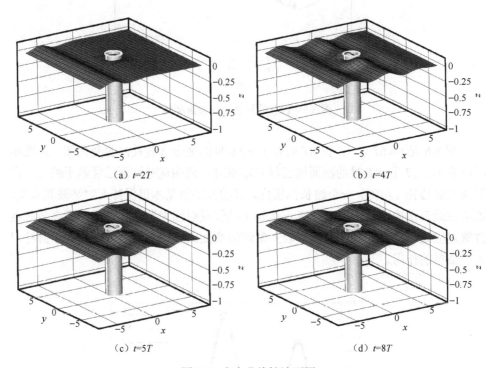

（a）$t=2T$　　　　　　　　　　　　　（b）$t=4T$

（c）$t=5T$　　　　　　　　　　　　　（d）$t=8T$

图 8.7　完全非线性波面图

8.2　直立柱群的波浪绕射

　　本节在数值水槽中开展波浪与多结构之间的相互作用研究。下面考虑波浪与三个并列圆柱的作用，如图 8.8 所示，柱半径 a，直径 $D=2.0a$，各柱间距（两柱圆心距离）$s=4.0a$，柱到水池侧壁距离 $Y_{top}=Y_{down}=5.0a$，静水深度 $h=2.0a$，从柱 2 圆心到入射边界和出流边界的距离为 $X_{left}=X_{right}=8.0a$。整个计算域共布置了 3728 个网格，其中自由水面共布置 1472 个网格，如图 8.9 所示。建立直角坐标系，坐标原点在静水面上，与第二个圆柱圆心相重合，z 轴垂直向上为正。在下面的算例中，考虑波数 $kD=1.3907$、波幅 $A/h=0.05$ 的正弦波浪对三个圆柱的作用。值得指出的是，为了防止在出流边界发生反射和防止在入射边界发生二次反射，这里分别在入射边界和出流边界前方布置了一个波长的阻尼区。

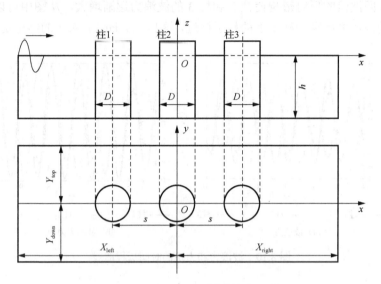

图 8.8　直立柱群波浪绕射问题示意

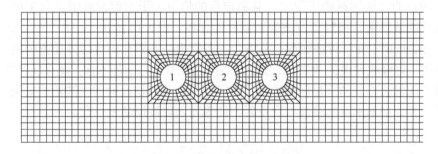

图 8.9　自由水面网格剖分图

图 8.10（a）和（b）分别是三个圆柱所受的无量纲化波浪力和波浪力力矩的时间历程图，其中 $F_{x0}^* = F_{x0}/(\rho g A a^2)$、$M_{x0}^* = F_{x0}/(\rho g A a^2)$ 是同种波况下波浪与单个圆柱相作用时的无量纲化波浪力和波浪力力矩，$F_x^* = F_x/(\rho g A a^2)$、$M_x^* = F_x/(\rho g A a^2)$ 是作用在圆柱上的无量纲化波浪力和波浪力力矩，T 代表波浪周期。从图中可以看出，在该频率下，柱 1 所受的波浪力最先趋于稳定，然后柱 2 和柱 3 依次逐渐趋于平稳。稳定后作用在三个柱上的最大波浪力依次是波浪与单柱作用时的 3.0 倍、2.9 倍和 2.1 倍，作用在圆柱上的波浪力力矩也有相似的规律，可见波浪在圆柱间的相互作用对波浪力的影响是非常显著的，因此如果在

工程中近似地用单柱情况来计算是不可靠的。在初始几个时刻，由于屏蔽作用，柱 1 上的波浪力幅值要远远大于另外两个柱，随着时间的推移，波浪对圆柱的绕射作用及柱间波浪的反射影响使柱 2 和柱 3 的波浪力逐渐增大，从图中可以看出，柱 2 上的波浪力已经和柱 1 上的趋于接近，这与 Maniar（1995）的结论是相似的。

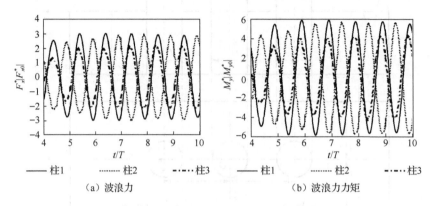

图 8.10　波浪力和力矩的时间历程曲线

　　图 8.11 是自由水面上两点 (1,1) 和 (1.25,0) 的波面时间历程图。从图中可以看出，两点的波面逐渐趋于稳定，且稳定后的幅值大于入射波波幅。为了更加直观地反映波浪的传播过程及波浪对圆柱的作用，图 8.12 给出 $t = 3T$、$5T$、$8T$ 和 $10T$ 时的自由水面三维波面图。从图中可以看出：布置在出流边界前方的阻尼区达到了很好吸收波浪的效果，在出流边界处波面基本趋于静水面，没有反射发生；布置在入射边界前的阻尼区也达到了很好地吸收从圆柱反射回来波浪的效果，在入射边界处基本未发生波浪二次反射，波形与入射波形趋于一致。

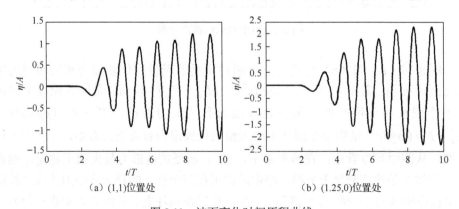

图 8.11　波面变化时间历程曲线

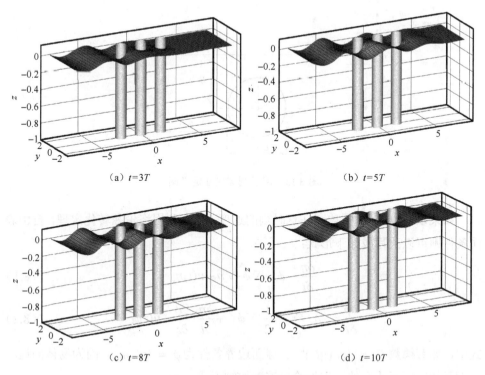

图 8.12　全非线性自由表面图

8.3　潜体运动的瞬时和稳态兴波

　　本节研究浸没物体从静止到运动的阶段,除了要考虑波面的瞬态和稳态变化,还可探讨结构所受的瞬时和稳定时的波浪力,这在很多工程实践中是非常重要的,如潜艇和水下探测器等。完全非线性自由表面条件仍然为主要考虑和研究条件。如图 8.13 所示,考虑一个直径为 D、淹没深度为 h 的浸没圆球,以一定加速度从静止开始沿水平运动。这个加速度保持运动速度从零开始到最后某一定常速度 U_0,并持续到模拟结束。固定圆球以同样大小但方向相反的速度来移动坐标系,坐标原点 O 位于静水面上,并与左角点相重合,z 轴指向上为正,x 轴指向右侧为正。这里所有的坐标值和物理量都通过除以特征长度(直径 D)和特征速度 U_0 来做无量纲化处理。

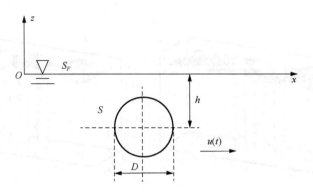

图 8.13　浸没圆球尺寸定义图

如果以 $-u(t)$ 表示圆球在任意时刻的速度，那么利用洛伦兹转化定理，自由表面条件则可以改写成如下形式：

$$\frac{\delta \eta}{\delta t} = \phi_z - \nabla \phi \cdot \nabla \eta - u(t)\eta_x \tag{8.1}$$

$$\frac{\delta \phi}{\delta t} = -\eta / Fr^2 - \frac{1}{2}|\nabla \phi|^2 + \frac{\delta \eta}{\delta t} \cdot \frac{\partial \phi}{\partial z} - u(t)\phi_x \tag{8.2}$$

式中，弗劳德数 $Fr = U_0 / (gD)^{1/2}$。球面边界条件为 $\phi_x = -u(t)n_x$。因为物体的运动速度是随时间而改变的，这里给出速度控制形式：

$$u(t) = \begin{cases} 0, & t \leqslant 0 \\ U_0 t, & 0 < t < 1 \\ U_0, & t \geqslant 1 \end{cases} \tag{8.3}$$

$$p = -\frac{\partial \phi}{\partial t} - \frac{1}{2}|\nabla \phi|^2 - u(t)\phi_x + v \cdot \nabla \phi \tag{8.4}$$

由此可以得到阻力系数为

$$C_r = \frac{Fx}{\frac{1}{2}\rho S U_0^2} \tag{8.5}$$

式中，S 是球的表面积。为了与已有的数值结果（Lee et al.，1994；Bessho，1957）作对比，这里取圆球直径 D =1.0m，圆球吃水 h=1.0m，圆球最终速度 U_0 =1.808m/s，计算域的长和宽分别为 22.0 D 和 11.0 D，球面共划分了 100 个单元，92 个节点，自由水面上划分了 44×22 个单元，时间步长取为 0.05s。

图 8.14 是在满足线性自由表面边界条件情况下，圆球行进的阻力系数（C_r）随时间的变化情况，及与 Lee 等（1994）、Bessho（1957）计算结果的对比，其中

Bessho 的计算结果是圆球以速度U_0做匀速运动的频域解析解。从图中可以看出，圆球在加速运动阶段具有很大的阻力，而在达到恒定速度U_0后则随解析值上下振动并逐渐趋于解析值。需要指出的是，在进入均速运动初期，本书结果与 Lee 等的计算结果有些偏差，是因为与 Lee 等计算选用的时间步长不同。

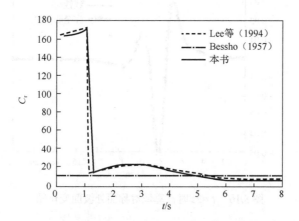

图 8.14　线性阻力系数随时间的分布

图 8.15 是在满足完全非线性自由水面边界条件下，圆球行进的阻力系数随时间的分布以及与 Lee 等（1994）计算结果的对比情况。从图中可以看出，阻力系数随时间的变化情况具有与图 8.14 相似的规律，但可以明显注意到完全非线性阻力系数的幅值明显大于线性结果，这也是工程中关键所在。

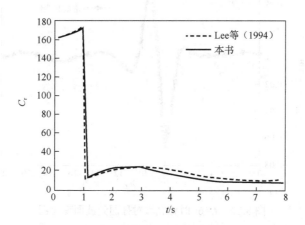

图 8.15　完全非线性阻力系数随波数的分布

图 8.16 是 t =2s 时，计算域对称面上波面分布的线性值与完全非线性值的比

较。从图中可以看出，两种计算结果基本是重合的，也就是说在初始阶段，圆球运动对自由水面的扰动影响非线性效果并不明显。

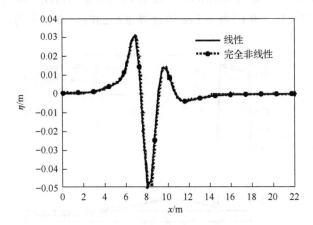

图 8.16　t =2s 时计算域对称面处波面变化图

图 8.17 是 t =6s 时，计算域对称面上波面分布的线性值与完全非线性值的比较。从图中可以看出，与上图不同的是两种计算结果已经有了明显的区别，特别是在幅值上表现得特别明显，非线性效果随着时间的推移开始变得显著。

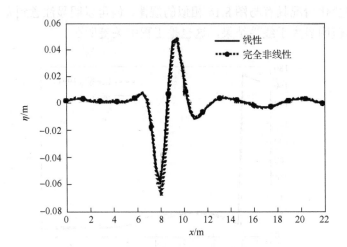

图 8.17　t =6s 时计算域对称面处波面变化图

图 8.18 分别是 t =2s、4s 和 6s 时整个计算域的波面图。从图中可以看出，随着时间的推移，水面被扰动的区域在逐渐扩大，峰谷交替出现，并逐渐趋于稳定。

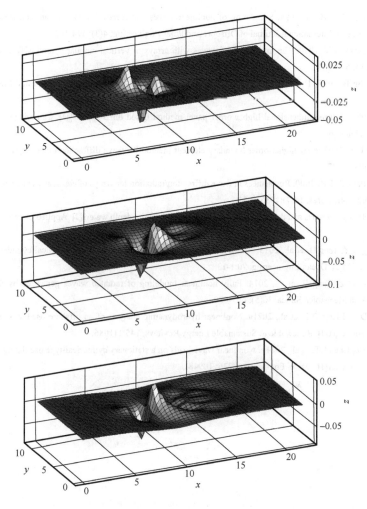

图 8.18 t =2s、4s 和 6s 时的波面图

本书对波物相互作用问题做了初步介绍，更多有关高阶边界元方法在波物非线性相互作用研究工作中的内容可参见本书作者其他文献（Zhou et al.，2021a，2021b，2014，2013）。

参 考 文 献

柏威, 滕斌, 邱大洪, 2000. 基于 B-样条的边界元方法及其在波浪力计算中的应用[J]. 海洋工程, 18(4): 27-35.

Bessho M, 1957. On the wave resistance theory of a submerged body[C]. The Society of Naval Architects of Japan, 60th Anniversary Series:135-172.

Kagemoto H, Yue D K P, 1986. Interactions among multiple three-dimensional bodies in water waves: an exact algebraic method[J]. Journal of Fluid Mechanics(166): 189-209.

Lee C C, Liu Y H, Kim C H, 1994. Simulation of nonlinear waves and forces due to transient and steady motion of submerged sphere[J]. International Journal of Offshore and Polar Engineering, 4(3): 174-182.

Lionton C M, Evans D V, 1990. The interaction of waves with arrays of vertical circular cylinders[J]. Journal of Fluid Mechanics, 215: 549-569.

Malenica S, Molin B, 1995. Third-harmonic wave diffraction by a vertical cylinder[J]. Journal of Fluid Mechanics, 302: 203-229.

Maniar H D, 1995. A three dimensional higher order panel method based on B-splines[D]. Cambridge: Massachusetts Institute of Technology.

Teng B, Taylor R E, 1995. New higher order boundary element method for wave diffraction/radiation[J]. Applied Ocean Research, 17(2): 71-77.

Utsunomiya T, Eayock T R, 2000. Resonances in wave diffraction/radiation for arrays of elastically connected cylinders[J]. Journal of Fluids Structures, 14(7):1035-1051.

Yeung R W, 1981. Added mass and damping of a vertical cylinder in finite depth waters[J]. Applied Ocean Research, 3(3): 119-133.

Zhou B Z, Ning D Z, Teng B, et al., 2013. Numerical investigation of wave radiation by a vertical cylinder using a fully nonlinear HOBEM[J]. Ocean Engineering, 70:1-13.

Zhou B Z, Ning D Z, Teng B, et al., 2014. Fully nonlinear modeling of radiated waves generated by floating flared structure[J]. Acta Mechanica Sinica, 30(5): 667-680.

Zhou Y, Ning D Z, Liang D F, et al., 2021a. Nonlinear hydrodynamic analysis of an offshore oscillating water column wave energy converter[J]. Renewable & Sustainable Energy Reviews, 145:111086.

Zhou Y, Ning D Z, Chen L F, et al., 2021b. Nonlinear wave loads on a stationary cylindrical-type oscillating water column wave energy converter[J]. Ocean Engineering, 236: 109481.

索　引

B

半拉格朗日 ……………………… 10
半欧拉 …………………………… 10
边界积分方程 …………………… 21
边界元方法 ……………………… 2
波浪水动力学 …………………… 1
伯努利方程 ……………………… 9

C

常数元 …………………………… 23
场离散方法 ……………………… 21
垂荡 …………………………… 190

D

等参元 …………………………… 23
第二类边界 ……………………… 22
第一类边界 ……………………… 22
定解条件 ………………………… 9
动力学边界条件 ………………… 10
动量守恒 ………………………… 9
多次透射公式方法 ……………… 17

E

二阶时域方法 …………………… 2
二阶斯托克斯聚焦波 …………… 40

G

改进半拉格朗日观点 …………… 10

高阶边界元 …………………… 21
高阶谐波 ………………………… 88
高阶元 …………………………… 23
格林函数 ………………………… 21
孤立波 ………………………… 166
固角系数 ………………………… 28

H

缓冲函数 ………………………… 42
混合欧拉-拉格朗日方法 ………… 5

J

几何结点 ………………………… 22
计算流体力学 …………………… 1
间断单元 ………………………… 23
经典龙格-库塔步进法 …………… 36
局部参数坐标系 ………………… 23
聚焦波 …………………………… 39

K

克罗内克符号函数 ……………… 25

L

拉格朗日观点 …………………… 10
拉普拉斯方程 …………………… 9
两点法 …………………………… 88
龙格-库塔步进法 ………………… 35
龙格-库塔-基尔步进法 ………… 36

N

内外域匹配法 ·················· 17

O

欧拉观点 ······················ 10

P

配点法 ························· 22
频域方法 ······················· 2
泊松方程 ······················ 15

Q

球面几何定理 ················· 29

R

人工边界 ······················ 16
入射条件设置法 ··············· 14
瑞利-布西内斯克理论 ········· 167
弱非线性水波问题 ·············· 4

S

三角极坐标变换 ··············· 30
摄动展开 ······················ 11
时域方法 ······················· 2
势流理论 ······················· 8
双重边界条件 ················· 10
水动力传递函数 ··············· 42
四点法 ························· 88
索末菲方法 ··················· 16
锁定波 ························· 88

T

泰勒级数步进法 ··············· 34

W

完全非线性时域方法 ············ 2
物质导数 ······················ 11

X

线性色散关系 ················· 41
线性时域方法 ··················· 2
形状函数 ······················ 22

Y

雅可比行列式 ················· 27
亚当斯-巴什福思方法 ··········· 37
亚当斯-巴什福思-莫尔顿方法 ····· 37
亚当斯-莫尔顿方法 ············· 37
液舱晃荡 ····················· 179
域内源造波法 ················· 15
运动学边界条件 ··············· 10

Z

造波板模拟法 ················· 15
质量守恒 ······················· 9
主动式消波法 ················· 17
转动中心 ····················· 206
自由表面 ····················· 10
自由波 ························· 88
纵荡 ························· 190
纵摇 ························· 205
阻尼区方法 ··················· 16